LA VIE

DES ANIMAUX

DÉPOSÉ AUX TERMES DE LA LOI

BRUXELLES. — TYP. DE Vᵉ J. VAN BUGGENHOUDT
Rue de Schaerbeek, 12

LE Dr JONATHAN FRANKLIN

LA VIE

DES ANIMAUX

HISTOIRE NATURELLE

BIOGRAPHIQUE ET ANECDOTIQUE DES ANIMAUX

OUVRAGE

ENTIÈREMENT NOUVEAU, TRADUIT DE L'ANGLAIS

PAR A. ESQUIROS

— OISEAUX —

PARIS

COLLECTION HETZEL

LIBRAIRIE DE L. HACHETTE ET Cᵉ

RUE PIERRE-SARRAZIN, Nº 14

INTRODUCTION

La description de mon cottage et de ma volière ne sera point étrangère à l'histoire des oiseaux.

Ayant été détenu prisonnier, dans mes voyages, par les peuples barbares, j'ai appris à haïr la captivité, pour moi-même et pour les autres. Autant que je le puis, je laisse les différents êtres de la création — surtout les oiseaux — vivre autour de mon habitation comme ils l'entendent et comme la nature les y invite. Cette mère bienveillante ne leur a point donné des ailes pour rien, et je regarderais comme une mauvaise action de les priver, sans motif grave, de leur liberté. Mon jardin, mes bosquets, ma cour, mon toit, mes ruisseaux, tout leur est ouvert. Les oiseaux en cage n'ont plus, pour le naturaliste, le même intérêt qu'ils présentent dans les libres régions de l'air ou dans les diverses zones du paysage. La détention défigure leurs caractères extérieurs, attriste leur chant, ternit leur plumage, altère leurs mœurs. Je ne soumets donc à la captivité que les oiseaux qui ne peuvent point vivre à ciel ouvert dans nos climats, ou ceux qui, par leur faiblesse ou leur innocence, deviendraient, chaque jour, sans la protection de l'homme, les victimes de la ruse et de la violence. Encore ai-je soin d'adoucir, pour ces derniers, les rigueurs de la prison à laquelle je les condamne dans leur intérêt — et aussi dans l'intérêt de la science.

J'ai toujours admiré l'humanité de Varron, ce Romain des vieux temps de la République. Dans son livre *De re rusticâ*, j'aime le conseil qu'il donne aux constructeurs d'oiselleries, ou, du moins, le sentiment qui l'a dicté. Il les engage à masquer de leur mieux la vue des feuillages, dans la crainte que ces joyeux couverts, inondés d'air et de soleil, ne réveillent, dans le cœur des oiseaux captifs, le sentiment et le regret de la liberté. Tout en appréciant ce qu'il y a de délicat dans une telle réflexion, je n'ai point suivi l'avis de Varron. Je place, au contraire, mes oiseaux exotiques dans une grande serre vitrée, sorte de palais de cristal, où croissent en abondance des plantes et des arbustes, où les petits vagabonds de l'air peuvent se percher çà et là sur les branches, où ils jouissent de la lumière. La plupart de mes hôtes semblent nourrir, dans leur demi-captivité, l'illusion de l'indépendance. Le monde de la nature s'est rétréci pour eux; mais, du moins, les objets et les lieux n'ont point trop changé de physionomie. Cette prison adoucie ne ressemble, en rien aux horribles cages dans lesquelles vivent des condamnés dont le seul crime est la beauté de la voix ou du plumage.

Ayant mes moyens d'étude sous les yeux, vivant avec ce qui vit, j'ai pu apprendre, dans ce livre des faits, ce qu'on n'apprend pas toujours dans les autres livres. Il faut voir la nature avec les yeux de la sympathie. Ayant étudié l'économie de mes hôtes, leurs mœurs, leurs besoins, je suis plus à même de réaliser autour d'eux les conditions du bien-être. J'aime ma famille et j'en suis aimé. Ces créatures ailées me témoignent, par leurs gracieux ébats, leurs mélodies, leurs caresses, qu'elles sont contentes de moi, comme je suis content d'elles. Cette confiance me flatte singulièrement; car il entre toujours un peu d'amour-propre dans nos affections. Je m'intéresse à toutes leurs folles allées et venues, à leurs amours, à leurs peines, à leurs joies. Oiseaux, ai-je jamais écouté vos chants avec indifférence?

J'ai peuplé ma volière avec deux intentions : — l'une était d'étudier, chez ces enfants de la nature, les caractères innés, primitifs; — l'autre était de reconnaître les influences exercées par leur mutuel commerce et par la société de l'homme.

Mon État a commencé comme les États-Unis d'Amérique. Pas de lois ni de constitution, nulle forme de gouvernement monarchique, la liberté entière d'aller et de venir; et, pourtant, il s'est formé entre les citoyens une entente cordiale, un contrat de société. Si quelquefois prévaut la loi du plus fort, si l'antique débat entre le *mien* et le *tien* éclate journellement, on peut, néanmoins, se croire revenu, dans cette petite république des oiseaux, aux beaux temps de l'âge d'or. J.-J. Rousseau y verrait la réalisation de son contrat social. Un millénaire y trouverait un avant-goût de ce monde futur où le lion doit se coucher auprès de l'agneau. Ici, du moins, l'étourneau mange au même plat que la tourterelle. Si les vices et les crimes se montrent par hasard, ne les trouve-t-on pas de même parmi les hommes? Ne sont-ils pas, le plus souvent, le fruit de la civilisation ou de la domesticité? Ces discordes passagères n'interrompent, d'ailleurs, en rien le concert de voix harmonieuses, pour peu que le soleil rayonne joyeusement à travers les vitres et sur les branches du sapin qui s'élève au milieu de la volière.

Je n'envisage pas seulement comme étant de ma famille, les

oiseaux que j'enferme, que je nourris, que j'élève, et dont la biographie se retrouvera dans la suite de ce volume. Ma sympathie s'étend au delà de ces murs de verre : elle embrasse tout ce qui vient reposer son aile dans le voisinage. Comme mon cottage s'élève à deux milles de la mer, dont il reçoit les brises, et comme il s'appuie, de l'autre côté, à une colline boisée qui se prolonge à travers des champs de blé, des prairies et des vergers, pour se perdre dans une forêt, la terre que j'habite est le rendez-vous de nombreux oiseaux qui ne se trouvent pas souvent réunis. Plusieurs de ces volatiles que l'on croyait nuisibles et auxquels l'ignorance faisait, avant mon arrivée dans le pays, une guerre à mort, ont repris, grâce à mon influence sur les gens de la campagne, la place qu'ils doivent occuper au grand banquet de la nature. Je n'ai point à me repentir de leur avoir fait donner le droit d'asile, car ils n'en abusent nullement. Nos environs sont, d'ailleurs, peuplés par des gens simples qui aiment leurs enfants, et auxquels je n'ai point eu grand'peine à inspirer l'amour des animaux — cette famille du bon Dieu.

Dans ma jeunesse, j'avais griffonné des pages sur la philosophie du bonheur, et j'étais possédé de la manie de rendre service à mes semblables. Faut-il avouer que je n'y ai point réussi? J'ai rencontré des ingrats qui m'en ont voulu d'avoir cherché à leur être utile. Il serait, d'ailleurs, injuste de rejeter uniquement sur les autres la responsabilité de mes déboires. Bien souvent je me suis trompé, et j'ai fait du mal aux hommes en croyant leur faire du bien. Quoi qu'il en soit, ces essais malheureux m'ont découragé. Reportant alors sur la nature mon besoin d'aimer, j'ai trouvé, dans la grande famille des êtres créés, mille occasions d'étendre mes connaissances et d'exercer l'instinct de la charité universelle. A la vue de ces êtres libres et heureux de leur liberté, je me sens le cœur plus léger qu'au milieu des villes affligées par tant de misères. Du fond de ma vallée, que ne trouble jamais la détonation des armes à feu, où les oiseaux vivent à l'abri des déprédations de l'homme, d'où j'ai banni le garde-chasse, — ayant reconnu que ce digne fonctionnaire avait été inventé par la civilisation, non pour conserver le gibier, mais pour le tuer, — je bénis la main invisible qui répand sur le monde comme une palpitation d'ailes et comme un rayon de fécondité. Au moment où j'écris ces lignes, je vois de ma fenêtre une cane sauvage qui couve ses œufs dans un nid, sur une rive boisée et déclive; à une dizaine de mètres plus loin, une corneille réchauffe les siens sur un vieux chêne, et une femelle de faucon accomplit le même devoir dans les branches d'un sapin au noir feuillage. Je ne parle point des autres petits oiseaux qui sont en train de peupler, pour l'été prochain (car nous sommes en avril), la haie de nos vergers, nos feuillages et nos promenades favorites. Que de chants cela promet pour les beaux jours! quelle joie sur nos côtes! quelle riche moisson d'études pour le naturaliste!

OISEAUX

COUP D'ŒIL GÉNÉRAL

Lorsqu'on parcourt, dans nos musées zoologiques, ces armoires où les animaux connus se trouvent si bien rangés, étiquetés, classés selon l'ordre des méthodes, il semble qu'un abîme sépare les mammifères des oiseaux. Il n'en est point de même dans l'univers. Par le fait, la nature semble avoir horreur des lois de convention en vertu desquelles les savants prétendent la gouverner et tirer, pour ainsi dire, ses œuvres au cordeau. Elle passe d'un ordre à l'autre par des gradations insensibles et des nuances qui se confondent sur la limite des divers départements de la vie. Les mammifères, par exemple, s'unissent aux oiseaux, dans la série des êtres organisés, au moyen de formes intermédiaires. L'ornithorhynque d'une part, le casoar et l'autruche de l'autre, sont des animaux de transition, des liens qui rétablissent l'unité entre les différents systèmes. Grâce à ces anneaux intermédiaires, la chaîne des rapports se maintient en s'allongeant, et la variété des êtres accroît, sans l'altérer, la majestueuse harmonie de la création.

Dans les langues orientales, les mots *oiseau* et *poisson* sortent de la même racine, d'un verbe qui signifie à la fois nager et voler. Les oiseaux sont, en effet, les poissons de l'air ; ils nagent au moyen de leurs ailes dans l'océan atmosphérique, dont les vagues fluides baignent les contours de notre planète. Le vol, tel est le caractère qui a le plus frappé, dans l'oiseau, les peuples primitifs. Ce n'est pourtant pas un caractère, même apparent, qui distingue d'une manière absolue ces habitants de l'air, puisque certains quadrupèdes — les chauves-souris, par exemple — et certains poissons jouissent de la même faculté. Les plumes, le bec, la forme générale du corps, et enfin une circonstance plus intime — la génération ovipare — déterminent mieux que le vol les conditions propres à l'oiseau.

Si nous descendons dans les profondeurs de l'organisme, nous découvrirons, d'ailleurs, un autre caractère qui isole ces créatures ailées des autres animaux. On pourrait définir anatomiquement l'oiseau : l'être de toute la nature qui respire le plus. Cette particularité tient à une circonstance intérieure. Chez les mammifères, il existe, entre la région pulmonaire et la région abdominale, une cloison que les savants appellent le *diaphragme ;* cette cloison repousse les intestins et établit une sorte de barrière qui divise les deux systèmes. Chez les oiseaux, au contraire, la membrane est ouverte, fragmentée, déchirée ; elle donne donc passage à l'air inspiré. Cet air, pénétrant alors dans toutes les cavités, forme des cellules qui, pressées par les muscles, font l'office de soufflets, et activent le foyer de la respiration. Il résulte de cette structure particulière que le sang fluide, ainsi calorifié, vaporisé par l'oxygène de l'air, imprime aux mouvements de l'oiseau cette richesse d'action, cette joyeuse impétuosité, cette légèreté qui nous charment. De là aussi l'étendue et les vibrations de sa voix. L'air extérieur ne s'introduit pas seulement par les voies respiratoires dans les intestins de l'oiseau : il pénètre en quelque sorte jusque dans les os, jusque dans les plumes. Ainsi gonflés, ballonnés, ces hôtes de l'atmosphère diminuent d'autant leur pesanteur relative. Ce sont de véritables aérostats vivants et emplumés qui se trouvent, jusqu'à un certain point, en équilibre avec la masse du fluide qu'ils parcourent et qu'ils divisent. Icare et tous ceux qui ont voulu imiter son exemple, avec le même succès, n'avaient point réfléchi à cela. L'oiseau ne vole pas seulement parce qu'il a des ailes; il vole, parce que tout son corps est, pour ainsi dire, imprégné d'air. La constitution de ces créatures, faites pour habiter un élément subtil et délicat, leur activité, leur chant, leurs mœurs, tout tient donc à un fait primitif, à un fait législateur de tout le système vital, — l'absence, ou, du moins, la déchirure du diaphragme.

C'est surtout dans la tribu des oiseaux qu'il est intéressant d'étudier les lois relatives à la distribution géographique des êtres créés. Tant qu'il s'agit seulement des quadrupèdes, on peut dire que leurs moyens de locomotion bornés les ont attachés à certaines parties du globe et ont marqué la limite des milieux qu'ils devaient parcourir. Bonne ou mauvaise, cette raison ne saurait, dans tous les cas, être applicable à l'oiseau. L'hirondelle, lancée dans l'air comme une flèche à raison de six milles par heure, semble se moquer de nos plus rapides vaisseaux. Il lui arrive sans doute de se demander, du haut des airs, et à cette élévation qui diminue le volume des objets par l'éloignement, quelles sont, sur l'eau, ces coquilles de colimaçon? Le courlou court rapidement sur le sol, monte sur la lame qui se brise, passe d'un continent à l'autre, trouvant ainsi son point d'appui dans les trois éléments, la terre, l'air et l'eau. Mille petits oiseaux chétifs font, au printemps et à l'automne, des voyages dont un seul serait pour nous l'occupation de toute une année. Des êtres si libéralement doués par la nature de moyens de locomotion sembleraient avoir été conformés pour être les citoyens universels du globe. Ils devraient, au moins, répandre leur race dans toutes les régions de la terre qui leur fourniraient une nourriture et une température convenables.

En théorie, cela serait raisonnable à supposer; en fait, c'est le contraire qui est vrai. Les oiseaux de proie, que, par la structure de leurs ailes, on supposerait jouir, parmi les autres oiseaux, d'une liberté cosmopolite, se trouvent, au contraire, enchaînés à des circonscriptions géographiques très-limitées. De huit espèces de faucons qui habitent l'Europe et le nord de l'Afrique, deux seulement ont été découvertes dans le nouveau monde. L'hirondelle pourrait gagner l'Amérique ou la Chine en un temps aussi court que celui qu'elle met à voyager en Afrique; dans l'un et dans l'autre des deux premiers pays, elle trouverait une nourriture et une chaleur qui conviendraient à ses goûts; mais une main invisible a, pour ainsi dire, tracé au compas la ligne qu'elle doit parcourir, et de cette direction-là l'hirondelle ne dévie point. Il faut bien qu'elle ait ses raisons pour agir ainsi;

mais quelles sont ces raisons, voilà ce qu'il est difficile
de pénétrer.

La température, le régime alimentaire, la physionomie
des lieux ne sont point des causes qui expliquent d'une
manière satisfaisante, chez l'oiseau, cette adhérence à
certaines régions du globe. Il faut qu'il y ait autre chose.
On n'a pu encore expliquer comment et pourquoi des
êtres si bien pourvus de la faculté du mouvement à
grande distance, se trouvent en même temps confinés dans
certaines divisions géographiques, relativement étroites.

Si la loi qui met un frein à l'ubiquité, inscrite, pour
ainsi dire, dans les organes locomoteurs de l'oiseau,
nous échappe, il n'en est pas moins curieux d'étudier
le fait en lui-même. Les limites dans lesquelles se trouve
renfermée la présence de chaque être vivant à la surface du globe, ont été fixées dès l'origine des choses. Il
doit aller jusque-là, mais pas plus loin. — Vis-à-vis
des animaux domestiques, l'homme a changé cette loi :
il a remanié, étendu la distribution des oiseaux à la
surface du globe. Cette diffusion tout artificielle des
espèces utiles et cultivées par les différents peuples de
la terre n'en rend que plus extraordinaire la localisation de ces mêmes espèces dans l'état de nature.

L'absence du rossignol dans le Northumberland et
l'Écosse peut être attribuée à la température plus froide
de ces régions, comparée avec celle de l'Angleterre du
Sud. Mais, maintenant, comment concilier ce fait avec
la présence du même oiseau dans des États plus avancés
vers le nord, l'Allemagne et la Suède, par exemple?
Le climat, dans ce dernier cas, ne saurait être invoqué
comme une influence souveraine qui détermine le séjour
de nos chanteurs ailés. Il en est de même de la nourriture; car les insectes et les larves des mêmes espèces

se rencontrent dans toutes ces localités. Les halliers de l'Écosse sont, sous tous les rapports, aussi favorables à la reproduction du rossignol que ceux de la Suède, et, cependant, cet oiseau vit en Suède et n'a jamais été entendu en Écosse.

La grande outarde d'Europe est encore un autre exemple de cette distribution mystérieuse des êtres : on la trouve au centre de l'Angleterre, à travers le cœur de l'Europe et sur les confins de l'Asie. Sa localisation géographique est, pour ainsi dire, longitudinale. Le chanteur à crête de feu (*sylvia ignicapilla*) se trouve dans les jardins de Paris, tandis qu'il est étranger à l'Angleterre. La différence de température est, dira-t-on, la cause de cette circonstance : l'Angleterre est plus froide que la France; soit; mais comment expliquerons-nous l'existence de deux espèces de ces mêmes chanteurs à crête d'or, distinctes de celles d'Europe, et communes dans le nord de l'Amérique, précisément sous la même latitude que la Grande-Bretagne? Les lois qui règlent la dispersion des êtres créés sont donc indépendantes, au moins jusqu'à un certain point, de la nature apparente des climats. Certaines divisions de la terre sont caractérisées par l'existence de certains animaux particuliers. Il y a, pour tous les êtres vivants, des États et des provinces naturelles, de véritables patries.

Tous les oiseaux, d'ailleurs, ne volent pas; c'est surtout chez ces derniers que le phénomène de la distribution géographique des êtres est encore plus frappant. Chaque étendue de terre, sous le soleil des tropiques ou des latitudes chaudes, a ses oiseaux particuliers, dépourvus d'ailes ou pourvus seulement d'ailes rudimentaires. Ainsi l'Afrique à sa véritable autruche à deux orteils, le type de la famille; l'Amérique du Sud a une autruche à trois orteils ; les riches îles de l'archipel Indien ont leur casoar ; l'Australie a son ému ; or, ces quatre espèces de grands oiseaux, également incapables de voler, diffèrent profondément les uns des autres par des caractères tranchés. La cause qui détermine la localisation de ces oiseaux marcheurs reste aussi obscure que celle qui trace la route des oiseaux émigrants.

Les petites îles possèdent ou possédaient à l'origine leurs oiseaux particuliers, généralement distincts d'une île à l'autre, distincts aussi des grandes espèces du continent. La Nouvelle-Zélande, par exemple, a maintenant son aptéryx, comme, il y a de cela deux cents ans, Rodriguez avait son solitaire et l'île Saint-Maurice, son dodo. L'existence, dans les temps historiques, de ce dernier oiseau, qui paraît aujourd'hui entièrement éteint, ne saurait être révoquée en doute. Une peinture originale, d'où a été tirée une copie qu'on peut voir maintenant au *British Museum*, avait été faite en Hollande d'après *des oiseaux vivants*, apportés de l'île Saint-Maurice, dans les Indes orientales, à l'époque où ces îles furent découvertes. Il existe trois autres représentations du dodo qui ne sont point évidemment copiées les unes des autres et qui s'accordent parfaitement entre elles sur la figure caractéristique de l'animal. On possède également de cet oiseau des descriptions qui paraissent faites sur nature. Il n'y a donc aucun motif raisonnable pour reléguer le dodo parmi les phénix, les alcyons et les autres oiseaux fabuleux. La supposition la plus probable est que la race du dodo s'est éteinte, par suite de la valeur de ce gallinacé comme objet de nourriture. Les premiers colons lui ont fait, sans doute, une chasse implacable, poussés qu'ils étaient par le démon de la gourmandise, et l'animal, incapable de se dérober à leurs incessantes poursuites, s'est effacé rapidement du livre de la nature vivante. Le fait d'un oiseau perdu depuis les temps historiques, que dis-je? depuis deux siècles, n'en est pas moins une circonstance bien digne d'exciter notre surprise. Le naturaliste ne saurait être indifférent au malheureux sort de cette race qui est allée rejoindre, dans les ténèbres de l'anéantissement, les animaux de l'ancien monde, — êtres aujourd'hui presque invraisemblables, quoique certifiés par les fossiles. La perte du dodo est, dans tous les cas, une conséquence de la limitation géographique très-bornée et, pour tout dire, insulaire de cet oiseau.

La nature a voulu que tous les milieux fussent peuplés; l'air, la terre, l'eau ont leurs habitants, appropriés à ces différents théâtres de la vie. Les hirondelles, qui poursuivent les insectes de leurs ailes infatigables, sont les créatures de l'air et de la lumière. L'ordre des oiseaux communique un mouvement singulier au paysage. Sans eux, la forêt serait morte, la nuit serait taciturne, la plaine n'offrirait que la physionomie triste et perpétuelle de l'uniformité. Leurs innocentes querelles, leurs pillages, leurs amours, leurs plaisirs, leurs colères, leurs plaintes même, bannissent des plus obscures retraites la solitude.

Le manteau d'air et d'eau qui enveloppe notre planète de ses plis silencieux se trouve, pour ainsi dire, brodé par la variété de ces créatures aux mille plumages. Le taillis, la montagne, la profonde vallée, le fleuve, le lac, la surface dormante des marais, tout se réjouit, s'anime, s'afflige, se transforme, se vivifie par leur chant ou par leur vol capricieux. Le ciel en est charmé; ils donnent une voix au silence; ils tempèrent par leurs ébats l'âpre sérénité des grands espaces. Grâce à eux, la muette physionomie du règne végétal et minéral se remplit, pour ainsi dire, de sourires infinis. Ils sont les artistes de la nature. C'est dans la tribu de ces vagabonds de l'air qu'on trouve cet éclat de couleurs, ces nuances vives et tranchées, ces contrastes de tons qui font en même temps la joie et le désespoir du peintre. La nature a épuisé sur leur plumage toutes les richesses de sa palette. Leurs nids sont des chefs-d'œuvre d'architecture ou d'industrie mécanique. Ils font avec un rien — avec un peu de paille et de duvet, avec une feuille morte, que sais-je encore? — ces petits monuments d'affection maternelle qui causent l'admiration et l'attendrissement des vrais naturalistes. Dans les cas de danger, l'individu se sacrifie à la conservation de l'espèce. Ces inoffensives créatures ont pourtant parmi elles leurs despotes, leurs ravageurs de provinces, leurs conquérants ailés, qui jettent, du haut des airs, parmi la tribu des faibles et des désarmés, l'épouvante, la consternation, la mort.

Certains oiseaux présentent dans leurs mœurs intéressantes un trait qui les distingue des autres êtres vivants. Non-seulement, dans quelques familles ornithologiques, le mâle pratique la monogamie, mais encore il vit avec sa femelle dans une union qui finit seulement avec la mort d'une des parties contractantes. Cette circonstance —l'unité dans l'amour — se rencontre encore chez quelques autres animaux; mais voici qui est particulier à la gent volatile. L'union des oiseaux se distingue des autres mariages naturels, en ce que les mâles de presque toutes les espèces monogames s'intéressent à leur progéniture, tandis que, chez les mammifères, — l'homme excepté — c'est seulement la femelle qui prend soin des petits. La sollicitude du mâle pour ses petits, son sentiment de famille, si l'on ose ainsi dire, se manifeste dès la période qui est consacrée à la construction du nid. C'est, en effet, le mâle qui choisit l'endroit où ce berceau procréateur, — comme dit Shakspeare, — doit être placé et qui maintient son choix avec une grande obstination. On a attribué ce détail de mœurs à la jalousie avec laquelle les mâles des oiseaux affirment leurs droits comme époux légitimes. La vérité est que, dans quelques espèces, le mari ne permet à aucun autre individu du même sexe de demeurer dans son voisinage.

Les oiseaux forment la seconde classe dans la grande division du règne animal.

Les principaux caractères extérieurs qui servent à les distinguer les uns des autres et à les ranger par ordres, par groupes, par familles, par genres, par espèces, sont tirés de la forme du bec, des ailes, des pattes et des griffes.

L'étude des oiseaux est une source de jouissances particulières. Les quadrupèdes sont relativement peu nombreux, — au moins dans nos contrées, — et d'un accès difficile. En dehors de nos animaux domestiques, dont le nombre est très-limité, et des espèces qu'on conserve dans nos ménageries, très-peu de mammifères nous présentent l'occasion d'étudier leurs mœurs. On compte environ quatre-vingt-dix genres de quadrupèdes connus, dont une quinzaine seulement se trouvent dans les îles Britanniques ; encore, parmi ces derniers, plusieurs vivent si loin de l'homme, que c'est un hasard quand nous pouvons satisfaire notre curiosité à leur égard. Il n'en est point de même de la classe des oiseaux. Quelques-uns d'entre eux, il est vrai, et peut-être les plus singuliers, se montrent rarement accessibles ; mais il en beaucoup d'autres qui se rencontrent à chaque pas, qui charment par leur chant nos promenades solitaires, et qui déploient autour de nous soit la richesse de leur plumage, soit la rapidité de leur vol, soit leur instinct délicat et varié. Sur environ cent vingt genres qui constituent la tribu des êtres à plumage, près de la moitié se trouvent dans nos contrées et se présentent souvent dans des circonstances favorables à l'étude de leur vie. Le jardin, le parc, le champ, que dis-je? chaque arbre et chaque haie contiennent pour l'ornithologiste une source d'intérêt inépuisable.

Un jour ne se passe point sans que l'amateur de cette branche d'histoire naturelle puisse noter dans son journal des anecdotes et des observations qui deviennent la racine de connaissances pratiques. Dans la campagne, la science des oiseaux est comme un sixième sens que ne limitent ni les saisons, ni les divisions géographiques. Leur voyage périodique dans les contrées les plus lointaines, leurs mystérieux et touchants instincts si bien adaptés à la variété de leur destination, tout dans cette étude élève notre âme vers la contemplation de la vie universelle. Le printemps, l'été, l'automne, l'hiver, ont leurs oiseaux particuliers. L'ornithologie est pour moi une compagne de tous les instants; je voyage avec elle; je lui dois ces purs ravissements de l'esprit qui font oublier bien des fatigues, bien des tristesses. La nature est la grande consolatrice de ceux qui souffrent ou qui ont souffert; elle nous enveloppe dans le mouvement éternel de ses formes toujours jeunes; au poëte, elle parle d'amour; au philosophe, elle parle des causes premières; au croyant, elle parle de Dieu.

Les migrations des oiseaux, cette partie si merveilleuse de leur histoire, ont donné lieu à un calendrier naturel. Les pronostics que les peuples sauvages et les paysans de nos campagnes attachent au passage ou au retour de certains volatiles ont quelque chose d'antique et d'attendrissant. Mon voisin, le garde-phare, ne voit pas arriver les mouettes sans une joie naïve ; son cœur tressaille comme celui d'un ami qui retrouve de vieux amis après une longue absence. Ces oiseaux lui annoncent, d'ailleurs, que l'hiver est fini, et que le printemps va commencer.

Ce calendrier de la nature n'embrasse pas seulement la migration périodique des oiseaux, leur chant, leurs mœurs, le temps de la construction du nid et le temps de l'incubation ; il faut aussi tenir compte des époques auxquelles certains autres animaux et certaines plantes subissent des changements annuels; il faut surtout y faire entrer les observations météorologiques; mais les oiseaux habitant les couches supérieures de l'atmosphère sont plus sensibles que les autres créatures aux impressions délicates du milieu dans lequel ils vivent. Par la nature des courants qu'ils traversent, ils sont plus à même que nous (leur instinct aidant) de reconnaître et, en quelque sorte, de pressentir les modifications de la température. Ces baromètres ailés nous annoncent, par leurs mouvements, leur arrivée ou leur départ, ce qui se passe dans les régions de l'air inaccessibles à nos expériences. Les anciens n'avaient donc point tout à fait tort de prêter aux oiseaux une inspiration divine, *aliquid divinitus inspiratum.*

A première vue, les oiseaux diffèrent grandement des quadrupèdes; mais, quand on les examine avec attention, on découvre qu'ils s'y rattachent par l'ensemble de leurs systèmes. Le bec de l'oiseau est une bouche cornée; l'aile est une main organisée pour saisir et pour frapper l'air; les plumes sont des poils plus légers et en harmonie avec le milieu dans lequel ces animaux passent la plus grande partie de leur existence. Le philosophe de la nature se complaît dans ces analogies : il aime à voir la grande loi d'unité de composition organique planer au-dessus des caractères et des contrastes qui diversifient les êtres vivants. Unité! unité! tu es l'âme de l'univers! Le naturaliste te retrouve dans les plus petites combinaisons de la matière, comme dans les plus grandes — s'il y a quelque chose qu'on puisse appeler grand et quelque chose qu'on puisse appeler petit dans tes ouvrages !

Le bec de l'oiseau représentant un système dentaire avorté, la nourriture ne subit guère de modification dans la bouche; elle est le plus souvent avalée telle qu'elle a été prise. Mais, chez quelques espèces qui se nourrissent de graines et de semences, comme par exemple les gallinacés, la nature a dû trouver un moyen pour suppléer à cette absence de mastication. Les aliments s'engloutissent dans un canal qui s'ouvre vers le milieu en une large poche appelée le *jabot*. Ils séjournent quelque temps dans ce réceptacle où ils s'adoucissent, sous l'action de la chaleur et de l'humidité. De là, ils se rendent dans un estomac membraneux qui n'est qu'un autre développement du canal alimentaire. Les parois de cet organe sont garnies de petites cellules glanduleuses (*follicules*) qui versent sur la nourriture broyée dans le gosier une copieuse sécrétion de fluide. Le gosier est formé de deux muscles hémisphériques, d'une grande densité, dont les deux faces travaillent l'une sur l'autre comme les pierres d'un moulin. Là, les substances les plus dures se trouvent en peu de temps réduites, pulvérisées, usées. L'action de ces muscles est aidée par des grains de sable, des cailloux ou d'autres matières que l'instinct de l'oiseau lui fait avaler. La nourriture, ainsi triturée, passe ensuite dans les intestins.

Comme le vol est un des caractères de l'oiseau, tout le corps est construit de manière à favoriser l'action dans les plaines de l'air. La grande énergie musculaire se trouve répandue autour des ailes. On peut juger si la forme du vol est plus ou moins étendue par la forme du *bréchet*. Le bréchet est un os qui s'élève sur la poitrine en lame de couteau et qui sert d'attache aux muscles du mouvement aérien. Plus cet os est saillant, plus la puissance du vol est considérable.

Les ailes se divisent elles-mêmes — selon leur forme — en ailes aiguës et ailes obtuses. Les premières constituent l'apanage des oiseaux grands voiliers.

La couverture particulière des oiseaux est celle qui convient le mieux à des habitants de l'air. Elle est légère, serrée et chaude; toutes qualités fort utiles pour des animaux qui vivent au milieu des nuages, dans les couches froides et rares de l'atmosphère. Quel autre appareil répondrait aussi bien que les fortes plumes des ailes, légèrement arquées, au but que se propose la nature? Ces rames déplacent l'air avec une puissance extraordinaire. On divise les plumes de l'air en *primaires* et en *secondaires*, qui sont les principaux instruments du vol; les *tertiaires* sont plus faibles et s'insèrent sur l'avant-bras.

Chaque plume consiste en deux parties distinctes : — 1° une tige légère, mais ferme, creuse à l'une des extrémités et contenant les vaisseaux sanguins qui la nourrissent; — 2° une série de plaques minces et parallèles, rangées de chaque côté de la tige ou de la flèche. Chez toutes les plumes destinées à choquer l'air, ces plaques s'engrènent les unes dans les autres par de petits crochets : l'ensemble présente ainsi une surface d'une merveilleuse solidité.

Les plumes des oiseaux se détachent et se renouvellent après un certain temps. On donne à ce phénomène le nom de *mue*. C'est, d'ailleurs, une loi générale que certains organes, après avoir rempli une fonction déterminée dans le corps des animaux, s'usent, dépérissent, tombent et sont remplacés par d'autres instruments de la vie.

Qui n'a vu un oiseau perché la nuit sur une branche, et qui n'a admiré la fermeté avec laquelle il adhère à cette branche durant le sommeil du système musculaire? Cette circonstance est due à la merveilleuse structure de la jambe et du pied.

Le chant des oiseaux s'associe à tout ce qu'il y a de gai, de mystérieux ou de solennel dans la nature. C'est au printemps que la voix de ces musiciens se déploie avec toute la richesse de tons, toute la variété de notes que contient leur gamme naturelle. Dès que l'hiver s'est éloigné de nos climats, dès que les pluies ont cessé, dès que les fleurs ont paru dans nos champs et que les arbres ont revêtu leur livrée de verdure, le concert commence. Ce qui me plaît dans ce concert, c'est que les musiciens ne paraissent pas moins jouir de leur chant que les auditeurs eux-mêmes. Ils charment, et ils sont charmés. Quiconque a vu chanter un oiseau, ne peut douter que cet artiste ne goûte un grand plaisir dans l'exercice de son art. Voyez comme il agite et frappe ses ailes! comme il se tourne de çà et de là! comme il jette un coup d'œil brillant sur tout ce qui l'entoure! comme il semble courtiser ses auditeurs et réclamer leur attention! La musique de sa voix se développe encore avec les affections et les mouvements du cœur : il chante l'amour, la lumière, la liberté. L'oiseau semble content, et je suis heureux de son bonheur ; car, loin d'envier la joie des autres êtres vivants, je me réjouis de voir autour de moi, dans la nature, des physionomies souriantes.

La grande variété comme la puissance que nous observons dans les voix des oiseaux dépend de la construction de leur trachée-artère — ce tube cartilagineux au moyen duquel les poumons communiquent avec l'air. Chez l'homme, les modulations de la voix sont produites par un renflement de la trachée-artère qu'on appelle le larynx, et qui est situé au-dessous de la racine de la langue. Mais, chez l'oiseau, il existe un autre renflement de la trachée-artère, à l'endroit où celle-ci se sépare en deux tubes, qui se rendent vers l'un ou l'autre lobe des poumons. C'est cette chambre osseuse, appelée le *larynx inférieur*, qui est l'organe de la voix chez les oiseaux. — Les oiseaux chanteurs ont cinq paires de muscles attachées aux parois de cette boîte ou de cette chambre ; par leurs contractions, ces muscles agrandissent ou diminuent la cavité, la modifient de mille façons, gouvernent et modulent ainsi les sons produits par l'air — que dégagent avec force les poumons.

La voix des oiseaux, en général, annonce le printemps ; mais chaque temps de l'année est salué par le chant ou le cri de quelque volatile. Qui serait assez barbare pour dédaigner cette musique si bien en harmonie avec les caractères des saisons et des paysages ! Noter les sons des oiseaux, y rattacher des sentiments a été le rêve de plus d'un naturaliste enthousiaste. Quelques-uns d'entre eux ont même cru comprendre et ont voulu traduire dans notre langage ces phrases musicales. La fantaisie — si fantaisie il y a — est excusable, quand la nature elle-

même semble s'abandonner à toutes les chimères et à
tous les caprices de l'imagination.

Le langage des oiseaux, leurs migrations, les soins
qu'ils donnent à leurs petits, tout chez eux intéresse. Certains naturalistes ont également cru découvrir des harmonies de couleurs entre la robe de ces musiciens ailés
et les différents milieux qu'ils habitent. Sans abuser de
ce point de vue, on peut remarquer avec surprise combien la nature semble avoir pris plaisir à refléter sur le
plumage des oiseaux leurs mœurs, leur genre de vie et
les principaux caractères du paysage qu'ils affectionnent.
Des êtres à la fois si parfaits et si communs sont des
sujets, des compagnons d'études qui suivent le voyageur sous toutes les longitudes et toutes les latitudes
du globe terrestre. Les forêts des tropiques, les précipices glacés des mers polaires, les déserts nus, les cimes
orgueilleuses des montagnes, les îles rocheuses de
l'Océan, l'immense Océan lui-même — tout est habité,
réjoui, consolé par la présence des oiseaux. Le nombre
total des espèces décrites dans cette classe d'animaux
s'élève à près de six mille!

Comme nous aurons à parler de la construction du nid
chez les différentes espèces d'oiseaux, il me suffira d'indiquer ici les traits généraux de cette architecture. Il faudrait, d'ailleurs, des volumes pour décrire en détail ces
merveilleux ouvrages d'art et d'industrie. Les naturalistes n'ont pas craint d'introduire jusqu'à douze divisions pour classer les conceptions architecturales des
oiseaux, qui diffèrent, plus ou moins, les unes des autres.
J'abrége et je cite seulement les formes les plus remarquables.

Il y a d'abord les oiseaux mineurs, comme le martin
des sables, qui creusent leurs nids dans les escarpe-

ments des puits et des carrières. — Viennent ensuite les constructeurs à fleur de terre. — L'hirondelle est le type des oiseaux maçons. — D'autres sont des charpentiers. — Il y a aussi les constructeurs de plates-formes. — Les tresseurs de corbeilles constituent une autre classe très-nombreuse. — Dans un sixième groupe, nous trouverons la série des oiseaux tisserands.

Le métier de tailleur semble tout d'abord assez peu approprié à la nature des oiseaux : il y en a pourtant beaucoup qui pratiquent cet art avec succès. Le sansonnet de jardin, un oiseau des États-Unis, construit la partie extérieure de son nid à l'aide d'herbes longues et flexibles cousues ensemble dans diverses directions comme avec une aiguille. Wilson raconte qu'une vieille dame à laquelle il montrait un jour ce curieux ouvrage, lui demanda, sur un ton moitié plaisant, moitié sérieux, si l'on ne pourrait pas dresser ces oiseaux à raccommoder des bas. L'oiseau tailleur de l'Inde ramasse une feuille morte et en forme un nid en la cousant à une feuille vivante. Forbes, qui l'a observé de près, décrit ainsi la méthode de l'oiseau : « Il commence par choisir une plante à larges feuilles ; puis il ramasse du coton sur les cotonniers, le file avec son long bec, et alors, comme avec une aiguille, coud les feuilles ensemble pour cacher son nid. » Ce nid a tant soit peu la forme d'un cornet.

L'instinct enseigne à la classe des oiseaux désignés sous le nom de *feutriers*, les matériaux qui conviennent le mieux et la manière de les unir, de les feutrer en une masse solide. Wilson dit que le nid du *capocier*, un oiseau américain, ressemble à un morceau de beau drap un peu usé. Il a fallu bien du temps avant que les sociétés humaines apprissent l'art d'employer ces matériaux dans les manufactures, et ce n'est qu'à l'aide du microscope qu'il a pu se rendre compte de la manière dont les fibres s'adaptaient les unes aux autres dans les procédés du feutrage. L'oiseau, lui, utilise ces propriétés de la matière depuis l'aube de la création.

Les nids de l'hirondelle de Java constituent un article important de commerce. Ces nids se mangent et sont considérés par les gourmets comme une délicatesse de table. On les croit composés de végétaux océaniques, dont les principes sont très-gélatineux et qui, cimentés par la salive de l'oiseau, forment une sorte de pâte comestible.

Les constructeurs de dômes se distribuent en une autre série dans laquelle nous rencontrons plusieurs oiseaux familiers — tels que la pie, le roitelet et le moineau.

Ces maçons, ces charpentiers, ces tisseurs d'étoffe, ces tailleurs, ces cimenteurs, ces architectes — car on rencontre de tous les métiers parmi les oiseaux — sont tous des ouvriers habiles; mais on admirera d'autant plus leur talent si l'on songe qu'ils exécutent ces ouvrages si parfaits sans outils, sans compas et avec très-peu de matériaux.

Mais que dire du nid suspendu de l'oriole — un oiseau originaire des États-Unis d'Amérique! Cet oiseau fixe son habitation aérienne sur les extrémités hautes et flexibles des branches, au moyen de fortes ficelles de chanvre ou de lin; avec les mêmes matériaux, mélangés d'une certaine quantité d'étoupe, il tisse et fabrique un nid d'étoffe, qui ressemble assez bien au feutre des chapeaux d'hommes dans l'état grossier. Il forme ainsi une poche de six ou sept pouces de profondeur. Cela fait, il double l'intérieur du nid à l'aide de différentes substances molles, — et le tout se trouve abrité des rayons du soleil par un toit naturel ou un dais de verdure.

Quoique les oiseaux de la même espèce adoptent, en général, une méthode commune d'architecture, on rencontre chez les orioles des différences dans le style et le fini du travail.

Il y a des oiseaux qui bâtissent des nids solitaires ; il y en a d'autres qui vivent en société et dont les constructions isolées forment, pour ainsi dire, un édifice commun, une ville. On peut les comparer aux castors parmi les mammifères, aux abeilles parmi les insectes. Nous citerons, parmi ces oiseaux phalanstériens, les anis des Indes occidentales, mais surtout le gros-bec (*loxia socialis*) du sud de l'Afrique.

« Figurez-vous, dit Levaillant, un toit énorme, irrégulier, déclinant en pente, avec tous les bords du toit complétement couverts de nids, étroitement serrés les uns aux autres, et vous aurez alors une idée assez correcte de ces singuliers édifices. »

Les oiseaux commencent cette structure en formant d'abord un immense dais ou pavillon avec une masse d'herbes. Ces herbes, tressées et unies ensemble comme les joncs d'une corbeille, présentent un ouvrage si ferme et si compacte, que la pluie n'y saurait pénétrer. De semblables auvents entourent quelquefois un grand arbre et lui donnent — mais seulement vers les branches supérieures — la forme d'un champignon. Les oiseaux ne bâtissent pas leur nid sur la surface extérieure du toit, ou, si vous aimez mieux, sur le chapeau du champignon gigantesque. Cette couverture sert uniquement à protéger les habitations individuelles contre les pluies et l'humidité. Levaillant se procura un de ces grands toits, qu'il coupa en pièces avec une hache. Chaque nid a trois ou quatre pouces de diamètre : cela suffit pour chaque ménage d'oiseaux ; mais, comme ces nids se pressent les uns contre les autres autour des bords du toit, ils semblent, au premier coup d'œil, ne former qu'une seule et même construction, — et, en réalité, ils ne sont séparés les uns des autres que par une petite ouverture extérieure qui sert d'entrée. Ce grand nid — car on peut considérer tous ces ouvrages particuliers comme formant un ensemble — contient quelquefois trois cents cellules habitées.

Le nid de l'oiseau — ce miracle de l'instinct — ne présente pas toujours des traits d'architecture aussi nouveaux ni aussi compliqués ; mais, dans tous les cas et chez toutes les espèces, il répond aux vues de la nature. Soit qu'il affecte la forme d'un globe, d'un berceau, d'un flacon, d'une bourse, d'une cornue, d'un bonnet, d'une urne, ce nid isole merveilleusement les petits du froid et de l'extrême chaleur ; il les cache à l'œil des ravisseurs ; il les protége contre leur propre faiblesse.

Un art si admirable indique une chose plus admirable encore, c'est le sentiment qui l'a inspiré. Ce sentiment est celui de la famille. L'architecte a trouvé son génie dans son cœur. L'espoir ou la joie d'être mère a dicté à la femelle — laquelle est, d'ailleurs, assistée dans certaines espèces par le mâle — ces méthodes si diverses et si charmantes qui méritent d'arrêter l'attention des connaisseurs. On peut voir au *British Museum* une exposition de ces produits de l'art et de l'industrie fournis par les différentes classes d'ouvriers à plumage.

ORDRE PREMIER

RAPACES

Ces oiseaux sont mieux connus sous le nom d'oiseaux de proie. Ils se nourrissent de chair, soit vivante, soit morte. Les uns attaquent leurs victimes et vivent sur leurs prouesses ; les autres se contentent plus ou moins de s'abattre sur des cadavres.

La nature leur a fourni les armes nécessaires pour exercer leurs brigandages. Ces armes sont surtout le bec et les griffes. Le bec est d'autant plus fort qu'il est plus court et recourbé dès la base. Les ongles déchirent d'autant mieux la proie qu'ils sont plus crochus. Ajoutez à cela un grand développement du système musculaire, une vue perçante et des ailes longues, pointues, qui leur permettent de suivre au grand vol la victime dans les solitudes de l'air.

La base du bec est recouverte d'une membrane colorée qu'on appelle *cire*.

Les pattes sont larges, puissantes, armées d'un orteil rejeté sur le derrière de la griffe et qui fait l'office de pouce.

Les rapaces sont, parmi les oiseaux, ce que sont les carnassiers parmi les mammifères. Ils représentent le génie de la destruction. Les mœurs de l'aigle correspondent à celles du lion; les habitudes du vautour, à celles de l'hyène.

Comme chez les mammifères qui se nourrissent de chair, l'estomac des oiseaux de proie est moins compliqué et les intestins sont plus courts que chez les granivores.

L'ordre des rapaces se subdivise en deux grandes familles : les *diurnes* et les *nocturnes*.

Parmi les *diurnes*, on distingue d'abord les *vulturidés*, chez lesquels le bec et les ongles sont relativement longs, faibles et inoffensifs, quoique l'animal soit d'une grande taille et d'une grande force musculaire.

Viennent ensuite les *falconidés*, chez lesquels on découvre, *à divers degrés*, l'idéal du genre — c'est-à-dire des armes et des moyens de destruction portés à la plus haute puissance. Je dis à divers degrés; car c'est par une échelle de caractères que la nature arrive chez le faucon au type parfait de l'oiseau de proie.

Les *nocturnes* composent le groupe des *strigidés*.

LE VAUTOUR

La nourriture de ces oiseaux consiste principalement en substance animale réduite à l'état putréfié. Leur rôle consiste, dans la nature, à faire rapidement disparaître les restes des corps organisés, dont l'accumulation produirait — surtout dans les contrées méridionales du globe — la peste et la mort. On les a nommés, à cause de cela, les commissaires de l'édilité publique dans l'ordre de la création.

Cet oiseau rend à l'homme — et sur une plus grande échelle, — la même nature de services que lui rendent les bandes de cigognes dans les cités de l'Inde, et les troupes de chiens à Constantinople. Le vautour est d'une si grande utilité, qu'il se trouve généralement protégé, par la législation locale ou par le consentement tacite des habitants, contre les persécutions qu'on pourrait lui infliger. Ces oiseaux, dont les poëtes — en cela du moins fort mal inspirés — ont fait un objet de dégoût, et qu'ils représentent comme le type de la bassesse associée à la gloutonnerie, sont, au contraire, les bienfaiteurs du genre humain.

Le sentiment universel a été injuste envers le vautour, comme il l'est généralement envers les professions utiles qui ont en vue la salubrité des villes — celle de boueurs, par exemple. Ces travaux répugnants qui concourent à l'hygiène publique méritent plutôt notre reconnaissance que notre dédain. On peut en dire autant des instincts particuliers à certains animaux, et dont profite la santé de l'homme. Les vautours — ces croque-morts naturels, ces inspecteurs de la voirie du globe terrestre — ne disparaîtraient point sans amener, par leur absence, les plus tristes calamités.

On se figure difficilement, dans notre pays, avec quelle rapidité les cadavres se décomposent dans les contrées très-chaudes. Un voyageur avait tué, en Afrique, deux buffles, et présidait au dépeçage de ces animaux, dont il faisait pendre les quartiers de viande aux branches des arbres qui entouraient les tentes. Son intention était de faire sécher ces provisions aux rayons d'un soleil brûlant. Tout à coup, il se vit entouré par une bande de vautours qui enlevèrent les morceaux de chair, malgré ses efforts pour chasser ou pour détruire, à coups de fusil, les déprédateurs. A peine l'un d'eux tombait sous la balle, qu'un autre prenait sa place.

Un autre voyageur anglais, qui marchait depuis quelques jours en Abyssinie, à la tête d'une petite armée, parle de la multitude de ces oiseaux, qu'il compare au sable de la mer. Ils se montrèrent à lui plus courageux que ne le sont d'ordinaire certaines autres espèces de la même famille ; car il vit une fois l'un de ces oiseaux étendre à terre un aigle qui s'était faufilé par hasard dans une armée de vautours, assemblés pour se nourrir de la substance des morts, après une bataille.

Ces oiseaux se montrent quelquefois plus délicats dans le choix de leur nourriture. En Égypte, dans la saison où les crocodiles et les alligators pondent leurs œufs dans le sable, les rusés vautours se cachent dans les feuilles des arbres. Ainsi perchés, ils guettent les femelles des reptiles. Celles-ci se rendent sur le rivage pour déposer leurs œufs, qu'elles recouvrent ensuite de sable, croyant ainsi, sans aucun doute, les préserver de tout danger ; puis elles s'en vont, convaincues que ces œufs seront couvés, dans une période de temps nécessaire, par la chaleur du sol, inondé de soleil. Mais à peine se sont-elles retirées, que les vautours fondent sur le rivage, et, à l'aide de leurs griffes, de leurs ailes et de leur bec, déchirent le voile de sable, et aussitôt dévorent ces trésors si bien cachés par la sollicitude maternelle.

Les vautours ne méprisent, d'ailleurs, pas le cadavre du crocodile ni de l'alligator ; mais, comme ces reptiles sont recouverts d'une cotte d'armes écailleuse, trop forte pour être brisée et ouverte par le bec ou par les ongles, les vautours sont souvent obligés d'attendre longtemps que cet obstacle cède de lui-même par suite de la décomposition intérieure. Ils choisissent alors leur moment pour déchirer les proies mortes. Mais ils sont, de temps en temps, déçus dans leurs espérances, car la chair se trouve alors dans un état si avancé, qu'elle coule sur le sol en un fluide immonde, au grand désappointement des oiseaux affamés.

On attribue une puissance extraordinaire à l'odorat du vautour. Les naturalistes ont rapporté au développement du nerf olfactif la faculté extraordinaire en vertu de laquelle ces oiseaux découvrent un animal mort ou mourant à une distance de plusieurs milles. J'étais porté au scepticisme sur ce point d'histoire naturelle jusqu'au jour où j'observai, il y a quelque dizaine d'années, un nuage de vautours rassemblés de tous les points de l'horizon autour d'un cadavre qui flottait sur le Gange. Le vent soufflait dans une direction qui n'était point du tout favorable pour répandre à travers l'espace l'odeur de la chair morte et pour envoyer, en quelque sorte, au nez de ces oiseaux, une invitation à dîner. Telle était cependant l'autorité des naturalistes, que je dus alors me soumettre à l'opinion générale. Maintenant, je doute et je me demande si le vautour ne serait pas plutôt redevable de cette faculté extraordinaire au nerf optique qu'au nerf olfactif. En traversant les immenses déserts de l'Afrique, où vous ne voyez pas un brin d'herbe pour attirer un animal vivant, et où, par conséquent, les oiseaux de proie n'ont aucun motif de faire leur ronde, j'ai été deux ou trois fois témoin d'une scène qui m'a donné à réfléchir. Si, par hasard, un de nos chameaux ou toute autre bête de somme appartenant à la caravane, venait à succomber en chemin, — en moins d'une demi-heure nous découvrions, dans les hauteurs de l'air, une multitude de petits points qui se mouvaient lentement, en décrivant des cercles. De moment en moment, les points grossissaient, et cela à mesure qu'ils descendaient en spirale vers la terre : c'étaient les vautours.

D'où venait le mot d'ordre qui les rassemblait ainsi des quatre points cardinaux? Là est le mystère. Si nous examinons la tête du vautour, nous trouvons que l'œil est plus gros que toute la masse cérébrale. On a, en outre, reconnu par des expériences que, quand un morceau de charogne était renfermé dans une corbeille, d'où les effluves putrides pouvaient aisément s'échapper, mais où la vue de l'objet était interdite, les vautours semblaient n'y prêter aucune attention. La soudaine apparition de ces oiseaux, accourant au grand vol de tous les points de l'horizon où ils étaient tout à l'heure invisibles — et cela de quelque côté que souffle le vent — est donc, je crois, une conséquence de leur vision phénoménale. Si haut qu'ils volent dans le ciel, ils découvrent leur proie à terre — et d'autant mieux que leur point d'observation

étant plus élevé, leur rayon optique embrasse une étendue plus considérable. Ce que nous prenons pour l'apparition de ces oiseaux est purement et simplement leur
descente des hautes régions de l'atmosphère, où ils
échappaient naguère à nos faibles yeux par la distance.
Au reste, je suis tout disposé à faire une concession en
faveur de l'opinion générale, et à admettre que les vautours sont informés de la présence des cadavres par ces
deux sens merveilleusement développés : — la vue et
l'odorat.

On cite, en effet, des cas dans lesquels l'œil et le nez
de cet oiseau — un véritable nez de croque-mort — semblaient rivaliser de délicatesse. L'impartialité veut que
je rapporte l'une et l'autre histoire. Un pauvre émigré
allemand, qui vivait seul dans une chaumière, se leva
un matin de son lit, où il avait été retenu durant deux
jours par la fièvre, et alla au marché acheter un peu de
viande fraîche pour faire de la soupe. Mais, revenu chez
lui, et avant qu'il eût eu le temps de préparer les herbes et
les racines qui devaient relever la saveur de son potage,
le paroxysme de la fièvre le reprit et il se recoucha épuisé.
Deux jours se passèrent, l'homme étant toujours dans un
état de prostration, et la viande destinée au pot-au-feu
se putréfia. La mauvaise odeur se répandant de plus en
plus dans le voisinage, les vautours, à mesure qu'ils
passaient, descendirent les uns après les autres vers la
chaumière de l'Allemand, comme s'ils avaient reçu l'avis
qu'un bon repas (tous les goûts sont dans la nature)
était préparé pour eux ; mais ils ne pouvaient encore découvrir la place du banquet. Cette visite des vautours
donna enfin l'éveil aux voisins ; ils soupçonnèrent quelque
malheur, et crurent que le pauvre homme, qu'on n'avait
pas vu depuis deux ou trois jours, était mort dans sa

chaumière. En conséquence, ils enfoncèrent la porte ; on vit alors le malheureux dans un triste état ; mais on trouva surtout la chambre remplie d'une odeur offensante, dont on ne put d'abord découvrir la cause. On interrogea le malade ; mais, la fièvre l'ayant privé de sa connaissance, il avait lui-même oublié ses préparatifs de cuisine. On découvrit alors le pot-au-feu, — non le pot aux roses. Nous avons là, en vérité, un exemple de la puissance d'odorat qu'on attribue aux vautours, puisque ces oiseaux auraient trouvé, sans l'assistance de la vue, ce que les voisins eux-mêmes ne découvrirent qu'à la suite de longues et minutieuses recherches.

Quelques jours après cette aventure, à la suite d'une nuit et d'une matinée, durant lesquelles était tombée une pluie tropicale, les rues se trouvèrent inondées à la hauteur d'un pied. Les masses d'eau courante balayèrent les ordures de la ville vers la rivière ; un morceau de viande fraîche fut emporté par ce déluge. Il venait d'une cour dans laquelle avait été abattu un animal. Ce quartier de chair gisait dans la rue, quand un vautour qui volait au pourchas de la nourriture fondit sur cette proie, dans une direction oblique et d'une hauteur considérable. A peine si l'oiseau toucha la terre, et, sans fermer ses ailes, il saisit le morceau de viande, qu'il emporta. Dans cette circonstance, c'était bien le sens de la vue qui avait averti le vautour ; car la viande était trop fraîche pour communiquer aucune altération à l'air du matin.

Dans une autre occasion, un rat, qui avait été pris durant la nuit, fut jeté mort, le matin, dans la rue. Deux vautours qui rôdaient, en quête de leur déjeuner, descendirent en même temps, — l'un du nord, l'autre du midi — et saisirent tous deux ce friand morceau.

Enfin, voici un cas dans lequel les sens de l'odorat, de la vue et de l'ouïe paraissent avoir aidé également cet oiseau. Un cultivateur, qui avait eu ses prairies traversées et endommagées par des cochons, eut recours à son fusil pour se délivrer de ces intrus. Un cochon mortellement blessé se traînait dans son sang à travers l'herbe, et en poussant des cris plaintifs. Il n'alla pas loin sans s'affaisser sur lui-même. Au moment où cet animal était incapable de se relever, trois vautours fondirent sur lui, attirés, sans aucun doute, par les cris du porc mourant, par l'odeur de son sang qui fumait, et par la vue des taches rouges qu'il traçait sur le sol. Le malheureux porc disputait encore sa vie, quand les vautours, ne tenant aucun compte de sa résistance, se mirent à élargir ses blessures et le dévorèrent.

On pourra se faire une idée de la voracité du vautour, quand on saura que cet oiseau, en un seul repas, mange tout un albatros — la chair, les os et le reste. Or, l'albatros est un des plus grands oiseaux de mer. Après tout, cette voracité est un bienfait. Si le vautour est, comme nous l'avons dit, préposé par la nature à la salubrité du globe, les services qu'il rend dans l'ordre de ses fonctions sont d'autant plus considérables que son appétit est plus vaste.

Les naturels du sud de l'Amérique profitent cependant de la gloutonnerie de ces oiseaux pour les priver de leur liberté. On les amorce au moyen d'une charogne de vache ou de cheval qu'on abandonne dans un champ; les vautours s'abattent à l'entour et se gorgent tellement de cette nourriture, qu'ils deviennent lourds et stupides. Quand ils sont dans cet état, les Indiens s'en approchent et jettent aisément un nœud de corde autour de ces oiseaux. Prisonniers, les vautours se montrent pendant un temps moroses et farouches ; mais ils finissent par se faire à la captivité.

Le même moyen est employé pour les détruire : quand la mer a rejeté sur le rivage un corps à l'état de décomposition, les vautours s'assemblent autour de ce festin et se chargent tellement l'estomac, que, satisfaits du repas, ils ne sont plus capables de s'envoler : les marins les attaquent alors avec des bâtons et en tuent un grand nombre.

Leur vol est plutôt remarquable par la continuité que par la rapidité; les vautours se tiennent sur leurs ailes pendant un temps considérable. La nature a généralement réservé la vitesse pour les oiseaux de proie qui poursuivent des animaux vivants. Les ongles allongés du vautour ne lui permettent guère d'enlever les charognes dans son nid. La plupart de ces oiseaux dévorent la viande morte sur place, et l'emportent dans leur jabot pour la dégorger dans le bec de leurs petits.

Un caractère qui distingue les vautours des autres animaux de proie, c'est d'avoir la tête et une partie du cou, ou nues, ou recouvertes seulement d'un duvet court. On a cru voir dans cette nudité une précaution de la nature. Les vautours, à moins d'être pressés par la faim, attaquent rarement les animaux vivants ; plongeant sans cesse leur bec dans des masses de matière putréfiée, si ces oiseaux étaient recouverts de plumes sur la tête et sur le cou, comme les aigles et les faucons, ils seraient bien vite incommodés par des grumeaux de sang caillé qui s'attacheraient à leur coiffure.

Les vautours font leur nid sur des rochers élevés et presque inaccessibles; mais on les voit descendre pendant l'hiver dans les plaines. On n'est pas d'accord sur le nombre de leurs œufs, qui varie probablement selon

les espèces. En Sardaigne, j'ai vu ces oiseaux construire
un nid de trois ou quatre pieds de diamètre, sur de
très-hauts arbres. Ces nids contenaient deux et quelquefois trois œufs, à peu près aussi gros que les œufs
d'oie.

Je n'aime point à voir les vautours dans les ménageries, où ils font généralement une assez triste figure et où
ils répandent autour d'eux une odeur infecte. Mais, dans
l'état de nature, c'est tout autre chose. Libre, le vautour
a sa beauté. Il faut voir ces oiseaux perchés dans les
lieux sauvages, auxquels leur caractère funèbre ajoute une
sombre poésie. Leur attitude rêveuse, leurs yeux baissés,
leur tête ensevelie dans leurs épaules, tout leur donne
un air mystérieux. — Je les ai rencontrés plus d'une fois
sur les grands pins morts ou sur les cyprès. Ils restent
là quelquefois huchés pendant des heures, avec leurs
ailes ouvertes — de grandes ailes qui, d'une extrémité à
l'autre, ont quelquefois huit ou dix pieds. Quelques voyageurs croient que les vautours affectionnent cette posture par une raison hygiénique : — afin que l'air puisse
souffler sur toutes les surfaces de leur corps. La vérité
est que ces oiseaux exhalent une sorte de sueur grais-
seuse et infecte, dont ils se débarrassent, sans doute, en
se séchant au grand air.

Les vautours sont originaires des contrées chaudes
du globe. A mesure qu'on s'éloigne de telles régions,—
l'Asie, l'Afrique, le sud de l'Amérique—on perd graduellement de vue ces grands oiseaux. La limite de leur distribution géographique est pourtant plus reculée que ne
l'avaient cru les anciens naturalistes. En Amérique, le
cathartes aura étend son vol depuis la Terre-de-Feu, jus-.
qu'à la Nouvelle-Écosse, et le vautour noir (*cathartes
atratus*) est commun dans la Caroline. On trouve aussi

certaines espèces de vautours sur les chaînes de montagnes, au sud et au centre de l'Europe. On a même rencontré par hasard quelques-uns de ces oiseaux en Angleterre. En 1826, près de *Bridgewater*, dans le Somersetshire, un oiseau étrange, inconnu, avait été observé marchant sur la route. Poursuivi, il prit son vol à environ un mille du côté de la mer; puis il s'abattit sur le rivage, où il fut tué d'un coup de feu. Il venait de se gorger de la chair putréfiée d'un agneau mort, et ce repas copieux fut sans doute la cause de sa perte; car, s'il n'eût point été alourdi par la nourriture, l'oiseau ne se fût sans doute point laissé approcher à la portée d'un coup de fusil. Un autre vautour — à en juger par la description des gens de la campagne — fut vu, quelques jours après, non loin du même endroit où le premier vautour avait été tué; mais il échappa à la poursuite des chasseurs.

On observe une différence de mœurs entre ceux de ces oiseaux qui vivent dans les contrées très-chaudes et ceux qui habitent des climats plus tempérés.

En Europe, les vautours gîtent, durant la belle saison, dans les montagnes les plus hautes et les plus désertes, tandis que, en Égypte et dans d'autres contrées de l'Afrique ou de l'Asie, ils s'approchent sans crainte des endroits habités, se répandent, au point du jour, dans les villes et les villages et prennent tranquillement leur repas au milieu des rues. Ce contraste de mœurs ne saurait tenir — je le crois, du moins — à une différence de température. Il faut plutôt chercher la cause de cette anomalie dans la conduite de l'homme à leur égard. Dans les brûlantes cités de l'Orient, les vautours sont protégés, encouragés, je pourrais presque dire honorés. Ils font partie du service public. La loi est pour eux. Il y a des endroits où quiconque tue un vautour, est condamné à 125 francs d'amende. Les vautours savent cela : ils ont conscience de leur utilité. Aussi se montrent-ils bons princes, familiers avec les habitants. Entourés de marques de respect, ils accomplissent avec grande hardiesse leur fonction, qui consiste à débarrasser la voie publique des immondices et des charognes. En Europe, au contraire, où l'on a des hommes pour faire ce métier-là, les vautours sont poursuivis, attaqués, tués comme un objet d'aversion ou de curiosité. De là leur défiance, de là leur vie cachée dans les sombres et inaccessibles retraites des montagnes.

Je dois ajouter que les vautours des contrées relativement froides émigrent au commencement de l'hiver, et vont chercher des climats plus chauds.

On distingue plusieurs espèces de vautours. — Le *roi des vautours* (*vultur papa*) est, de tous ces oiseaux, celui dont le plumage est le plus vivement coloré. Sa tête est surmontée d'une crête orangée, charnue, divisée en deux lobes hérissés de caroncules dentelées. Cet oiseau habite une grande partie de l'Amérique méridionale. On le trouve communément à la Guyane, au Brésil et au Paraguay. Il se nourrit de reptiles et de charognes.

Le plus connu est le *vultur fulvus* ou griffon; on le trouve dans toutes les ménageries.

Les vautours vivent en société. Leurs mœurs tranchent, sous ce rapport, avec celles des autres rapaces. Il est facile de découvrir la raison de cette différence. Les charognes abondent à la surface de la terre, et il y a place pour tous devant ce grand banquet de la nature. Les vautours n'ont donc point à craindre la concurrence; l'un ne saurait nuire à l'autre; or, il en est parmi les animaux, comme parmi les hommes : ils ne demandent pas mieux que de s'unir et de s'associer dès que les intérêts ne les séparent point. En fait, les voyageurs ont rencontré des bandes de vautours se livrant tous ensemble à quelque repas fraternel autour du cadavre d'un cheval ou de tout autre grand mammifère. La plus touchante intimité régnait parmi cette famille de convives.

L'esprit d'association diminue néanmoins chez ces oiseaux eux-mêmes dès que l'on regarde à des genres de vautours plus forts, mieux armés et qui, non contents de se repaître sur les cadavres, attaquent quelquefois des proies vivantes.

LE CONDOR

Ainsi que le lama, la vigogne, l'alpaca, ainsi que certaines plantes, le condor est particulier à la chaîne des Andes. Dans toutes les directions parcourues par M. de Humboldt et par son ami Bonpland, lorsqu'ils se livraient dans ces montagnes à leurs expéditions botaniques, sur la limite des neiges éternelles, ils ont constamment été entourés par ces vautours. Ils les rencontraient ordinairement au nombre de trois ou de quatre sur la pointe des rochers. Ces oiseaux ne témoignaient point de défiance ; ils se laissaient approcher à une couple de toises. Ils ne paraissaient point avoir la moindre inclination à attaquer l'homme.

Tout porte à croire que la férocité du condor a été singulièrement exagérée par les récits fabuleux des

voyageurs. Humboldt déclare qu'après les plus conscien-
cieuses recherches, il n'a pu recueillir un seul exemple
d'enfant enlevé par le condor. Ces oiseaux ont pourtant
été accusés de se livrer au métier de ravisseurs. Humboldt lui-même ne doute pas que deux condors ne soient
très-capables de tuer un enfant ou même un homme.
On les voit très-souvent, dans les Andes, attaquer un
bœuf dont ils déchirent la langue et les yeux. De ce
qu'ils ont la force, on en aura sans doute conclu qu'ils
en abusaient.

Voici, d'ailleurs, une aventure qui prouve que, si le
condor attaque rarement les hommes, ce ne sont ni les
armes ni le courage qui lui manquent. Un fort mineur
du Cornouailles était en train d'explorer les mines du
sud de l'Amérique. Notre homme chevauchait le long
des plaines, quand il aperçut des vautours de grande
taille. Conjecturant que ces oiseaux étaient attirés par
quelque animal mort, il piqua des deux et trouva une
bande de condors rassemblés autour de la carcasse d'un
cheval. — Un de ces grands vautours avait une patte
posée sur la terre et l'autre appuyée sur le corps de
l'animal mort. Il montrait une grande puissance musculaire, soulevant et déchirant la chair par grands morceaux. Quelquefois il la tirait avec son bec, d'autres fois
avec ses serres. Comme l'homme approchait, un des
condors, qui semblait gorgé de nourriture, prit son essor
et s'envola à une cinquantaine de mètres. Là, il s'abattit.
Le voyageur poussa droit vers l'oiseau, et, se jetant à
bas de sa monture, il saisit l'oiseau par le cou. La lutte
fut terrible, et ce n'est pas souvent qu'on voit quelque
chose de semblable à ce combat entre un robuste
mineur du Cornouailles et un condor. Le mineur déclara plus tard n'avoir jamais fait une pareille dépense

de forces. Il mit son genou sur la tête de l'oiseau et essaya de lui tordre le cou ; mais le condor, qui n'était pas d'avis de se laisser faire, résista violemment. Il semblait attendre que d'autres condors, qui volaient sur sa tête, prissent parti contre l'homme et vinssent au secours de leur compagnon en danger. A la fin, pourtant, le mineur l'emporta ; croyant son ennemi mort, il s'éloigna, tenant à la main, en manière de trophée, les plumes qu'il avait arrachées à l'aile du condor. Mais ces oiseaux-là ont la vie si dure, qu'un autre cavalier, qui passa par le même endroit quelque temps après, trouva le condor vivant encore et se débattant contre sa fatale destinée.

Le condor, par sa taille majestueuse, par l'immense envergure de ses ailes, est un des plus prodigieux oiseaux de proie qui existent dans la nature. Il vit dans l'air à des hauteurs étonnantes. On le trouve sur des rochers à deux mille quatre cent cinquante toises au-dessus du niveau de la mer. J'avais gravi une des plus hautes montagnes de la tête des Andes, et je promenais autour de moi un regard d'orgueil. Je partageais l'illusion de la plupart des hommes qui se croient grands quand ils sont montés sur quelque élévation formidable. Tout à coup, je levai la tête, et j'aperçus des points noirs qui tourbillonnaient dans le ciel : c'étaient les condors. Cette vue rabaissa beaucoup mon sentiment d'estime personnelle. Il y avait là des créatures en grand nombre — car le ciel était tacheté de vautours — qui trouvaient moyen de vivre et de planer librement, à une prodigieuse distance au-dessus de ces hauteurs glacées, où je pouvais à peine respirer et où je mourais presque de froid. Montez donc, ô hommes, vers de terre ambitieux, montez ou plutôt rampez, avec d'incroyables efforts, jusqu'aux sommets les plus ardus du globe, vous trouverez toujours, au-dessus de votre tête, des êtres qui planent et qui semblent rire de votre bassesse.

La femelle du condor ne fait pas de nid : elle pond deux œufs blancs sur le rocher nu.

Comme ce vautour enlève assez fréquemment les jeunes chèvres et les agneaux, ses habitudes sociales se trouvent déjà grandement modifiées par les instincts de rapine et de brigandage. On ne trouve ces condors réunis que par groupes de trois ou quatre sur la pointe des rochers. Ce n'est point encore la vie solitaire de l'aigle, mais ce n'est déjà plus la vie associée des griffons.

LE GYPAÈTE

Ce bel oiseau, qui égale, s'il ne surpasse point en taille les plus grands aigles, se rattache à toutes les chaînes de montagnes du vieux monde. Sa distribution géographique est étendue, quoiqu'il ne se montre nulle part en grand nombre. On le rencontre dans les Pyrénées et dans les Alpes. Il est fameux par les ravages qu'il commet parmi les agneaux et les chèvres, nourris sur les pentes verdoyantes des collines qui couvrent le pied des montagnes nues.

Peu de traits chez cet oiseau rappellent, à première vue, le vautour. Cependant, la forme de sa tête et le contour général de son corps diffèrent de la structure de l'aigle. Il y a un manque de grandeur et de dignité dans son attitude. Le regard de son œil rouge, quoique profond et cruel, n'a point cette expression d'audace et de résolution qu'on admire chez le *roi des oiseaux*. La barbe de poils noirs qui descend de la mandibule inférieure donne à toute sa physionomie un caractère particulier.

Le nom de cet oiseau exprime bien le rang intermédiaire qu'il occupe, par ses formes et ses habitudes, sur l'échelle des êtres. *Gypaëte* est un composé de deux mots grecs qui signifie *aigle-vautour*. Ce rapace forme, en effet, le trait d'union entre les deux familles. Quoique bien armé, il n'a ni le bec ni la serre de l'aigle. Son bec, à lui, est allongé et recourbé seulement vers la pointe; sa griffe est relativement petite et faible. L'aigle enlève sa proie : le gypaëte essaye rarement de l'emporter avec lui, il la dévore sur place.

Cet oiseau participe de l'aigle et du vautour, non-seulement dans sa conformation extérieure, mais encore dans sa manière de vivre.

Ainsi que le vautour, les gypaëtes recherchent, par goût, les viandes putréfiées. Attirés par le cadavre de quelque animal qui a péri au milieu des ravins de la montagne, ils se réunissent en grand nombre pour partager le butin et se gorgent à n'en pouvoir plus. Leurs appétits ne se limitent pourtant point aux chairs mortes et décomposées. Dans les Alpes, cet oiseau est connu sous le nom de *lämmergeyer* (vautour des agneaux). Ainsi que l'aigle, il attaque, en effet, les innocents agneaux, les chèvres, les moutons, les chamois, et même, s'il faut en croire certains récits, les hommes endormis, les enfants.

Dans sa méthode de chasse, on reconnaît encore les traits de son caractère ambigu. Le gypaëte détruit aisément les petits animaux; car son bec, quoique allongé, est dur et fort; mais il n'en est plus de même quand la lutte s'engage avec des animaux d'une grande taille. Il a, dans ce cas-là, recours à la ruse. Fondant à l'improviste sur quelque chamois qui paît ou se repose au bord d'un précipice, le gypaëte l'attaque avec furie, le harcèle, bat l'air avec ses grandes ailes, agite ses serres autour des cornes de l'animal effaré et le force à se précipiter dans l'abîme. Là, l'oiseau plonge au grand vol et dévore la victime brisée, broyée par la profondeur de la chute.

Bruce raconte un trait qui prouve l'audace du lämmergeyer. Attiré par les préparatifs d'un dîner que les domestiques de la caravane étaient en train de cuire, au sommet d'une haute montagne, un vautour barbu apparut et finit par s'abattre sans façon autour du cercle que traçaient les voyageurs. Les naturels, effrayés, coururent aux armes, c'est-à-dire à leurs lances et à leurs boucliers. Après avoir fait une tentative inutile pour tirer un morceau de viande de la marmite brûlante, l'oiseau se contenta de prendre, dans chacune de ses serres, deux morceaux de viande qui étaient près de là dans une terrine et les enleva lentement, en reprenant le chemin par lequel il était venu. Quelques minutes après, il revint, encouragé sans doute par son premier succès; mais il fut tué, cette dernière fois, d'un coup de feu.

Moitié conquérant, moitié voleur, le gypaëte forme la transition entre les vulturidés et les falconidés.

A propos des vautours, je me souviens d'un fragment de Johnson — *le Pourvoyeur des Vautours* — dans son journal intitulé *l'Oisif* (*Idler*). Quoique ce soit un morceau de fantaisie, les savants pourront y trouver une leçon. Le voici :

« Plusieurs naturalistes croient que ces animaux, regardés comme muets par le vulgaire, ont la faculté de se communiquer leurs idées les uns aux autres. Qu'ils expriment des sensations générales, voilà qui est certain. Chaque être qui fait entendre des sons a une voix différente pour le plaisir ou la peine. Le chien de chasse avertit ses compagnons lorsqu'il flaire le gibier ; la poule appelle ses poussins autour de la nourriture par son gloussement et les éloigne du danger par ses cris.

» Les oiseaux jouissent de la plus grande variété de notes : cette variété suffit, certes, à composer un discours en harmonie avec les besoins d'une vie dirigée par l'instinct. La superstition ou la curiosité s'est toujours montrée attentive aux cris des oiseaux. Plusieurs hommes ont étudié la langue des tribus emplumées et quelques-uns d'entre eux se sont vantés de la comprendre.

» Les interprètes les plus habiles ou les plus confiants des dialogues d'animaux se rencontrent parmi les philosophes de l'Orient. Là, le calme de l'air, la douceur des saisons, permettent à l'étudiant de passer une grande partie de l'année dans les bosquets et les tonnelles. Mais ce qui se fait dans un endroit avec l'aide de circonstances favorables, peut s'accomplir ailleurs par la force de la volonté. Un pâtre de la Bohème, grâce à un long séjour dans les forêts, s'était mis à même d'entendre la voix des oiseaux. Le fait est qu'il raconte, avec une grande confiance, une histoire dont je laisse aux savants le soin de débattre l'authenticité.

» J'étais assis, dit-il, dans l'intérieur d'un roc creux, et je veillais sur mes moutons, qui paissaient dans la vallée, quand j'entendis deux vautours échanger des cris au sommet des récifs. Les deux voix étaient âpres et délibérées. Ma curiosité l'emporta sur le soin de mon troupeau ; je grimpai lentement et en silence de rocher en rocher, caché parmi les broussailles, jusqu'à ce que je découvrisse une cavité où je pusse m'asseoir et écouter, sans donner l'alarme aux oiseaux.

» Je reconnus tout de suite que mon travail serait bien récompensé; car un vieux vautour, avec ses petits à côté de lui, reposait sur une des pointes nues de la montagne; le vieux instruisait les jeunes dans l'art de la vie et les préparait, par une dernière leçon de sagesse, à la séparation qui allait avoir lieu entre eux.

» — Mes enfants, dit le vieux vautour, vous n'avez pas beaucoup besoin de mes instructions, car vous avez eu ma pratique devant les yeux. Vous m'avez vu saisir la volaille dans la cour de la ferme; vous m'avez vu enlever la levrette dans le buisson et le chevreau dans la plaine. Vous savez comment fixer les serres et comment balancer votre vol, lorsque vous êtes chargés d'un butin. Mais souvenez-vous du goût de la plus délicieuse nourriture qui existe : je vous ai souvent régalés de la chair de l'homme.

» — Dites-nous, s'écrièrent les jeunes vautours, où l'on trouve l'homme et comment on le reconnaît! Sa chair est sûrement la nourriture naturelle des vautours. Pourquoi n'avez-vous pas rapporté jusqu'ici un homme, entre vos serres, dans notre nid?

» — Il est trop lourd, dit la mère; lorsque nous trouvons un homme, nous nous contentons de déchirer sa chair, et nous laissons les os sur la terre.

» — Puisque l'homme est si gros, demandèrent les jeunes, comment faites-vous pour le tuer? Vous avez peur du loup et de l'ours; en vertu de quelle puissance les vautours sont-ils supérieurs à l'homme? L'homme a-t-il moins de moyens de défense qu'un mouton?

» — Nous ne possédons pas la force de l'homme, répondit la mère, et je doute souvent que nous ayons sa subtilité. Ce n'est pas souvent que les vautours se repaîtraient de sa chair, si la nature, qui a bien voulu la consacrer à notre usage, n'avait inspiré à l'homme une étrange férocité que je n'ai jamais rencontrée chez aucune créature vivante. Deux troupeaux d'hommes se rencontrent souvent, ébranlent la terre sous le bruit de leurs divisions et remplissent l'air de feu. Quand vous entendrez du bruit et quand vous verrez du feu, avec des éclairs courant à la surface du sol, hâtez-vous de vous rendre sur les lieux, hâtez-vous de toute la vitesse de vos ailes, car vous pouvez être sûrs que les hommes sont en train de se détruire les uns les autres. Vous trouverez le terrain fumant de sang et couvert de cadavres, qui peuvent être démembrés et déchirés pour le plaisir des vautours.

» — Mais, lorsque les hommes ont tué leur proie, demanda l'un des élèves, pourquoi ne la mangent-ils pas? Lorsque le loup a tué un mouton, il ne permet point aux vautours d'y toucher jusqu'à ce qu'il ait satisfait son appétit. L'homme n'est-il point une autre espèce de loup?

» — L'homme, dit la mère, est le seul animal qui tue ce qu'il ne dévore pas, et cette qualité le rend le bienfaiteur des vautours.

» — Si les hommes se donnent la peine de tuer notre proie, firent observer les jeunes, et s'il la laisse sur notre chemin, quel besoin avons-nous alors de travailler pour nous-mêmes?

» — L'homme, répliqua la mère, demeure quelquefois tranquille pendant longtemps dans sa tanière. Les vieux vautours vous diront quand vous devez guetter ses mouvements. Quand vous voyez des hommes en grand nombre se mouvoir les uns contre les autres, comme un troupeau de grues, vous pouvez en conclure qu'ils chassent, et que vous vous réjouirez bientôt dans le sang humain.

» — Mais, encore, dit un jeune, j'aimerais à connaître la raison de ce massacre inutile. Pour moi, je ne tuerais jamais ce que je ne pourrais pas manger.

» — Mon enfant, reprit la mère, ceci est une question à laquelle je ne puis répondre, quoique je passe pour l'oiseau le plus subtil de la montagne. Quand j'étais jeune, j'avais coutume de visiter souvent l'aire d'un vieux vautour qui demeurait sur les roches des Carpathes ; il avait beaucoup observé : il connaissait les endroits qui fournissaient une proie abondante autour de son habitation, et cela aussi loin que pouvait voler, dans toutes les directions, l'aile la plus rapide, entre le lever et le coucher d'un soleil d'été. D'année en année, il s'était nourri des entrailles de l'homme. Son opinion était qu'il existe entre ces êtres malfaisants — ce sont les hommes que je veux dire — une sorte de système et de police. Ceux qui les suivent de plus près prétendent qu'il y a dans chaque troupeau un homme qui donne la direction aux autres et qui semble se délecter magnifiquement à la vue d'un immense carnage. Qu'est-ce qui le désigne au rang suprême, nous l'ignorons. Il est rarement le plus fort ou le plus agile ; mais il montre, du moins, par son ardeur et son activité, qu'il est, plus que tous les autres, l'ami des vautours. »

L'AIGLE

La famille des véritables oiseaux de proie (*accipitres*) se divise en deux classes : les nobles et les ignobles. Cette distinction est empruntée au langage de la fauconnerie.

L'aigle n'était point considéré par les anciens fauconniers comme un oiseau noble. Son caractère sauvage, féroce, destructeur et, après tout, assez lâche, ne mérite point cet honneur. L'opinion publique, si injustement prévenue contre le vautour, s'est, au contraire, montrée beaucoup trop partiale envers l'aigle. Les poëtes ont prêté à ce dernier oiseau beaucoup de qualités qu'il n'a point. Certains naturalistes, qui avaient étudié la vie de ce rapace dans les livres ou dans les ménageries, nous ont également donné leur roman pour l'histoire. On a surnommé l'aigle le roi des oiseaux. Si c'est un compliment qu'on a voulu lui faire, c'est un compliment dont les monarques ont lieu d'être peu flattés. Il est probable qu'une certaine analogie de mœurs entre le lion et l'aigle, la grande force de ces deux animaux, leur vie solitaire, leurs habitudes guerroyantes, ont été, dans les âges de barbarie, l'origine d'un titre qui correspondait alors aux idées qu'on se faisait de la souveraineté.

L'aigle, par sa grandeur, — je parle de sa grandeur physique, — par son appétit et par la puissance de ses armes, est un des mieux nommés parmi les *rapaces*.

Ceux qui ont vu ces terribles oiseaux seulement dans les cages de nos jardins zoologiques, ne peuvent se former qu'une bien faible idée de ce qu'est l'aigle dans l'état de nature, au milieu des rochers et des montagnes. J'ai eu le bonheur de voir de près ces oiseaux dans leurs farouches retraites, et je n'oublierai jamais l'impression que produisit sur moi la fauve et brutale majesté de ces tyrans de l'air. La dernière fois que je rencontrai un aigle, c'était en Auvergne. Je traversais alors la France, en revenant de l'Orient, par Marseille. Je venais d'escalader les hauteurs de cette volcanique province, et je me trouvais au milieu des noirs précipices creusés par les anciennes convulsions de la nature. Une cascade se précipitait avec un bruit de tonnerre. Au milieu des rugissements de l'eau, un cri court et perçant, qui semblait sortir des nuages, frappa mon oreille. En regardant dans la direction d'où était parti ce bruit, j'aperçus bientôt un petit point noir qui se mouvait rapidement vers moi. C'était un aigle doré.

L'oiseau venait évidemment des contrées de plaines qui s'étendaient sous les chaînes de montagnes. Il semblait flotter, ou, pour mieux dire, faire voile dans l'océan d'un air relativement calme. De temps à autre, cependant, il frappait lentement de l'aile comme pour affermir son vol. Comme il approchait dans une ligne directe, nous nous cachâmes, mon guide et moi, derrière un rocher, et nous observâmes ses mouvements à l'aide d'une longue-vue. Lorsque nous avions commencé à l'apercevoir, il pouvait être à une distance d'un mille; mais, en moins d'une minute, il se montra à la portée d'un coup de fusil. Après avoir regardé deux ou trois fois autour de lui, il laissa tomber ses serres, trembla légèrement et s'abattit sur un roc. Pendant un moment, il promena encore çà et là ses yeux perçants et brillants, comme pour s'assurer qu'il n'avait rien à craindre; ensuite, il fourra sa tête sous une de ses ailes éployées et parut se plumer avec le bec. Cela fait, il étendit son cou et regarda fixement le côté du ciel d'où il venait, puis il poussa quelques cris rapides. Il resta là environ dix minutes, manifestant une grande inquiétude, foulant le granit avec ses serres crochues, toujours impatient, toujours agité, lorsque soudain il sembla voir ou entendre quelque chose. Tout à coup, il s'éleva du rocher sur lequel il s'était posé, se lança dans l'air et flotta comme auparavant en faisant entendre le même cri aigu. Regardant alors autour de nous pour connaître la cause de son émotion, nous vîmes approcher de lui sa femelle. Il vola à sa rencontre, et bientôt les deux oiseaux devinrent invisibles à l'œil nu.

C'était, comme je l'ai dit, le grand aigle doré; — une espèce qui se rencontre accidentellement en Angleterre et en Écosse, mais plus souvent en Irlande. — Malgré son caractère sauvage et, en apparence, indomptable, un de ces oiseaux — qui avait pourtant atteint l'âge de la maturité — fut instruit par un Irlandais. Il devint bientôt familier et s'attacha à la maison de son maître, qu'il ne quitta qu'à la mort.

Il jouissait d'une parfaite liberté, n'ayant jamais été tenu à la chaîne, ni mis en cage. On lui coupa, il est vrai, le bout des ailes tout au commencement de sa domesticité; mais les plumes repoussèrent, et l'oiseau, après avoir recouvré la faculté du vol, prit son essor, s'absenta même quelquefois durant quinze jours ou trois semaines, au bout desquelles il revint fidèlement au logis. Il se montrait très-attaché aux personnes qui avaient l'habitude de le nourrir et de le caresser. A son arrivée, il avait été placé dans le jardin, situé sur une pente qui dominait un lac. On avait construit pour sa convenance une maison ou un hangar; mais il préférait habituellement se percher sur la branche d'un grand pommier; sa nourriture consistait surtout en corbeaux qu'on tuait exprès pour lui; quelquefois il essaya de se procurer la même proie par ses propres armes, mais toujours sans succès. L'agilité de ces oiseaux, en tournant vite et court, leur permettait d'éluder la force supérieure de l'aigle. Celui-ci avait donc fini par se contenter de les regarder avidement pendant qu'ils volaient ou venaient même se percher tranquillement au-dessus de sa tête. On ne le soupçonna jamais d'avoir commis aucun acte de carnage parmi les moutons ni les agneaux dans les plaines environnantes. Mais, de temps en temps, lorsque par hasard on oubliait de lui servir sa ration accoutumée, il ne se faisait point scrupule de saisir et de tuer les jeunes cochons. Les enfants, qui le rencontraient constamment quand l'oiseau se promenait dans le jardin, n'eurent jamais à se plaindre de sa brutalité. Mais, dans une occasion, il attaqua son maître — non sans violence — parce que celui-ci (on le supposa, du moins) avait négligé de lui apporter le pain et la viande que l'aigle avait coutume de recevoir de sa main. Après avoir vécu dix ou douze ans de cette manière, l'aigle fut tué par un puissant et féroce mâtin. Personne ne vit le combat, mais la lutte dut être longue et la victoire bravement disputée; car le chien, quoique maître du terrain, était si grièvement blessé, qu'il mourut presque immédiatement.

L'aigle, ainsi que presque tous les animaux, n'est point incapable d'éducation. Je me défie pourtant de l'amitié de cet oiseau féroce, rancunier et traître; j'engage aussi mes lecteurs à s'en défier. Un gentleman, qui habitait le sud de l'Écosse, avait un aigle apprivoisé. Le gardien de l'oiseau — pour je ne sais quelle faute — jugea bon de lui infliger une correction avec un fouet. Je n'approuve point le traitement; mais j'approuve encore moins la suite de l'aventure. Environ une semaine après, le gardien eut le malheur de se trouver dans le rayon de la distance que l'aigle — tout enchaîné qu'il était — pouvait parcourir en marchant et en voletant. Se souvenant de la dernière insulte qu'il avait reçue, l'aigle lui sauta au visage avec tant de fureur et de véhémence, que le pauvre homme fut terriblement blessé. Par bonheur, le coup de bec l'avait rejeté en arrière et assez loin pour qu'il n'y eût point d'autre danger à craindre. Les cris de l'aigle alarmèrent la famille : on vint et l'on trouva l'homme gisant dans son sang, également étourdi par la peur et par la violence de la chute. L'aigle, lui, mordait çà et là et criait encore dans une attitude non moins formidable que majestueuse. On craignait que, dans un tel accès de rage, il ne vînt à rompre sa chaîne. Ce que l'on craignait arriva, mais ce fut pour le bien. Au moment où les spectateurs de cette horrible scène se retiraient effrayés, l'aigle s'échappa pour toujours.

Le poids d'un grand aigle est d'environ douze livres anglaises; mais quelques-uns (par exemple, l'oiseau de Washington) pèsent jusqu'à quatorze livres et demie. Qu'on songe maintenant à la force locomotive qu'il faut pour transporter cette masse avec une vitesse extraordinaire de cent quarante milles à l'heure! Il est vrai que les ailes de cet oiseau sont d'une prodigieuse envergure — mesurant sept à dix pieds d'une extrémité à l'autre, — sans parler de l'incroyable puissance musculaire qui fait mouvoir ces grandes rames aériennes.

On a vu des aigles tuer leur victime en la frappant

d'un coup d'aile, et sans la toucher avec leurs serres. Beaucoup de gens hésitent pourtant à croire que ces oiseaux aient une force suffisante pour enlever des enfants et des agneaux. Si cette accusation reposait seulement sur deux ou trois récits plus ou moins vagues, on pourrait encore la combattre avec succès ; mais, comme les faits sont, au contraire, très-nombreux et attestés par des témoignages authentiques, nous ne voyons guère de raison pour révoquer la chose en doute. Les naturalistes qui contestent sur ce point le récit des voyageurs, en parlent bien à leur aise : j'avoue que les aigles de leurs collections ne sont jamais venus les trouver au coin du feu, ni les alarmer sur le sort de leurs enfants ; mais, si nos sceptiques académiciens avaient vécu dans les pays où ces oiseaux commettent toute sorte de brigandages, ils modifieraient peut-être leur opinion.

L'évêque Heber, dans ses voyages, traversa une contrée montagneuse de l'Inde où l'on se plaignait beaucoup des enlèvements d'enfants. Personne, là, ne doutait que les aigles ne fussent les auteurs du crime. Mais il n'est point nécessaire d'aller si loin pour trouver des traces de leurs attaques à bec armé sur la vie des innocentes créatures. Dans l'île de Skye, en Écosse, une femme avait laissé son enfant— pour un temps fort court—dans un champ : un aigle emporta cet enfant dans ses serres, et traversa au vol toute la longueur d'un lac. Quelques gens de la campagne qui gardaient leurs troupeaux aperçurent l'oiseau déposer son fardeau sur un rocher, et, entendant les cris de l'enfant, ils se rendirent en toute hâte sur le lieu de la scène, où ils trouvèrent la victime saine et sauve. Le nom de l'enfant était Niel ; mais il fut dans la suite désigné par un surnom gallique qui voulait dire *Aigle*.

En Suède, la mère d'un autre enfant était en train de travailler dans les parcs de brebis, et elle avait déposé son enfant sur le sol, à une petite distance. Soudain, un aigle s'abattit et enleva l'enfant. Pendant longtemps, la malheureuse femme entendit la pauvre victime criant dans l'air ; mais il n'y avait aucun moyen de lui porter secours. Elle ne le vit plus. Peu de temps après, elle perdit la raison. Elle vivait, il y a quelques années, et vit peut-être encore — si c'est là vivre — dans un asile d'aliénés appartenant à la ville près de laquelle ce déplorable accident est arrivé.

C'était au printemps de 1847 : un aigle avait enlevé un garçon de dix ans, dans la commune de Hery sur Alby, dans le canton de Genève. Le jeune espiègle venait justement de piller un nid, dans lequel il avait pris des aiglons. Cet acte d'agression avait probablement exaspéré le père et la mère de ces oiseaux. L'un des deux aigles le saisit immédiatement et le déposa sur un rocher à environ six cents mètres de l'endroit où l'enfant avait été enlevé. Heureusement, il fut délivré par des bergers qui se trouvaient à quelque distance de là et qui accoururent. Le jeune garçon n'avait subi d'autre violence qu'une grave lacération imprimée par les serres de l'oiseau.

A Tirst-Holm, — l'une des îles Féroë, placée entre le le nord de l'Écosse et l'Islande, — un aigle enleva un enfant qui se trouvait à une petite distance de sa mère, et l'emporta dans son aire, située sur la pointe d'un grand roc, si escarpé, que les plus hardis dénicheurs d'oiseaux n'avaient jamais osé le gravir. La mère, elle, escalada ce rocher à pic et atteignit le nid. Mais, hélas ! il était trop tard : l'enfant était mort.

Le fait suivant est arrivé en Amérique, dans la paroisse de Saint-Amboise, près de New-York. Deux garçons, l'un âgé de sept ans, l'autre de cinq, étaient en train de faire la moisson, pendant que leurs parents étaient à dîner. Un grand aigle, fendant l'air à toutes ailes, vint sur eux, et essaya de saisir l'aîné des deux enfants, mais, heureusement, il le manqua. L'oiseau, nullement effrayé, s'abattit à une courte distance, et, au bout de quelques instants, recommença ses attaques. Le hardi petit champion se défendit bravement avec sa faucille, qu'il tenait heureusement à la main, et, quand l'oiseau fondit sur lui, il le frappa avec résolution. La faucille entra sous l'aile gauche, et, comme le coup était assené avec force, il traversa les côtes de l'aigle. Le foie était percé, et l'agresseur resta sur le champ de bataille. Ayant ouvert l'estomac de l'oiseau, on le trouva entièrement vide. Cette circonstance — la faim — explique, jusqu'à un certain point, la cause d'une pareille descente. Le courageux petit bonhomme ne reçut pas même une égratignure; mais il n'y a point de doute que, si l'oiseau n'eût point été affaibli par un long jeûne, un ou deux coups de son terrible bec auraient ouvert le crâne de l'enfant et auraient déterminé instantanément la mort.

Les aigles de la même espèce sont très-communs dans cette partie du nouveau monde : ils sont atteints et convaincus d'avoir très-souvent emporté un dindon ou même une oie; mais c'était le premier exemple qu'on eût vu d'une attaque dirigée contre des enfants. Dans la Nouvelle-Galles du Sud un célèbre navigateur, le capitaine Flinders, en rencontra pourtant qui appartenaient à l'espèce d'Amérique et qui étaient d'un caractère fort suspect. Il se promenait, un jour, avec quelques-uns de ses officiers, quand un grand aigle, à l'aspect farouche et aux ailes déployées, s'approcha tout d'un bond, puis, s'arrêtant tout court à une distance d'environ vingt mètres, il s'éleva dans un arbre. Bientôt après, un autre oiseau du même genre se montra, et, volant au-dessus de leurs têtes, parut vouloir s'abattre sur eux ; mais il réprima lui-même son mouvement de descente, avant de les toucher. Le capitaine Flinders supposa que les aigles le prenaient, lui et ses compagnons, pour une bande de kanguroos, qui, lorsqu'ils se tiennent sur leurs pattes de derrière, comme c'est leur habitude, ont, jusqu'à un certain point, la taille et la forme d'un homme. On a observé, en effet, que les aigles aiment à se nourrir de ces quadrupèdes, ou, si l'on aime mieux, de ces bipèdes ; car ils ont été vus plus d'une fois guettant tranquillement sur un arbre le moment où un kanguroo faisait son apparition : alors, ils s'abattent et le mettent en pièces, — ce qui, pour eux, est l'affaire d'un instant. Une circonstance géographique donnait quelque vaisemblance à l'hypothèse du capitaine : c'est que la contrée était absolument désolée, et sans aucune trace d'habitation, — de sorte que ces aigles pouvaient bien n'avoir jamais vu d'homme jusque-là.

Il existe, en Angleterre, un ancien acte du parlement, par lequel on promet une récompense à quiconque détruira un aigle ou un nid d'aigle, cet oiseau étant « la terreur des fermiers, dont il enlève les enfants et les volailles. » Une histoire, racontée dans un vieux livre, montre du moins que cette croyance était générale dans les temps anciens. Alfred, roi des Saxons, était, un jour, parti pour la chasse. Traversant un certain bois, il crut entendre le cri d'un enfant au sommet d'un arbre. Aussitôt, le roi de demander aux chasseurs quelle pouvait être la cause de ce vagissement. Puis il commanda à un de ses hommes de monter dans l'arbre. L'homme monta et trouva au sommet de l'arbre un nid d'aigle, et dans ce nid un joli enfant, qui était enveloppé dans un manteau de pourpre. Ce petit être, à figure d'ange, portait à chaque bras un anneau d'or — signe évident qu'il était né de parents nobles. En conséquence, le roi se chargea de l'enfant et le fit baptiser. Comme ce dernier avait été trouvé dans un nid, on lui donna le nom de *Nestinyum*. Plus tard, le roi le promut à la dignité de comte. Le souvenir de cette aventure est resté dans la famille : les comtes de Stanley portent sur leur écu une tête d'aigle et une tête d'enfant. Il est sans doute permis de reléguer une telle tradition parmi les légendes. Je l'ai rapportée pour montrer que les traditions des anciens âges se montrent conformes, sur ce point, à l'opinion actuelle de nos braves paysans écossais et irlandais.

Dans les exemples que nous avons cités, il ne paraît point que l'aigle fût capable de voler à une considérable distance avec un enfant entre ses serres ; mais, en Irlande, un grand aigle a été vu prenant son essor et emportant un agneau, en ligne droite, vers la haute chaîne de montagnes auxquelles on a donné le nom de Mornes. Les hommes qui l'avaient observé le poursuivirent et ne le perdirent point de vue. — Ayant en vain essayé de s'élever jusqu'au sommet d'une des plus hautes montagnes, le ravisseur laissa tomber son fardeau au bord d'un bois. L'agneau n'avait point du tout de mal. On évalua à deux milles la distance parcourue par l'oiseau de proie.

Nous devons avouer que les cas d'enfants, d'agneaux, de chevreaux, de faons enlevés par les aigles sont des accidents rares ; ces oiseaux attaquent généralement des animaux plus petits, des lièvres, des lapins. Encore sont-ils quelquefois punis de leur cruauté. Les victimes marchandent de temps en temps leur vie, et nous avons déja raconté l'histoire d'une belette qui, emportée par un aigle, prévint la mort en la donnant. On rapporte un autre cas d'un de ces oiseaux qui avait attaqué un chat : un combat se livra dans les airs entre le ravisseur et la proie. Ce combat dura quelques minutes. Le chat, voyant le danger qui le menaçait, enfonça ses ongles dans la chair de l'aigle, et évita ainsi les funestes conséquences d'une chute. A la fin, fatigué de la lutte, et incommodé par l'étreinte du chat, l'oiseau descendit vers la terre, où le duel continua. Des spectateurs de cette scène tragique intervinrent, et les deux combattants furent pris.

Il est curieux de voir lutter avec l'aigle les carnassiers de petite taille.

Une chatte, attirée sans doute par quelques morceaux de chair crue, s'était introduite dans la cage d'un aigle doré; soudain, l'oiseau se jeta en bas de son perchoir et saisit la chatte si rudement entre ses serres, que, malgré la nature vivace du genre *feles*, la pauvre bête fut tuée sur-le-champ. L'aigle remonta tranquillement sur son perchoir, regarda autour de lui, puis redescendit. Alors, il se mit à déchirer la chair, en la séparant des os, et dévora, à loisir, le cadavre de la chatte.

Les aigles, surtout les aigles de grande taille, sont aujourd'hui assez rares dans les îles Britanniques. L'influence de l'homme les a chassés des hautes positions naturelles que ces brigands de l'air occupaient dans les temps anciens. C'est presque uniquement dans les solitudes reculées des Highlands, dans les îles situées au nord-ouest des côtes de l'Écosse et dans les déserts du nord de l'Irlande qu'on rencontre quelques aigles doués des proportions majestueuses dont jouissaient ces oiseaux dans les temps primitifs de notre contrée. En ces endroits mêmes, la civilisation a trouvé le moyen de détruire, du moins en partie, ces incommodes voisins qui menaçaient par leurs ravages la sécurité de l'homme et des troupeaux. C'est dans les inaccessibles retraites des montagnes bordées de précipices, c'est à la hauteur effrayante des rochers marins, que ces oiseaux élèvent encore leurs petits, dans la défiance de tous les éléments de destruction. Après tout, ces sites sauvages leur conviennent : l'aigle aime à s'environner des scènes de désolation et de terreur qui correspondent à la nature de son caractère farouche.

Quelques exemplaires vivants se rencontrent pourtant, par hasard, sur d'autres parties moins sauvages de la Grande-Bretagne. Un gentleman nous a raconté avoir été visiter, en Écosse, un ami près de la maison duquel était un nid qui, pendant plusieurs étés, avait été habité par deux aigles. Cette aire se trouvait placée sur une montagne rocailleuse. Il y avait, à quelque distance du nid, une pierre d'environ six pieds de longueur et autant de largeur. Sur cette pierre, le maître de la maison et sa servante trouvaient — pendant le temps que les deux aigles avaient des petits — une provision de coqs de bruyère, de perdrix, de lièvres, de lapins, de canards, de bécasses, — et, de temps à autre, des chevreaux, des faons, des agneaux.

Lorsque les aiglons étaient capables de sautiller à la hauteur de cette pierre, — vers laquelle conduisait un étroit sentier suspendu sur un redoutable précipice — les aigles apportaient des lièvres et des lapins vivants et, les plaçant sur cette table de sacrifice, ils apprenaient à leurs petits à immoler les victimes et à les mettre en pièces. On eût dit une mère chatte apportant à ses petits des souris et les instruisant à les tuer. De temps en temps,

les lièvres, les lapins, les rats, n'étant pas suffisamment
affaiblis par leurs blessures, s'échappaient de la serre
des aiglons, pendant que les aiglons jouaient cruellement
avec eux. Une fois, un lapin se sauva dans un trou, au
fond duquel la mère des jeunes oiseaux de proie ne put
le retrouver. Un autre jour, cette vieille mère apporta à
ses petits un renardeau qui, après une vaillante résistance
de sa part, et après avoir mordu désespérément les
aiglons, essaya de s'échapper sur le haut de la montagne. Il aurait probablement réussi dans son entreprise,
si un berger, qui guettait les mouvements des aigles,
avec l'intention de leur tirer un coup de fusil, n'eût pré-
venu la fuite du pauvre renardeau, en l'abattant, sans le
vouloir, sous une pluie de chevrotines.

Comme les aigles avaient fait, de la pierre de la montagne, ce qu'on peut appeler un excellent garde-manger,
toutes les fois que des visiteurs venaient à l'improviste,
le maître de la maison avait coutume de recourir à cet
en cas. Il envoyait ses domestiques pour voir ce que ses
voisins, les oiseaux de proie, tenaient en réserve. Les domestiques revenaient rarement sans d'excellents plats
pour la table, — le gibier n'en étant que meilleur pour
avoir été gardé un certain temps. Lorsque le gentleman
ou ses gens enlevaient ces viandes du buffet qui était
dressé près de l'aire (car il était téméraire d'approcher
du nid lui-même), les aigles n'étaient point longtemps
sans apporter d'autres vivres. Mais, lorsque le fruit de
leur chasse ne leur était point enlevé, le père et la mère
flânaient çà et là, et s'amusaient avec leurs petits,
jusqu'à ce que les provisions fussent tout à fait épuisées.

Tandis que la mère aigle était en train de couver, la
table ou le buffet situé sur le roc était généralement bien

fourni pour son usage particulier. Quand elle était dans cet état intéressant ou que les aiglons étaient encore très-jeunes, le mari déchirait généralement pour elle une aile de volaille ou une patte de l'animal qu'il avait pris. Ces deux aigles — comme il arrive généralement chez les oiseaux qui ne vivent point par bandes — étaient fidèles l'un à l'autre. Ce ménage était, d'ailleurs, égoïste et intéressé. Le père et la mère ne permettaient même point à leurs aiglons, lorsqu'ils étaient devenus grands, de faire un nid, ni de vivre près d'eux : ils les chassaient à une distance considérable.—Ces mœurs solitaires existent, comme nous l'avons vu, chez presque tous les animaux carnassiers — le lion, le tigre — et chez la plupart des oiseaux de proie. Il leur faut un quartier de destruction assez vaste pour fournir, aux exigences de leur appétit, un champ de carnage qu'ils exploitent sans concurrence.

Le gentleman dont je tiens ces renseignements n'a pas pu me dire si ces deux aigles étaient dans l'habitude d'épargner les agneaux et les chevreaux qui étaient dans le voisinage de leur aire. Aux îles Shiant, — un groupe de rochers sauvages et solitaires, situé entre les Hébrides, — les habitants assurent que les aigles qui sont, ou plutôt qui étaient autrefois très-nombreux, surtout dans la saison de l'incubation, s'abstenaient de nourrir leurs jeunes avec les animaux appartenant à l'île dans laquelle ils avaient fixé leur domicile. Ils les apportaient invariablement des îles voisines — et souvent d'une distance de plusieurs milles.

Les aigles ont quelquefois réussi à prendre des bœufs — et cela d'une manière extraordinaire. Le fait a été constaté dans Héligoland, une petite île rocailleuse et maintenant déserte dans l'océan Germanique. Des personnes établies là racontent que l'aigle vole d'abord vers la mer, où il se plonge dans les vagues; puis, retournant vers la terre, il se roule sur le rivage, jusqu'à ce que ses ailes soient entièrement couvertes de sable. Alors il reprend son essor, et voltige sur sa victime. Lorsqu'il est près d'elle, il secoue ses ailes, et disperse ainsi le sable ou le gravier dans les yeux du pauvre bœuf. L'animal, aveuglé, reste stupéfait, et court çà et là dans un état de délire; à la fin, il tombe tout épuisé contre terre. L'aigle, lui, sans se troubler, recueille alors le fruit d'une victoire obtenue par la ruse et qui ne lui a guère coûté de peines.

Si farouches et si sauvages que soient les aigles, ils semblent néanmoins, dans quelques occasions, oublier leurs habitudes sanguinaires. On les a vus manifester des dispositions généreuses — *parcere subjectis et debellare superbos*. Un aigle africain (*falco albescens*) ne permettait à aucun grand oiseau de vivre près de son gîte; mais il souffrait que les petits oiseaux résidassent dans son voisinage, et même qu'ils se perchassent sur son aire, sans commettre à leur égard aucune violence. Mieux encore, il les protégeait contre les attaques des autres oiseaux de proie qui auraient pu être disposés à les dévorer. L'aigle pêcheur du nord de l'Amérique (*falco haliaetus*) laisse d'autres petits oiseaux construire leur nid parmi les bâtons qui forment la base de l'aire, et ces derniers ne paraissent nullement troublés ni menacés par le voisinage des grands oiseaux qui élèvent, au-dessus d'eux, leurs petits. On peut répondre à cela, il est vrai, que les aigles méprisent ce *menu fretin* comme indigne de leur royal appétit. Leur générosité, dans ce cas, ne serait que de l'indifférence.

Si rusé que soit l'aigle, et si habile qu'il se montre

dans l'art de pourvoir à ses besoins, il a quelquefois été vaincu par des animaux qui ne lui sont point supérieurs en taille ni en force. Le groom d'un gentleman dans le Nottinghamshire, exerçait, un matin, à la course les chevaux de son maître : un chien terrier, qui l'accompagnait, fit sortir d'un buisson un bel aigle, dont les ailes avaient huit pieds d'envergure. L'oiseau vola lentement, pardessus la haie, dans le champ d'un voisin, toujours poursuivi par le chien, qui fonça bravement et qui s'attacha à lui avant que l'aigle pût prendre son essor. Un conflit, durant lequel le chien fut grièvement mordu, s'engagea entre les deux adversaires. Le terrier ne lâcha pas prise. Enfin — avec l'assistance du groom et d'une personne qui passait par là — l'oiseau fut fait prisonnier. Il est probable que, durant la nuit, l'aigle s'était gorgé de nourriture. Nous avons vu, en effet, qu'après un trop copieux festin, les oiseaux de proie deviennent lourds, paresseux, apathiques et incapables de prendre leur vol. Les Écossais, qui connaissent ce détail de mœurs, ont adopté un système de chasse qui réussit assez souvent — ou, du moins, qui réussissait lorsque le pays était infesté par les aigles.

Sur une hauteur ou dans un terrain vague où les aigles abondent, on construit quatre murs qu'on élève à la hauteur d'une petite maison ou d'une hutte. On pratique, au pied du mur, une ouverture assez large pour que l'oiseau puisse y entrer. A l'extérieur de cette ouverture, on fixe un morceau de corde, avec un nœud coulant à l'un des bouts. Cela fait, on jette dans la maison un quartier de viande. L'aigle passe, s'abat et dévore la viande. Après avoir mangé voracement, il s'engourdit, et, incapable de prendre tout à coup son essor, il marche lentement vers l'ouverture de la hutte. Le nœud de la corde, placé avec intention, saisit le cou de l'aigle et l'étrangle. Il y a d'autres méthodes employées pour tendre des piéges à cet oiseau ; mais il faut beaucoup de précautions si l'on veut réussir ; car l'aigle n'a point du tout le courage qu'on lui attribue : comme tous les brigands, il est ombrageux, défiant et, en définitive, lâche.

Les sauvages du nord de l'Amérique ont cet oiseau en grande vénération, à cause des qualités qu'ils estiment surtout chez leurs chefs. Il y a dans l'attitude de l'aigle quelques traits de grandeur farouche qui les frappent. Son regard et ses mouvements, empreints d'une certaine dignité ; son vol, accompagné d'un son qui s'entend à une distance considérable et qui avertit tous les autres oiseaux de se retirer devant sa présence ; la manière dont il plane, rapide et sans mouvement, les ailes étendues ; le bruit qu'il fait en volant et qui a été comparé au frôlement d'un drapeau de soie ému par la brise, toutes ces circonstances ont fait croire aux Indiens du nouveau monde que l'aigle était un oiseau suprème. Je comprends et j'excuse cette manière de voir chez des sauvages ; mais je m'explique moins comment les peuples civilisés ont partagé cette erreur.

L'aigle étant considéré comme le roi des oiseaux, les flatteurs ne lui ont point manqué. Les poëtes en ont fait le symbole du génie. Les anciens eux-mêmes ont comparé son vol à l'enthousiasme lyrique. On connaît l'aventure de Ganymède et les beaux vers qu'elle a inspirés. Cette fable repose pourtant sur une tradition assez claire.

L'aigle, ce ravisseur, enlève, comme nous l'avons vu, les enfants dans les nues ; mais ce n'est point pour les faire dieux, — c'est pour les manger. Les Grecs et les Romains se montrent mieux avisés, quand, dans leur mythologie, ils font de cet oiseau le porte-tonnerre de Jupiter. La figure de l'aigle est bien l'emblème de la destruction.

Les poëtes ont été trompés, selon toute vraisemblance, par la forme majestueuse et terrible de cet oiseau de proie ; mais ils ont oublié que son caractère ne répond nullement à l'idée que les hommes doivent se faire du génie et de la grandeur d'âme. Le premier trait de la supériorité morale est la bonté.

Chez les Romains, l'aigle marchait à la tête des armées ; mais il ne faut point perdre de vue le témoignage de Pline, le naturaliste. « L'aigle, dit-il, fut substitué aux autres enseignes par Caïus Marius. Ce n'était pas d'abord l'oiseau de la nation. C'était celui de la dictature. »

Le seul service que l'homme pourrait tirer de l'aigle, serait de l'utiliser comme pourvoyeur de gibier ; encore son caractère intraitable le rend-il peu propre à ce genre de fonction. Les anciens fauconniers faisaient très-rarement usage de cet oiseau dans leurs chasses, n'ayant jamais pu gagner son attachement, ni le soumettre au travail. On assure que les Tartares ont été plus heureux ; ils prennent de jeunes aiglons et les dressent à la chasse du lièvre, du renard, de l'antilope et même du loup. Il se peut, néanmoins, que l'oiseau employé par eux, et désigné par les voyageurs sous le nom d'aigle, soit non pas un aigle, mais une grande espèce de faucon.

Un professeur allemand, Reisner, publia, il y une trentaine d'années, une brochure dans laquelle il donnait une destination utile à l'aigle. Ces oiseaux, selon lui, pouvaient être employés à diriger des ballons. Il précise le nombre d'aigles qu'il serait nécessaire d'atteler à ce char volant, selon les dimensions de la machine. Vous trouveriez, en outre, dans son ouvrage des conseils sur la manière de harnacher, d'instruire et de guider ces coursiers de l'air.

Quoique l'aigle soit d'un mauvais naturel, à Dieu ne plaise que je le déclare incorrigible. En 1807, vivait au Jardin des Plantes, à Paris, un aigle d'une grande beauté, qui portait à l'une de ses serres un anneau d'argent. Voici l'histoire de cet oiseau, depuis le jour où il perdit sa liberté :

Il avait été pris au milieu de la forêt de Fontainebleau, dans une trappe à renard, dont le ressort lui brisa la patte. Sa guérison fut longue et le traitement pénible. Il fallut recourir à une opération douloureuse; l'aigle la soutint avec une patience qui se trouve rarement surpassée par l'homme. Durant cette opération, sa tête seule était en liberté; mais il ne chercha nullement à s'opposer par des coups de bec au pansement de la blessure, dont il fallut extraire plusieurs esquilles. Il n'essaya pas non plus de déranger l'appareil qu'exigeait la fracture. Enveloppé dans une serviette et couché sur un côté, il passa toute la nuit sur la paille sans faire le moindre mouvement. Le lendemain, lorsque tous les appareils furent levés, il se plaça de lui-même sur un perchoir, où il resta douze heures entières appuyé sur sa bonne patte. Durant tout ce temps, il ne fit aucune tentative pour s'échapper, quoique les fenêtres fussent ouvertes. Cependant, il rejeta toute nourriture jusqu'au treizième jour de sa captivité. Ce jour-là, il essaya son appétit sur un lapin qu'on lui avait donné. Il le saisit avec la serre qui n'était point blessée et le tua d'un coup de bec. Après l'avoir dévoré, il reprit sa place habituelle sur le perchoir, dont il ne bougea plus jusqu'au vingt et unième jour qui suivit l'accident. Alors, il commença à éprouver le membre blessé : sans déranger en rien la ligature, il reprit peu à peu l'usage de sa patte, au moyen d'un exercice modéré et successif.

Cet oiseau avait passé trois mois dans la chambre du domestique aux soins duquel il était confié. Aussitôt que le feu était allumé, il accourait se chauffer et se laissait caresser par son gardien. A l'heure du coucher, il remontait sur son perchoir et se plaçait, aussi près que possible, du lit de son camarade de chambre; mais, aussitôt que la lampe était éteinte, il s'éloignait à l'autre extrémité. La confiance qu'il avait dans sa force semblait bannir chez lui toute défiance. Il est impossible de montrer plus de courage, plus de résignation, on pourrait dire plus de raison, que n'en montra cet aigle durant la longue période de sa maladie.

Avant de venir au Jardin des Plantes, il avait appartenu à l'impératrice Joséphine. On l'avait apprivoisé avec un jeune coq anglais, qui finit par lui servir de nourriture. Il est difficile de dire si l'immolation du pauvre volatile fut décrétée, de la part de l'aigle, par férocité naturelle, par quelque mouvement de colère ou seulement par la faim. Toujours est-il que le coq fut tué et mangé.

L'aigle occupe, à la surface du globe, une étendue considérable. On le trouve sur les régions montagneuses de l'Europe, dans différentes parties de l'Asie et de l'Afrique, au moins sur la chaîne de l'Atlas; on le trouve aussi en Amérique, où, pourtant, il est rare. Il se montre, comme nous l'avons dit, dans les montagnes de l'Angleterre et de l'Irlande, où il a, d'ailleurs, été confondu plus d'une fois avec l'orfraie.

Partout on admire la puissance de ses ailes. Dans un ciel clair, il s'élève à une grande hauteur; mais il vole plus bas quand le temps est couvert et nuageux. Il quitte rarement les montagnes pour descendre dans les plaines. Quand cela arrive, c'est généralement dans la saison d'hiver. Son immense énergie musculaire lui permet de lutter contre les vents les plus tempêtueux et les plus violents. Ramond raconte que, quand il atteignit le sommet du mont Perdu, — le point le plus élevé des Pyrénées, — il ne vit aucune créature vivante, si ce n'est un aigle qui passa au-dessus de sa tête, volant avec une rapidité extraordinaire contre un vent furieux qui soufflait du sud-ouest. Le vol du grand aigle est si élevé, que ce gros oiseau cesse d'être visible à l'œil de l'homme. Et, pourtant, à cette distance, on peut encore entendre ses cris, qui ont été comparés à l'aboiement d'un petit chien. Telle est l'acuité de sa vue perçante, que, même dans ces hauteurs de l'air où il cesse d'être perceptible à l'œil humain, il distingue un lièvre, ou même un plus petit animal que le lièvre, à la surface du sol : il s'élance alors sur lui comme une flèche sans jamais manquer son but.

La femelle de l'aigle pond deux œufs, rarement trois dans une année. Elle les couve pendant trente jours. Le nid, qu'on appelle *aire*, est placé d'ordinaire dans le creux de quelque roc haut et abrupt. Cette aire est construite avec des bâtons de cinq ou six pieds de longueur, entrelacés de scions pliants et recouverts de différentes couches de roseaux, de bruyère ou de mousse. Le nid n'est point creux, comme celui de la plupart des oiseaux : il s'étend en plate-forme. A moins que quelque accident ne vienne à le détruire, il suffit, une fois construit, au même couple d'aigles pendant toute la vie.

On a trouvé, en 1668, dans le Derbyshire, un nid construit avec de grands bâtons ; il reposait par un bout sur le coin d'un rocher et par l'autre sur deux bouleaux qui avaient eu la fantaisie de végéter dans cet endroit. Il contenait un aiglon, un lièvre mort et un agneau.

Le père et la mère ne laissent point vivre leurs aiglons dans l'oisiveté ; dès que ces derniers peuvent voler et dès qu'ils ont reçu une certaine éducation, ils sont chassés de l'aire. — C'est maintenant à eux de se pourvoir.

La longévité de cet oiseau est remarquable. On cite l'exemple d'un aigle qui vécut, à Vienne, cent quatre ans dans l'état de captivité. Non-seulement cet oiseau parvient à un âge respectable, mais il peut encore endurer, pendant une longue période de temps, la privation de nourriture. Cette faculté n'est, d'ailleurs, point restreinte à l'aigle : tous les animaux de proie sont organisés de manière à supporter de longs jeûnes. La nature l'a voulu ainsi : la vie animale étant répandue à la surface du globe en quantité bien moins grande que la vie végétale, ces mangeurs de chair crue périraient de faim, si leur estomac n'était conformé en conséquence.

On distingue plusieurs espèces d'aigles : l'aigle commun, l'aigle royal, l'aigle impérial, l'aigle criard.

L'OISEAU DE WASHINGTON

J'emprunte le récit suivant à Audubon :

« Ce fut au mois de janvier 1814 que j'eus l'occasion d'observer ce noble oiseau dans le nord de l'Amérique, et jamais je n'oublierai la joie que me causa sa vue. Herschel lui-même, quand il découvrit la planète qui porte son nom, ne dut point éprouver un ravissement plus extraordinaire que le mien. Nous faisions un voyage d'affaires et nous remontions le cours du haut Mississipi. Une âpre brise d'hiver soufflait autour de nous, et le froid dont je souffrais était si grand, qu'il avait engourdi, à un certain degré, l'intérêt que m'aurait offert, dans toute autre saison, cette magnifique rivière. Je contemplais pourtant d'un œil avide les multitudes de canards, accompagnés de nombreuses troupes de cygnes, qui passaient de temps en temps près de nous. Un des passagers — un Canadien, — qui se livrait depuis quelques années au commerce de la pelleterie, voyant que ces oiseaux attiraient mon attention, semblait désireux de trouver quelque objet nouveau pour me divertir. C'était un homme d'intelligence. Dans ce moment, un aigle plana au-dessus de nos têtes : « Quel » bonheur ! » s'écria-t-il, « voilà justement ce que je vou- » lais vous montrer ! Regardez, monsieur ! le grand aigle ! » et le seul que j'aie vu depuis que j'ai quitté les lacs ! » J'étais alors couché tout morfondu ; mais je fus bientôt sur mes pieds, et, après avoir observé attentivement l'oiseau, je conclus, au moment où je le perdis de vue, que c'était une espèce toute nouvelle pour moi. Le Canadien m'assura que ces aigles étaient, en effet, très-rares ; il ajouta que, quand les lacs étaient gelés, ces oiseaux suivaient quelquefois les chasseurs pour se nourrir des entrailles des animaux tués ; que, le reste de l'année, ils plongeaient dans l'eau à la poursuite des poissons ; qu'ils les attrapaient à la manière des autres aigles pêcheurs ; et que, le plus souvent, ils se perchaient en observation sur les étages des rochers, au milieu desquels ils construisent leur nid.

» Convaincu que cet oiseau était alors inconnu des

naturalistes, j'étais fort curieux de connaître ses habitudes, et de voir moi-même par quels traits il se distingue des autres aigles. Ma seconde rencontre avec cet oiseau eut lieu quelques années après cette première entrevue, un jour que j'étais occupé à ramasser des coquillages sur un de ces bancs de sable qui bordent et divisent la grande rivière du Kentucky, près de sa jonction avec l'Ohio. Le cours de l'eau est, en cet endroit-là, bordé par une chaîne de rocs élevés qui, de temps en temps, suivent les méandres de la rivière. Je remarquai sur les rochers qui, à cet endroit-là, sont presque perpendiculaires, une quantité d'ordures blanches, que j'attribuai aux chouettes, lesquelles avaient sans doute niché dans ces solitaires retraites. Je fis part de mon observation à mes camarades, et l'un deux, qui vivait à un mille et demi de ce site, me dit que ces ordures provenaient du nid de l'aigle brun. Il appelait ainsi l'aigle à tête blanche, qui est, en effet, brun dans son jeune âge. Je l'assurai que cela ne pouvait pas être et lui fis remarquer que ni les vieux ni les jeunes de cette espèce ne construisent jamais leur nid dans des endroits semblables, mais toujours sur des arbres. Quoiqu'il ne pût point réfuter mon assertion, il soutint fermement qu'un aigle brun, d'une taille au-dessus de la moyenne, avait habité là. Il affirma avoir guetté le nid quelques jours auparavant, et avoir vu la mère plonger dans l'eau et attraper un poisson. « Si, d'ail-
» leurs, » ajouta-t-il, « vous êtes si désireux de savoir à
» quel oiseau appartient ce nid, je puis contenter votre
» curiosité ; car les parents viendront nourrir leurs petits
» avec des poissons, comme je le leur ai déjà vu faire. »

» L'attente me sembla longue ; car j'étais fort excité. Je m'étais assis à une centaine de mètres du pied du rocher. Jamais le temps ne passa plus lentement. Je ne pouvais retenir les signes de la plus impatiente curiosité ; Quelque chose me disait que c'était un nid d'aigle de mer. Deux éternelles heures s'écoulèrent avant que l'oiseau attendu fît son apparition, — laquelle nous fut annoncée par les sifflements aigus des deux aiglons qui se traînaient à l'extrémité du trou pour recevoir un beau poisson. Je pus jouir parfaitement de la vue de ce noble oiseau, attendu qu'il s'accrocha lui-même au rebord du rocher, la queue déployée et les ailes en partie ouvertes. Je tremblais qu'un mot ne vînt à échapper de la bouche des mes compagnons. Le moindre murmure les aurait trahis. Ils comprirent parfaitement ma pensée, et, quoique médiocrement intéressés par ce spectacle, ils regardèrent avec moi, en silence. En quelques minutes, l'autre aigle rejoignit son compagnon, et, à la différence de la taille (la femelle des rapaces étant plus grande que le mâle), nous reconnûmes que c'était la mère. Elle aussi apportait un poisson ; mais, plus circonspecte que le mâle, elle darda autour d'elle son œil vif et perçant, et s'aperçut à l'instant même que son logis avait été découvert. Elle laissa tomber sa proie ; avec un cri éclatant communiqua au mâle le sujet de ses alarmes, puis, voltigeant avec lui au-dessus de nos têtes, poussa une sorte de grondement pour nous intimider dans l'exécution de nos desseins suspects. Cette vigilante sollicitude est — je l'ai toujours reconnu — particulière à la femelle des oiseaux.

» Les petits s'étaient cachés. Nous vînmes et ramassâmes le poisson que la mère avait laissé tomber. C'était une perche blanche, pesant environ cinq livres et demie. La partie supérieure de la tête était brisée, et le dos était déchiré par les serres de l'aigle.

» Il commençait à se faire tard. Nous convînmes de revenir le lendemain matin, dans l'intention de nous emparer des aigles et des aiglons. Mais le temps était pluvieux et tempêtueux, il fut nécessaire de remettre notre expédition au troisième jour suivant. Alors, tout étant prêt, — les hommes et les fusils, — nous marchâmes vers le rocher. Quelques-uns se placèrent au pied, les autres au sommet; mais ce fut en vain. Nous passâmes tout le jour sans voir ni entendre les aigles : les sagaces oiseaux, sans aucun doute, nous avaient prévenus en faisant leur évasion, et ils avaient emporté leur progéniture vers de nouveaux quartiers.

» Enfin, le jour que j'avais si souvent et si ardemment désiré arriva. Depuis la découverte du nid, deux années s'étaient écoulées en infructueuses recherches ; mais, en retournant du petit village de Henderson, à la maison du docteur Rankin, — environ un mille de distance, — je vis un aigle s'élever d'un petit enclos dans lequel le docteur avait, quelques jours auparavant, immolé des chiens. L'aigle s'abattit ensuite dans un arbre bas qui étendait ses branches sur la route. Je préparai ma carabine, que je portais toujours avec moi ; puis je m'approchai lentement et prudemment de l'oiseau. Lui, sans aucune crainte, attendait mon approche, me regardant avec des yeux intrépides. Je fis feu, et il tomba. Avant que je le relevasse, il était mort. Avec quel délice j'examinai ce magnifique oiseau ! Le plus beau saumon lui avait-il jamais procuré autant de joie que m'en causa la vue de cette créature ignorée jusque-là ? Je ne le crois point. Je courus présenter ma trouvaille à mon ami, avec un orgueil que ceux-là seuls comprendront qui ont dévoué comme moi leur vie, depuis la plus tendre enfance, à de semblables recherches, et qui leur doivent leurs plus pures jouissances. Le docteur, qui était un chasseur expérimenté, examina l'oiseau avec une grande satisfaction, et m'avoua franchement qu'il ne l'avait jamais vu ni qu'il n'avait jamais entendu parler de lui.

» Au mois de janvier suivant, je vis un couple de ces aigles voler sur les chutes de l'Ohio, l'un à la poursuite de l'autre. Le lendemain, je les vis encore. La femelle s'était relâchée de sa sévérité, et ils se donnèrent plusieurs fois rendez-vous dans un arbre favori. Je les poursuivis infructueusement pendant plusieurs jours ; après quoi, ils quittèrent la place.

» Le vol de cet oiseau est très-différent de celui de l'aigle pêcheur à tête blanche. Lorsqu'il chasse, il décrit de grands cercles au-dessus de l'eau, et, lorsqu'il voit un poisson, il tombe graduellement en spirales, comme avec l'intention de prévenir tout mouvement de retraite. Mais, quand il ne se trouve plus qu'à quelques mètres de sa proie, il fond sur elle avec la rapidité d'une balle de fusil, et la manque rarement. Lorsque l'oiseau de Washington s'élève dans l'air avec un poisson, il vole à une distance considérable, formant dans la ligne de sa course un angle très-aigu avec la ligne de la surface de l'eau. La dernière occasion que j'eus de voir cet oiseau fut le 15 novembre 1821, quelques milles au-dessus de l'embouchure de l'Ohio. Deux de ces aigles passèrent sur notre bateau, suivant le cours du fleuve avec un mouvement doux.

» L'aigle de mer d'Amérique n'a point de rival ; sa taille est d'un quart plus considérable qu'aucun exemplaire d'autre oiseau que j'aie jamais rencontré — vieux ou jeune. Dans les États-Unis (je parle des parties que j'ai visitées), cet oiseau est très-rare. Le nom que j'ai donné à cette espèce d'aigle — l'oiseau de Washington — paraîtra peut-être extraordinaire. A ceux qui seraient curieux de connaître les raisons que j'ai eues de l'appeler ainsi, je dirai que, les États-Unis m'ayant donné l'hospitalité et la liberté, le grand homme qui assura leur indépendance a une place dans mon cœur. Il était brave, et son nom, qui s'étend d'un pôle à l'autre, ressemble à l'essor majestueux du plus puissant des aigles. J'ajouterai que cet oiseau n'a point le caractère dangereux de l'aigle doré : cherchant sa nourriture dans les eaux, il épargne généralement les habitants de la terre. »

LES AIGLES PÊCHEURS

Ces oiseaux sont doués d'un développement de vue extraordinaire. De la plus grande hauteur dans l'air, ils distinguent le poisson qui nage à la surface de l'eau, et, fondant avec la rapidité d'une flèche, ils plongent et le saisissent entre leurs serres. Souvent, ils n'ont point à se féliciter de leur succès ; car, au moment où ils emportent leur proie, un plus grand aigle, qui se tenait sur le qui-vive, leur donne la chasse, et les force à lâcher le poisson. La proie tombe, mais elle est ramassée par l'autre aigle avant d'avoir atteint l'eau.

Un turbot fut aperçu par un aigle, qui fondit immédiatement sur lui et qui enfonça ses serres de toute sa force dans le dos du poisson. — Le ravisseur flottait sur sa proie comme sur un radeau : étendant alors ses ailes, il s'en servit en manière de rames et fut poussé par le vent sur le rivage. En abordant à terre, le premier soin de l'oiseau, en pareille occurrence, est de dégager ses serres en mangeant la chair du poisson dans lequel il est empêtré ; mais l'aigle dont je parle n'eut point ce bonheur-là. Des hommes le guettaient ; avant qu'il eût pu se délivrer de sa proie, on se jeta sur lui et on le fit prisonnier.

On distingue plusieurs espèces d'aigles pêcheurs : l'orfraie ou pygarque, l'aigle à tête blanche, le balbusard, les harpies, etc.

Quelques-uns de ces oiseaux sont de terribles consommateurs ; on a calculé qu'ils mangeaient par jour la valeur d'un seau plein de poisson. Leur instinct économique les avertit, en outre, que, la pêche étant incertaine et éventuelle, ils doivent — surtout quand ils ont une famille à nourrir — faire des provisions. Ils tiennent ainsi sous la main, ou, si l'on veut, sous la serre une réserve à laquelle ils ont recours dans les temps de nécessité. Ce magasin d'abondance est situé sur le rocher où ils font leur nid. Les Indiens du nord de l'Amérique connaissent si bien ce détail de mœurs, qu'une aire est appelée, dans leur langage familier, une office. Ils s'adressent eux-mêmes à cette poissonnerie toujours bien pourvue, au moins durant la saison de la couvée, c'est-à-dire du mois de mai au mois de septembre.

Tous ces rapaces dont nous venons d'écrire l'histoire sont de puissants oiseaux ; mais leur force consiste surtout dans leur taille. Nous allons passer à une autre famille d'oiseaux de proie qui, avec des proportions moindres, ont reçu de la nature des armes beaucoup plus formidables que celles de l'aigle.

LE FAUCON

Si le faucon avait la taille de l'aigle ou du vautour, ce serait le chef des ravageurs ailés.

Cet oiseau se distingue par la réunion de tous les caractères qui constituent l'idéal de l'oiseau de proie : un bec court et recourbé dès la base, des ongles crochus, une grande force musculaire, de longues ailes aiguës, douées d'un vol très-rapide, une vue perçante. Tous ces caractères en font un oiseau admirablement conformé pour la guerre. Quand il apparaît dans les airs, les petits animaux sans défense se retirent frappés de terreur, le silence se fait dans les broussailles, les bocages, les halliers égayés naguère par mille chansons ; les autres oiseaux se cachent ou cherchent un refuge près des habitations de l'homme. — C'est leur ennemi qui passe.

Comme tous les oiseaux de proie de l'espèce belliqueuse, le faucon mène une vie solitaire. Il construit son nid sur les rochers. Dans nos îles Britanniques, il habite volontiers les côtes. L'espèce est plus commune en Écosse qu'en Angleterre. Cet oiseau pond de deux à quatre œufs. Les faucons adultes se procurent une abondante nourriture pour eux et pour leurs petits, en chassant les innombrables oiseaux aquatiques qui élèvent leur famille dans les mêmes localités.

Les faucons, ainsi que la plupart des autres oiseaux de proie, — sinon tous — se nourrissent d'oiseaux et d'animaux à fourrure ; avalant ainsi une grande quantité de matière indigeste, ils se soulagent en la rejetant sous forme de boulettes oblongues, composées de plumes, de poils et d'os, mécaniquement comprimés et confondus ensemble.

Les caractères qui distinguent surtout cette famille d'oiseau de proie sont tirés du bec et des ailes. Le bec est armé d'une dent aiguë à chaque côté de la pointe. La seconde — quelquefois même la première de leurs pennes — est la plus longue de toutes (1). Cette circonstance leur permet de voler et, pour ainsi dire, de glisser dans l'air avec une célérité merveilleuse.

Le faucon ordinaire (*falco communis*) est gros comme une poule.

L'histoire naturelle des animaux nous intéresse en proportion des services que ces animaux peuvent rendre à l'homme. Envisagé à ce point de vue économique, le faucon est un oiseau plus important que l'aigle. Dans les temps féodaux, l'homme avait trouvé moyen d'exploiter à son profit les forces et l'instinct destructeur de la famille des falconidés. Ces expériences ont donné lieu à un art qui florissait encore il y a deux siècles : l'art de la fauconnerie. La docilité de quelques oiseaux de proie avait, du moins, permis de les rendre utiles. La chasse au faucon était le passe-temps des seigneurs et des chevaliers. Leurs gens se répandaient dans les terrains marécageux, battaient les roseaux ou les brous-

(1) Chez l'aigle, la plus longue penne de l'aile est presque toujours la quatrième, et la première est très-courte : d'où résulte, toutes choses égales d'ailleurs, un vol plus faible que celui des faucons. Le bec de l'aigle est aussi moins bien armé que celui du faucon : il n'a point de dent latérale vers la pointe, mais seulement un léger feston dans le milieu de la longueur.

sailles, et en faisaient sortir les petits oiseaux qui s'y trouvaient. A mesure que ces oiseaux s'échappaient, on lançait le faucon à leur poursuite, et, lorsque les victimes tombaient à terre, — ou frappées de terreur ou abattues par le bec de leur ennemi — on les relevait et on les mettait en lieu sûr. Quelques oiseaux de proie étaient si bien dressés, que non-seulement ils retournaient à la voix ou au coup de sifflet de leur maître, mais qu'ils rapportaient même le gibier pris par eux au vol.

Le faucon ordinaire, étant le plus facile à se procurer, était de la part des fauconniers l'objet d'une attention particulière. Dans les îles Orkney — un peu au nord de l'Écosse — il y avait autrefois une excellente race de faucons. Un acte du parlement déclarait que ces oiseaux étaient réservés aux plaisirs de Sa Majesté et que les habitants étaient obligés de pourvoir à leur entretien. Dans quelques parties de ces îles, on observe encore une ancienne coutume, laquelle consiste à réclamer d'une maison, ou d'un certain nombre de maisons dans chaque paroisse, une poule, comme un tribut dont les habitants sont redevables au grand fauconnier. Ces volailles étaient, dit-on, prélevées autrefois sur la basse-cour des paysans pour la nourriture des faucons du roi. L'objet de l'impôt a disparu ; mais l'impôt est resté.

La fauconnerie était une science ; elle avait des professeurs, des livres et une langue à elle.

Il n'y a point d'amusement qui ait été poussé avec tant d'ardeur que la chasse au faucon, et cela dans toutes les contrées de l'Europe. En Angleterre, un tel exercice était, même avant le temps de Guillaume le Conquérant, l'occupation favorite des familles royales et de la noblesse. Les dames s'y livraient avec autant de plaisir que les gentilshommes. Cette chasse se pratiquait à pied ou à cheval, selon la nature du pays : — à cheval, quand on se trouvait dans des champs ou dans une campagne ouverte ; — à pied, quand on marchait dans les bois et les lieux couverts. Dans ce dernier cas, le chasseur avait coutume de porter à la main une forte perche, pour l'aider à sauter les petits ruisseaux et les fossés qui pouvaient l'embarrasser dans sa marche. Hall raconte que Henri VIII, poursuivant son faucon à pied, à Hitchin dans le Hertfordshire, essaya, avec l'aide de son bâton, de franchir un fossé qui était rempli d'eau bourbeuse. La perche cassa et le roi tomba, la tête la première, dans l'eau où il aurait été suffoqué, si un valet de pied, nommé John Moody, qui avait vu de près l'accident, n'eût sauté dans le fossé et tiré d'un si mauvais pas Sa Majesté embourbée. « C'est ainsi, ajoute l'honnête historien, que Dieu dans sa bonté conserva le roi. »

Un homme de qualité ne voyageait pas alors sans ses faucons et ses chiens. Dans l'enfance de la peinture, les nobles étaient figurés assis à table, avec leur faucon favori sur la tête. L'importance des rangs et des personnes se représentait alors par la valeur de l'oiseau de proie. Les gerfauts étaient réservés aux rois ; le faucon proprement dit était l'oiseau des princes ; le faucon pèlerin appartenait aux comtes ; le bastard suffisait pour un baron, le sacre pour un chevalier, l'autour pour une dame, le hobereau pour un jeune homme, l'épervier pour un prêtre.

On n'épargnait aucuns frais ni aucunes peines pour l'éducation de ces oiseaux. Leur valeur dépendait, en grande partie, de leur docilité, développée par de bonnes et habiles méthodes. Les jeunes oiseaux de proie, au moment où l'on venait de les enlever du nid ou quelquefois de les prendre dans des piéges, étaient mis dans des sacs de toile, avec une ouverture pour la tête et pour la queue. C'était un moyen de les emporter chez soi sans qu'ils pussent faire de mal. On leur plaçait alors sur les yeux un chaperon, puis l'oiseau était ainsi laissé à lui-même pendant un ou deux jours. Il était ensuite placé doucement sur le poing, porté çà et là durant tout le jour et caressé avec une plume. Lorsque le faucon était un peu apprivoisé et accoutumé à la main, on relevait et rabaissait lestement son chaperon, jusqu'à ce qu'il consentît à manger. On lui servait alors de la nourriture, et le chaperon était enlevé.

Le fauconnier faisait, pendant ce temps-là, un bruit particulier.

Ce bruit était renouvelé à chaque repas, mais non dans d'autres circonstances, afin que l'oiseau fût parfaitement familiarisé avec la voix de celui qui lui donnait à manger. On lui apprenait alors à se jeter en bas d'une perche, à se poser sur le poing, — la tête couverte, — et à recevoir sa nourriture. Quand il était assez privé pour venir à un signal donné, on le délivrait du chaperon, et l'on suspendait en l'air un oiseau artificiel, fait de plumes et de cuir. A ce leurre on attachait un pigeon ou un poulet mort, dont on lui permettait de manger une partie. Durant cette période de l'éducation, on empêchait, au moyen d'une ficelle, l'oiseau de s'évader. Une fois familiarisé avec le leurre, on lui apprenait à s'abattre sur le gibier vivant. On se servait pour cela d'un canard, dont on bandait les yeux, pour que la victime ne pût échapper. La disposition naturelle du faucon lui suggérait d'emporter le gibier, après l'avoir pris; mais cet instinct d'appropriation personnelle était réprimé par l'adresse et les bons traitements du fauconnier. On accoutumait l'oiseau, dès qu'il avait pris le leurre vivant, à retourner vers son maître,—

sachant bien qu'il devait être récompensé de sa soumission par un bon morceau.

Après avoir complété son éducation dans l'intérieur de la fauconnerie, on le menait en campagne. Des courroies de cuir ou de soie étaient placées autour de ses pattes, pour le tenir en laisse. On lui attachait aussi des sonnettes assez petites pour ne point embarrasser son vol. C'était là ce qu'on appelait la toilette du faucon. La personne qui le portait avait, outre cela, des gants épais pour empêcher que les serres de l'oiseau ne blessassent la main. Ces gants étaient quelquefois très-coûteux et richement brodés. A la vue du gibier, on enlevait le chaperon : l'oiseau s'élançait sur la proie et retournait fidèlement au coup de sifflet de son maître, avec le butin.

Cette chasse a décliné en raison du progrès des armes à feu. Nos grands seigneurs trouvent aujourd'hui plus simple et moins coûteux d'attaquer le gibier à coups de fusil que de le poursuivre par l'intermédiaire du faucon.

Les énormes dépenses qu'entraînaient l'éducation et l'entretien de ces oiseaux ont dû cesser du jour où elles n'étaient plus nécessaires. Il y avait, dans un village près de Bois-le-Duc, une race de fauconniers qui fournissait des hommes de cette profession à toutes les cours et à tous les châteaux de l'Europe : on l'appelait le village de Valkensward. Il y avait là des traditions anciennes et excellentes. Mais, comme, peu à peu et à mesure que la chasse au fusil détrônait la chasse au faucon, il n'y avait plus d'emplois suffisants pour les jeunes gens, ils finirent par abandonner successivement l'industrie de leurs pères. Aujourd'hui, les fauconniers de Valkensward sont morts ou passés de mode : il n'en reste plus qu'un seul, un vieillard, auquel j'ai serré la main, en passant par là.

On a pourtant fait dans ces derniers temps quelques tentatives pour relever un exercice tombé en désuétude. Une chasse au faucon eut lieu en 1825, à Norfolk, dans une campagne plate et marécageuse. Les chasseurs se rassemblèrent dans l'après-midi ; le vent soufflait du côté d'un gîte de hérons. Il y avait quatre paires de faucons, tous femelles (1), de la race connue sous le nom de faucons pèlerins, une des plus estimées en Angleterre dans les beaux temps de la fauconnerie. Je tiens ces détails d'un témoin oculaire. Après une heure ou deux de préparation et d'attente, quelques hérons passèrent, mais à une trop grande distance. Enfin, l'un de ces oiseaux parut venir à une portée raisonnable et les chasseurs se disposèrent à l'attaquer. Chacun de ces hommes, à cheval et un faucon au poing, s'avança lentement dans la direction où planait le héron.

Dès que ce dernier fut en face des chasseurs, quoique à une hauteur considérable dans l'air, ils enlevèrent les chaperons de la tête d'une paire de faucons. Les deux oiseaux de proie restèrent sur le poing, jusqu'à ce qu'ils eussent vu le héron : alors la chasse commença avec une grande ardeur.

Du moment qu'ils furent lâchés, les deux faucons partirent, droit comme des flèches, vers le héron, qui était alors à une grande distance au-dessus de leur tête. Pendant qu'ils s'élançaient, un malheureux corbeau s'avisa de traverser leur course. L'un des faucons, à l'instant même, se précipita sur lui. Le corbeau essaya d'échapper en se retirant dans une plantation. Le faucon le suivit,

(1) Dans l'ancienne fauconnerie, la femelle, en raison de sa plus grande taille (quelquefois un tiers plus grande que le mâle), de sa force et de son courage, était lancée contre les hérons et les canards ; le mâle, étant moins gros, était plus ordinairement lâché à la poursuite des perdrix.

mais ne put le prendre. Un autre faucon gagna de vitesse le héron, qui se prépara à recevoir l'attaque, en dégorgeant son lest, qui consistait en deux ou trois poissons. Cependant, le faucon après avoir volé en décrivant des cercles, fondit à la fin sur sa proie et la frappa dans le dos. On les vit alors, ennemi et victime, tomber tous les deux d'une grande hauteur vers la terre. L'autre faucon, qui avait perdu du temps à chasser le corbeau, volait maintenant à toute vitesse pour assister son camarade; il arriva juste au moment où le premier faucon et le héron étaient en train de descendre. Sur ces entrefaites, un freux eut la maladresse de traverser le ciel : le faucon, désappointé, le frappa, et ils tombèrent tous les deux à une vingtaine de mètres de l'endroit où le faucon et le héron étaient tombés l'un sur l'autre. A peine eurent-ils touché la terre, que chacun des vainqueurs commença de mettre sa victime en pièces; mais aussitôt les fauconniers survinrent, les leurres furent jetés, et les faucons dévorèrent des pigeons que chacun des chasseurs tenait en réserve dans un sac. Le repas leur sembla bon, car les oiseaux de proie avaient été soumis à un jeûne systématique.

Les deux autres faucons plus jeunes et moins expérimentés ayant été lâchés à leur tour, manquèrent deux hérons; mais ils en attaquèrent un troisième avec succès. L'aile de ce dernier oiseau était brisée, et le fauconnier l'acheva.

Ces essais ont cela de curieux qu'ils jettent quelque lumière sur l'histoire de la fauconnerie; mais ils ne sauraient ressusciter un art éteint.

La chasse au faucon est aujourd'hui un anachronisme. Le nombre des faucons eux-mêmes a beaucoup diminué. La civilisation, en faisant disparaître les terres vagues et

stériles, en déclarant à tous les oiseaux de proie une
guerre intéressée, a très-activement restreint la race de
ces chasseurs. Peu de personnes se doutent pourtant du
grand nombre de faucons qui existent encore aujourd'hui
dans la ville de Londres. On peut en voir souvent sur le
dôme de Saint-Paul. Il y a quelques années, un couple
de ces oiseaux construisit, durant plusieurs années con-
sécutives, son nid et éleva sa couvée en parfaite sécurité
entre les ailes du dragon doré qui forme la girouette
d'une église, dans Cheapside. Les mille personnes qui vont
et viennent dans ce quartier de la ville pouvaient aisément les apercevoir volant çà et là, ou faisant des
cercles au sommet de la flèche, en dépit du mouvement
continuel et criard de la girouette, qui tourne à chaque
changement de vent.

Un faucon bien instruit, bien dressé, était vendu autrefois des sommes fabuleuses. Le faucon, le lanier, le
hobereau, l'émerillon, la cresserelle, étaient rangés parmi
les oiseaux nobles; tandis que les autours, les milans,
les bondrées, les buses, les busards, étaient classés parmi
les oiseaux ignobles. Cette division était fondée sur les
mœurs de ces oiseaux et sur leur manière d'attaquer la
proie. L'idée que les hommes se faisaient alors de la noblesse étant fondée sur l'idée de la force et sur certaines
qualités guerrières, on estimait chez les oiseaux les
mêmes traits de courage qu'on admirait chez l'homme.
Le temps viendra, j'espère, où, les saines idées d'économie politique ayant détrôné la guerre et les dernières
institutions féodales, les sociétés réserveront leur intérêt
pour les espèces naturelles vraiment utiles. — J'appelle
ainsi celles qui contribuent directement au bien-être des
classes laborieuses.

Le lanier — une petite variété de faucon, à peu près

de la taille d'un pigeon—est considéré dans les îles Féroë comme le tyran des autres oiseaux, tant ses armes sont menaçantes, tant son vol est rapide et inévitable. Devant lui, l'étourneau fuit, frappé de terreur : poursuivi, il cherche un asile dans les églises, dans les maisons ; quelquefois même il se place sous la protection de l'homme. Souvent l'étourneau échappe à son cruel ennemi en se réfugiant dans les auvents des maisons — une construction faite pour sécher la viande ou le poisson et qui consiste en lattes placées à une très-petite distance les unes des autres. L'étourneau, effrayé, se faufile entre les barreaux de cette espèce de cage. Le lanier voltige au dehors furieux, et se colle contre le treillage, suivant encore de l'œil la tremblante proie désormais en lieu sûr.

A la vue du faucon, la plume des petits oiseaux se hérisse et tous leurs traits expriment un sentiment d'agonie. Peut-être cette frayeur est-elle un bienfait ; car elle avertit les créatures plus faibles du danger qui les menace. Lorsque leurs tentatives de retraite sont infructueuses, le nuage d'épouvante qui les environne et qui les frappe d'étourdissement rend moins sensibles pour eux les apprêts du supplice. Les oiseaux de proie tuent, d'ailleurs, leurs victimes avec une précision remarquable, quelquefois d'un seul coup de bec. La mort violente entre dans l'économie du règne animal ; mais — tout en condamnant certains oiseaux à servir de victimes aux autres — la nature a voulu leur épargner, au moins en partie, les horreurs d'une souffrance prolongée.—*Faire vite*, c'est l'humanité du bourreau.

LE GERFAUT

Ces oiseaux de proie sont vraiment magnifiques. Leur queue longue et étalée dépasse noblement leurs ailes. Leur couleur varie beaucoup selon les individus. Ces différences paraissent plutôt fondées sur l'âge de l'oiseau que sur un caractère de race. Dans sa jeunesse, le gerfaut est presque entièrement brun. Le progrès de l'âge amène une succession de changements dans la couleur de son plumage. Chaque plume en particulier perd graduellement une partie de cette teinte fauve qui était la teinte primitive, et le bord blanc s'élargit d'année en année. Chez les gerfauts parvenus à la maturité, la robe est presque entièrement blanche, et bariolée seulement par quelques lignes brunes.

Le gerfaut se place par sa taille entre le vautour et le faucon et rivalise avec l'aigle pour la force; mais, une fois soumis et dressé par des traitements judicieux, il devient un excellent oiseau de chasse. Les souverains de l'Europe dépensaient autrefois des sommes folles pour se procurer des exemplaires de cet oiseau, qui se distingue par son courage et par sa beauté. Ses qualités extraordinaires permettaient de le lancer sur des oiseaux de grande taille, tels que les grues, les cigognes, les hérons et les oies sauvages.

On tirait ces oiseaux du Nord, mais surtout de l'Islande. Une ancienne loi danoise, dont l'esprit se maintint jusqu'en 1758, infligeait la peine de mort à quiconque aurait eu le malheur de les détruire. Les hommes dont le métier était de prendre ces oiseaux devaient être Islandais de naissance et munis d'un diplôme ; ils étaient, en outre, tenus sous des peines sévères de les remettre en mains propres au grand fauconnier du roi de Danemark. La méthode en usage pour s'emparer du gerfaut était fondée sur la connaissance des mœurs de ce rapace. En Islande, on attachait un si grand prix à cette capture, que chaque nid était connu et surveillé avec le plus grand soin par les oiseleurs du voisinage. Lorsque les ménages de gerfauts (car le gerfaut vit par couple, comme l'aigle) avaient couvé et élevé leurs petits, on attirait ces derniers dans un piége à l'aide d'une perdrix ou d'un pigeon qu'on attachait à terre par la patte. Le roi de Danemark envoyait chaque année un fauconnier avec deux intendants. A peine débarqués, ces officiers se rendaient à une maison appelée la fauconnerie du roi. Là, ils recevaient les oiseaux de la main des gens qui les avaient pris et qui étaient autorisés pour cela. Vers la moitié de l'été, ces gens arrivaient à cheval : ils tenaient à la main un grand bâton, traversé d'une perche sur laquelle étaient dix à douze gerfauts ou faucons chaperonnés, c'est-à-dire la tête recouverte d'un capuchon. Le fauconnier examinait ces oiseaux avec beaucoup de soin ; il rejetait ceux qui étaient jugés d'une qualité inférieure, puis il envoyait le reste au susdit roi de Danemark. Les oiseleurs recevaient un certificat écrit, sur la vue duquel ils étaient payés de leurs services par le receveur général du roi — environ trois livres sterling (75 francs) pour les meilleurs gerfauts, lesquels sont blancs. Les oiseaux destinés à Sa Majesté Danoise — gerfauts et faucons – étaient ensuite expédiés sur des vaisseaux où l'on prenait d'eux une attention particulière, durant la traversée.

Il est probable que la persévérance avec laquelle on s'emparait des gerfauts islandais a fini par épuiser cette belle et précieuse race d'oiseaux. Le fait est qu'ils sont aujourd'hui très-rares en Islande. Un voyageur, durant un séjour de plusieurs mois, ne put, dernièrement, en rencontrer un seul.

Le gerfaut construit son nid sur les côtes du Nord, hérissées de rochers. Le capitaine sir Edward Perry a rencontré plusieurs fois, dans son dernier voyage, de ces oiseaux arrivant par volées du Groenland et des régions arctiques, où probablement ils élèvent leurs petits et où ils passent l'été. Le gerfaut défend sa couvée avec beaucoup de courage et de persévérance. « Ces oiseaux, dit le docteur Richardson, m'attaquèrent un jour, au moment où je grimpais dans le voisinage de leur nid, lequel était construit sur le bord d'un précipice. Ils volèrent en cercle autour de moi, poussant des cris sonores et perçants et fonçant quelquefois avec tant de vélocité, que leurs mouvements produisaient dans l'air un bruit indescriptible. Ils lançaient leurs serres à un ou deux pouces de ma tête. Je posais le canon de mon fusil contre ma joue, puis j'élevais soudain la bouche du canon au moment où ces oiseaux étaient sur le point de me frapper. Je voulais savoir par ce moyen si ces oiseaux ont la faculté de changer instantanément la direction de leur vol. Or, à chaque fois, ils s'élevaient au-dessus de l'obstacle avec la vitesse de la pensée, montrant une finesse de vision égale à la puissance de leurs ailes. »

LE HOBEREAU, L'ÉMERILLON, LA CRESSERELLE

Il serait inutile de nous étendre sur l'histoire naturelle de ces oiseaux, qui reproduisent en petit les traits généraux de la famille des rapaces.

Le hobereau est un oiseau de haut vol, qu'on a surnommé *le hardi*. On s'en servait surtout pour faire la chasse aux alouettes. Les pauvres créatures sont tellement effarées par la vue de cet ennemi, qu'elles préfèrent alors être prises par la main de l'homme plutôt que de courir les chances d'une fuite. Les perdrix et les cailles tombent souvent victimes de son courage et de sa rapacité. Ses ailes sont longues et puissantes.

L'émerillon est un des plus petits oiseaux de cette famille, mais plein de courage et bien armé. On l'a vu tuer une perdrix d'un simple coup de bec. Son vol est bas et rapide. Vous le rencontrez souvent sur le bord des haies, où il cherche sa proie.

La cresserelle est très-répandue dans nos îles Britanniques. Elle se nourrit le plus ordinairement de souris. Lorsqu'elle chasse, on la voit rôder très-haut dans l'air, la tête tournée vers le vent. On l'a vue s'abattre, durant les soirs d'été, sur des essaims de hannetons, en saisir un dans chaque serre et les dévorer en volant. Elle est facile à instruire ; les fauconniers lui apprennent à poursuivre des alouettes, des merles, des bécassines. C'est un joli oiseau.

L'histoire naturelle des milans, des autours, des bondrées, des buses, des busards, ne nous offrirait que bien
peu de particularités remarquables. Ce sont des oiseaux
à ailes relativement courtes et à bec festonné. On les
rangeait, dans le langage de la fauconnerie, parmi les
ignobles.

L'ÉPERVIER

Cet oiseau destructeur est remarquable pour la grande
différence qui existe entre le mâle et la femelle : le premier atteint rarement douze pouces de longueur, tandis
que la seconde dépasse quelquefois quinze pouces. C'est
un des plus hardis rapaces ; la femelle surtout, à cause
de la supériorité de sa taille, se montre un ennemi fatal
pour les perdrix et les autres oiseaux de vénerie. Il vole
bas, effleurant le sol avec une grande rapidité, et fond
sur sa proie les ailes ouvertes ; la force de son coup de
bec est telle, qu'il tue généralement, et fait quelquefois
sortir les entrailles de sa victime. Il est commun dans
plusieurs parties du Royaume-Uni, mais il fréquente
surtout les terrains bas et les enclos boisés. Il construit
son nid sur des arbres peu élevés, ou des broussailles
épineuses. Ce nid est plat, peu profond, composé de tiges
frêles et ressemble beaucoup à celui de la tourterelle ;
seulement, il est plus grand. Quelquefois, cet oiseau de
proie occupe le nid abandonné d'un corbeau.

Il y a deux ou trois ans, un jeune épervier fut acheté

par un de mes amis. C'était une acquisition un peu hasardeuse; car il possédait en même temps un groupe de pigeons remarquables pour leur rareté et dont il faisait grand cas. La douceur et les bons soins parurent cependant avoir adouci le naturel de l'épervier. Peut-être l'honneur de ce changement revient-il, d'ailleurs, à une autre cause. Je parle de la régularité avec laquelle il était nourri. La férocité est, chez les oiseaux de proie, comme chez les mammifères carnassiers, une loi de la nature basée sur leur genre d'alimentation. En rendant la destruction inutile, par le soin qu'on a de pourvoir à leur nourriture, on réprime ce penchant, qui n'est point du tout nécessaire à leur bonheur. A mesure que l'épervier croissait en âge, en taille et en force, sa familiarité s'accroissait avec le reste. Ces bonnes dispositions l'amenèrent à faire connaissance avec un cercle d'amis qu'on avait rarement vus en pareille société. Partout où allaient les pigeons pour chercher leur nourriture — et ils venaient quelquefois la prendre jusque dans les mains de leur maître — l'épervier avait l'habitude de les accompagner.

D'abord les pigeons se montrèrent effrayés d'un pareil voisinage; mais peu à peu ils surmontèrent cette crainte, et ils mangèrent auprès de l'épervier avec autant de confiance que si les anciens ennemis de leur race n'avaient point envoyé près d'eux un représentant pour s'associer à leur banquet. Il était curieux d'observer, durant le repas, l'enjouement et la parfaite bienveillance de ce convive; car l'épervier recevait son morceau de viande sans aucun des signes de férocité avec lesquels les oiseaux de proie prennent ordinairement leur curée. A peine faisait-il entendre seulement un cri de lamentation lorsque l'écuyer tranchant se retirait. Il suivait alors les pigeons dans leur vol çà et là , autour de la maison et des jardins , et se perchait avec eux sur le faîte de la cheminée ou sur le toit. Il ne manquait jamais de faire ce voyage dans la matinée, lorsque les pigeons se livraient à leur exercice folâtre.

Le soir, il se retirait avec eux dans le colombier, et, quoique, durant les premiers jours, il fût le seul et unique occupant de ces lieux, les pigeons n'ayant pas d'abord aimé la présence de cet intrus, il devint bientôt un des hôtes de la maison. Quant à lui , il ne troubla jamais le repos de ses amis , ni n'abusa des droits de l'hospitalité, même lorsque les pigeonneaux, sans plumes et désarmés qu'ils étaient, devaient offrir une forte tentation à son appétit. Il semblait malheureux toutes les fois qu'on le séparait de ses camarades de chambre. Après quelques jours de séquestration dans une autre place, il retournait invariablement au colombier. Durant cet emprisonnement, il faisait entendre des cris très-mélancoliques et appelait de toutes ses forces la délivrance; mais ces lamentations se changeaient en cris de joie à l'arrivée de quelque personne qu'il connaissait. Tous les gens de la maison étaient avec lui dans des termes d'intimité. Je n'ai jamais vu un oiseau qui ait gagné autant que celui-là le cœur et les bonnes grâces de tous ceux qui l'approchaient; et, en vérité, il le méritait bien. Il était folâtre comme un jeune chat et littéralement amoureux comme une colombe.

Cependant son naturel n'était pas aussi modifié qu'on eût pu le croire. Malgré l'éducation, qui, dit Ovide,

Emollit mores nec sinit esse feros ,

notre oiseau était resté un épervier; on s'aperçut de cela

dans une occasion qui ne manque point d'intérêt. Un
voisin nous avait envoyé un très-bel exemplaire de la
plus petite espèce de hibou cornu (*strix brachyotos*), auquel il avait cassé l'aile, au moment où l'oiseau de nuit
s'abattait au milieu d'une volée de perdrix. Après avoir
pansé le membre blessé, et avoir guéri le pauvre diable,
nous songeâmes à adoucir sa captivité, en lui accordant
un plus grand degré de liberté que celle dont il jouissait
d'abord dans sa cage à poulets. A peine cependant l'é-
pervier eut-il aperçu notre nouvelle connaissance, qu'il
fondit sur le pauvre hibou sans aucune miséricorde. Depuis ce jour, chaque fois qu'ils se trouvèrent en présence
l'un de l'autre, il s'engagea une série de combats qui
égalèrent en adresse et en courage les hauts faits des
héros de l'antiquité. La défense du pauvre petit hibou
fut admirablement conduite; il se jetait sur le dos et
attendait les attaques de son ennemi avec une patience
rare, préparé qu'il était à les recevoir, et, frappant,
mordant ou égratignant, il remportait souvent une
victoire négative. La connaissance, dans ce cas, ne
paraît point engendrer l'amitié; et, lorsque ses ailes
eurent gagné de la force, profitant d'une occasion favorable, le hibou décampa, laissant le faucon maître du
terrain.

Le vainqueur ne survécut guère à sa victoire; peu de
temps après, il fut trouvé noyé dans un tonneau plein
d'eau, d'où on l'avait tiré une ou deux fois auparavant.
Il avait dû alors sa délivrance aux cris de détresse qu'il
avait poussés. Ce fut une grande lamentation dans toute
la famille, quand on apprit sa mort. Plus d'une personne
observa que la portion du colombier dans laquelle il
avait coutume de passer la nuit, resta, pendant quelque
temps, inoccupée par les pigeons, avec lesquels le faucon

avait vécu en paix, même durant ses guerres avec le malheureux hibou.

Nous devons étudier maintenant la seconde division des oiseaux de proie : les nocturnes.

LE HIBOU

Je confondrai l'histoire naturelle des hiboux, des chouettes, des chats-huants, des ducs et des chevêches, la plupart de ces espèces d'oiseaux de proie nocturnes présentant une certaine similitude de mœurs.

Le terme de nocturnes, quoique généralement admis par les ornithólogistes, n'est pourtant point très-correct : aucun oiseau ne voit ni ne chasse dans une profonde obscurité. Le mieux serait d'appeler cette seconde classe de rapaces, la famille des crépusculaires.

Les hiboux sont des faucons de nuit. Quiconque a, en effet, observé ces deux oiseaux, a dû remarquer une grande ressemblance dans la forme du bec et des serres. Seulement, l'œil du hibou se montre plus dilaté, comme l'est celui de tous les animaux qui sont destinés à chercher leur nourriture dans la lumière douteuse du crépuscule. Une particularité de cette famille, c'est le développement extraordinaire de l'ouïe et de la vue. Le vol silencieux de ces oiseaux leur permet, en outre, de saisir furtivement leur proie durant les heures tranquilles, où le moindre bruit donnerait l'éveil à toute la nature vivante.

9.

Il y a quelque chose de si mystérieux dans la vie de ces oiseaux et dans leurs habitudes secrètes, qu'ils ont été regardés dans les anciens âges avec une sorte de superstition. En Angleterre, le peuple considérait autrefois le hibou comme un oiseau de mauvais augure. C'était une ancienne coutume de lui faire la chasse la veille de Noël. Même dans ce temps-ci, quelques personnes croient encore que l'apparition soudaine du hibou est un présage de mort pour la maison dans laquelle se trouve un malade. Les gens instruits ont heureusement fait justice de ces fables ridicules. On s'explique, d'ailleurs, ces préjugés de l'ignorance : il y a quelque chose de si solennel et de si lugubre dans les cris nocturnes de cet oiseau ; ses mouvements silencieux, lorsqu'il glisse dans la lumière du crépuscule ou qu'il chasse par un beau clair de lune, ressemblent si bien à l'idée que nous nous faisons des fantômes ! Et cependant — à l'exception de deux ou trois grandes espèces, d'ailleurs assez rares — il n'existe guère d'oiseaux plus inoffensifs, je dirai même plus utiles que ces spectres de l'ornithologie.

Durant leurs visites dans nos contrées, ils se répandent au milieu des bruyères et des terrains vagues, recouverts çà et là de grandes herbes. Un couple, quelquefois même toute une famille (le fruit du printemps précédent) fréquente, à son retour, le même gîte. L'attachement qu'ils portent à leurs petits est extraordinaire. De jeunes hiboux qui avaient été assez privés pour recevoir la nourriture de la main de leur maître, perdirent, un jour, toute leur familiarité. On attribua ce changement à ce que la cage de ces oiseaux avait été suspendue, pendant la nuit, en dehors de la fenêtre, et à ce que leurs parents étaient venus les nourrir au crépuscule. Un autre exemple de la même sollicitude maternelle est venu confirmer cette supposition. Un gentilhomme suédois résidait dans une ferme; près de cette ferme s'élevait une montagne sur le sommet de laquelle deux grands hiboux avaient fait leur nid. Un jour du mois de juillet, un des jeunes, ayant quitté le nid, fut pris par des domestiques. Cet oiseau était déjà recouvert de plumes; mais le duvet (la robe de l'enfance) se montrait encore çà et là entre ses plumes, qui n'avaient point encore atteint toute leur grandeur. L'oiseau pris fut renfermé immédiatement dans une vaste cage à poulets. Le lendemain matin, — à la grande surprise des gens de la ferme, — on trouva une belle perdrix morte qui gisait devant la porte de la cage. On en conclut tout de suite que cette perdrix avait été apportée par les parents de l'oiseau qui avaient sans doute chassé durant la nuit, au profit de leur enfant perdu. C'était bien la vérité; car, de nuit en nuit, pendant deux semaines, cette marque d'attention fut renouvelée par les pourvoyeurs invisibles. Le gibier si mystérieusement déposé à la porte de la cage consistait surtout en perdrix, pour la plupart nouvellement tuées; une fois pourtant, ce fut un coq de bruyère, — et une autre fois encore les débris d'un agneau qui était dans un état très-faisandé. Le gentilhomme suédois et ses domestiques veillèrent pendant plusieurs nuits, se tenant en observation à une fenêtre, afin de voir quand et comment ces provisions étaient apportées. Mais en vain : il paraît que les hiboux, avec cette vue pénétrante qui les distingue, avaient découvert le moment où la surveillance des argus était en défaut, car la nourriture fut trouvée comme à l'ordinaire devant la cage. Au mois d'août, la providence nocturne qui nourrissait le jeune captif se retira. Il est à observer que c'est alors la période de l'année à laquelle les parents abandonnent leur progéniture. A la fin de l'été, ils chassent leurs petits dans des gîtes éloignés de leur demeure. C'est le temps où ceux-ci doivent pourvoir eux-mêmes à leur nourriture.

On peut conjecturer par cet exemple la quantité de gibier que détruit la grande espèce de hiboux. Tous les oiseaux de cette famille ne se nourrissent, d'ailleurs, pas aux dépens des animaux terrestres ; il y en a qui vivent de la pêche. Les eaux ont dans l'air leurs ennemis, pendant la nuit, comme pendant le jour.

Il existe une belle espèce de hibou, connue sous le nom de hibou des neiges (*strix nyctea*). Cet oiseau est blanc et comparable pour la taille, ainsi que pour sa noble apparence, à l'aigle doré. On l'a surnommé à cause de cela le roi des hiboux. Il visite rarement l'Angleterre, limitant surtout ses excursions aux contrées les plus désertes et les plus désolées du Nord. Là, parmi les neiges éternelles, il passe une vie solitaire. Quand il a atteint tout son développement, son plumage est d'un blanc neigeux et éblouissant avec quelques points plus foncés sur la tête. Son manteau est admirablement assorti, pour la couleur et pour l'épaisseur de l'étoffe, aux contrées dans lesquelles la nature a placé son existence. Durant les trois mois d'été dans ces régions inhospitalières, la température de l'air ne s'élève guère au-dessus du degré de congélation de l'eau ; et, pendant tout le reste de l'année, elle descend beaucoup au-dessous. N'était, par conséquent, la masse de duvet et de plumes dont le corps de l'oiseau est enveloppé, ce rapace nocturne mourrait condamné par l'intensité du froid. Mais, tel qu'il est, il n'a rien à craindre ; car, à l'exception de la pointe de son bec et des extrémités de ses serres noires, aucune partie de son individu n'est exposée aux injures de l'atmosphère. N'était non plus sa couleur qui le rend invisible — blanc dans le blanc — lorsqu'il plane silencieusement sur les déserts de neige, le lièvre et les autres animaux dont il fait sa proie, découvriraient son approche, et se prépareraient à la fuite.

Comme on pense bien, les habitudes de ce hibou du Nord sont très-peu connues ; car il se dérobe généralement aux observations de l'homme. Un couple de ces oiseaux fut pourtant tué dans le Northumberland durant le dur hiver de 1823. Deux ou trois jours avant qu'on les abattit d'un coup de feu, ces hiboux avaient été observés dans les rochers d'une contrée sauvage et marécageuse. Tantôt perchés sur la neige, tantôt immobiles sur une grande pierre solitaire qui déchirait ce pâle linceul de la nature, ils pouvaient guetter et saisir leur proie, sans qu'aucun contraste de couleur les dénonçât à l'œil de leurs victimes. Ils chassent les lièvres et les lapins avec la même méthode qu'emploient les petites espèces de hiboux pour chasser aux souris. C'est-à-dire qu'ils fondent sur eux et qu'ils les avalent, quand ils le peuvent, tout entiers. Le fait fut constaté dans l'île de Balta. Un de ces hiboux, ayant été blessé d'un coup de fusil, dégorgea un jeune lapin : un autre, au moment où il fut pris, avait un oiseau dans son estomac avec tout le plumage. Le capitaine sir Edward Parry, qui passa plusieurs mois dans le voisinage du hibou des neiges, trouva souvent plusieurs de ces oiseaux morts. On en a conclu que ces ravageurs périssent souvent, faute de nourriture. L'avidité qu'ils mettent à partager le butin du chasseur, et à emporter, lui présent, le rebut de la chasse, est une preuve que ces hiboux souffrent quelquefois cruellement de la faim. Des voyageurs, qui ont parcouru les régions du Nord, nous assurent que ces oiseaux montent la garde sur quelque grand arbre ou sur quelque rocher à pic, et qu'au moment où le gibier est tué d'un coup de fusil, les hiboux descendent : fondant alors avec une rapidité extrême, ils s'emparent de la proie avant que le chasseur ait eu le temps de la mettre dans sa carnassière.

Notre hibou commun a des habitudes bien différentes; il rôde autour des habitations de l'homme ; il fréquente nos granges et nos hangars. A l'approche du crépuscule, ces oiseaux s'élancent de l'endroit où ils perchent et battent les champs, les plaines, les haies avec l'exactitude d'un chien d'arrêt. On les voit fondre de temps en temps, avec une rapidité de vol et une sûreté de coup d'œil extraordinaires, sur leur gibier, qu'ils saisissent et qu'ils dévorent à la fois. Ils ne prennent même point la peine de le déchirer avec leurs griffes. Si pourtant ils ont des jeunes, ils emportent la proie dans leurs serres : et leur adresse, dans ce cas, mérite des éloges. Cette proie consiste surtout en souris. Or, aussi longtemps qu'ils tiennent la souris, ces oiseaux ne peuvent évidemment pas se servir de leurs pattes pour se poser sur les tuiles ou pour approcher de leurs retraites. En conséquence, avant de s'abattre tout à fait, ils se perchent sur la partie la plus saillante du toit, et, là, ils se déchargent de leur fardeau, qu'ils prennent dans leur bec; puis ils continuent de voler vers leur nid.

Pris jeune, notre hibou commun se laisse très-bien apprivoiser. L'un de mes amis avait un de ces oiseaux privé comme un chat; il ne pouvait descendre dans sa cave sans être suivi par ce compagnon, qui dirigeait alors ses mouvements dans une demi-obscurité et qui ouvrait, pour ainsi dire, la voie. Il connaissait son nom et venait recevoir la nourriture de la main de son maître.

Il existe une espèce de hibou qui diffère beaucoup de notre hibou commun dans ses habitudes et dans sa manière de se loger. Je veux parler de celui qui fait des terriers (*strix cunicularia*). Il est très-répandu sur le continent américain, soit au nord, soit au midi, quoiqu'on le rencontre seulement dans les parties du nouveau monde qui conviennent à son genre de vie. Son nom dérive de la nature des retraites qu'il préfère. Les autres oiseaux de cette famille recherchent seulement les endroits retirés dans les bois, les forêts, les édifices en ruine ; le hibou dont il s'agit aime, au contraire, à demeurer dans des plaines ouvertes, en compagnie d'autres animaux remarquables par leurs dispositions sociables. Au lieu de planer mystérieusement dans le crépuscule du soir ou du matin, et de se retirer ensuite dans son repaire, cet oiseau aime la pleine lumière du soleil et le midi de la journée. Il vole alors rapidement, pour sa nourriture ou son plaisir, puis il retourne ensuite à sa demeure souterraine ; car il creuse des terriers comme la marmotte de prairie.

Si l'on trouble ces hiboux, qui se tiennent habituellement dans le voisinage de leurs terriers, — ou ils s'envolent à quelque petite distance de là et reprennent ensuite leur position, — ou bien ils descendent au fond des trous, d'où il est ensuite très-difficile de les déloger.

Un voyageur, le capitaine sir Francis Head, traversait quelques-unes des immenses plaines de l'Amérique du Sud, appelées les pampas, lorsqu'il tomba au milieu de ces oiseaux, lesquels vivaient en compagnie avec des biscachos (1).

____

(1) Un animal d'une apparence fort singulière, à peu près de la taille

Vers le soir, les biscachos se tiennent hors de leurs terriers, avec un air sérieux, comme des philosophes ou des moralistes — graves et réfléchis. Pendant la journée, les trous des gîtes souterrains sont gardés par deux des hiboux qui ne quittent jamais leur poste. Pendant que les voyageurs galopaient dans la plaine, les hiboux continuèrent leur faction, les regardant en plein visage, et hochant, l'un après l'autre, leurs têtes vénérables d'une manière presque ridicule, à force d'être solennelle. Lorsque les cavaliers passèrent tout près d'elles, les deux sentinelles perdirent beaucoup de leur air de dignité, et se précipitèrent toutes deux dans les trous des biscachos.

L'association pratiquée entre des animaux d'une nature si différente a lieu d'appeler les réflexions du penseur.

LA CHOUETTE EFFRAIE

La chouette effraie (*strix flammea*, *aluco flammeus*), ce petit vagabond des nuits, entre souvent dans ma chambre; et après avoir volé çà et là, avec des ailes si douces et tellement silencieuses, qu'on l'entend à peine, elle prend son congé par la même fenêtre à travers laquelle elle est entrée.

J'avoue ma grande prédilection pour cet oiseau. Je lui

d'un blaireau, mais dont la tête rappelle celle du lapin, à cela près de favoris très-touffus.

ai offert, dans mes domaines rustiques, hospitalité et protection, parce qu'il était persécuté et parce qu'il rend à l'homme de véritables services. Lorsque je jette un regard rétrospectif sur les annales de l'antiquité, je vois clairement que la diffamation et la calomnie se sont attachées à l'effraie pour ruiner toute sa famille. Cette pauvre, innocente et utile créature a été regardée, dans les temps anciens, comme un oiseau sinistre qui portait malheur aux personnes dans le voisinage desquelles il lui plaisait de s'établir. Son mauvais renom immérité lui a créé une foule d'ennemis et l'a condamnée de toute part à la destruction. Quelques individus de cette tribu ont été nourris, de temps en temps, dans des cages et des oiselleries ; mais la nature ne prospère guère dans la captivité et apparaît rarement sous son véritable caractère, lorsqu'on la regarde à travers des barreaux de fer. — La scène maintenant va changer, et j'espère que le lecteur voudra bien regarder désormais ces oiseaux avec des yeux plus favorables.

Jusqu'en 1855, l'effraie avait eu de mauvais jours à passer dans la campagne que j'habite. Ses cris, soi-disant de mauvais augure, alarmaient la vieille ménagère. Elle se souvenait parfaitement du deuil que cet oiseau avait porté dans les familles lorsqu'elle était encore jeune. C'était un fait bien connu que, si quelque personne était malade dans le voisinage, la chouette regardait toujours dans la chambre par la croisée, et engageait une conversation mystérieuse avec quelqu'un — on ne savait pas qui. Le garde-chasse tombait d'accord avec elle sur tout ce qu'elle pouvait dire touchant cet intéressant sujet, et il était toujours mieux dans les papiers de la vieille lorsqu'il avait tué quelque oiseau de cette malfaisante espèce.

Cependant, à mon retour des déserts de la Guyane, ayant beaucoup souffert moi-même, j'appris à avoir compassion des souffre-douleurs. Je déchirai donc en pièces le code pénal que la friponnerie du garde-chasse et la lamentable ignorance des autres domestiques avaient mis à l'ordre du jour — hélas! avec trop de succès. Le résultat de ces lois impitoyables avait été de diminuer le nombre de la pauvre et confiante tribu des oiseaux de nuit.

Sur les ruines d'un vieil édifice auquel se rattachaient des traditions historiques, je fis bâtir, avec des pierres et du mortier, une tour carrée, large d'environ quatre pieds, et je fixai dans la maçonnerie un gros chène dépouillé de son feuillage. D'énormes masses de lierre recouvrent maintenant cette construction. Un mois environ après que l'ouvrage était terminé, un couple d'effraies vint y établir son domicile. Je menaçai d'étrangler le garde-chasse si, désormais, il s'avisait de molester ces oiseaux, et j'assurai la ménagère que je prenais sur moi-même la responsabilité de toutes les maladies, de tous les sorts et de toutes les catastrophes que les nouveaux locataires pourraient attirer sur les habitants du village. Elle fit une profonde révérence, comme pour dire : « Monsieur, je me soumets à votre volonté et à votre bon plaisir. » Mais je lus dans ses yeux qu'elle s'attendait à des choses terribles et monstrueuses. Dans sa pensée, tous les fléaux allaient fondre sur nos terres. Je ne crois pas que, depuis ce jour-là jusqu'à la mort de la vieille, qui arriva pour elle à l'âge de quatre-vingt-quatorze ans, elle ait jamais regardé avec plaisir les effraies volant sur les sycomores qui croissaient près de la vieille tour en ruine.

Lorsque je vis que le premier essai avait si bien réussi,

je formai d'autres établissements. Cette année, j'ai eu quatre couvées, et j'ai la confiance d'en obtenir neuf l'été prochain. Ce sera là un bel accroissement, et mes élèves seront à même de prendre la place des chouettes qui, dans mon voisinage, sont encore condamnées à mort par les mains de la cruauté ou de la superstition.

Nous pouvons maintenant avoir toujours l'œil sur les chouettes, dans leur habitation sur la vieille porte en ruine, — de quelque côté que nous choisissions notre point de vue. Je dois ici relever une erreur qui veut que la chouette dorme couchée. Toutes les fois que nous sommes venus l'examiner, nous l'avons vue invariablement debout sur le perchoir et souvent avec les yeux fermés. Buffon se trompe aussi lorsqu'il dit que cet oiseau ronfle en dormant. Ce qu'il a pris pour le ronflement de la chouette, était le cri des petits de l'oiseau qui demandaient leur nourriture. Je me suis pleinement édifié sur ce point, il y a quelques années.

C'était au mois de décembre, et j'étais étonné d'entendre ce bruit, qui se fait d'ordinaire entendre au mois de juillet. Je montai sur la ruine et trouvai, dans le logement de ces oiseaux, une couvée de jeunes chouettes.

Sur cette ruine est fixée une perche située à environ un pied du trou dans lequel entrent les effraies. Quelquefois, au milieu du jour, lorsque le temps est couvert, vous pourriez voir une chouette établie sur ce belvédère et qui semble se rafraîchir à la brise diurne. Cette année un couple d'effraies a élevé ses jeunes, le 7 septembre, dans un sycomore, à côté de la vieille porte fantastique.

Si cet utile oiseau prenait sa nourriture durant le jour, au lieu de chasser pendant la nuit, le genre humain aurait pu s'assurer par ses yeux que la chouette — bien loin d'être nuisible — rend, au contraire, des services en faisant la guerre aux souris. Elle eût alors été protégée et encouragée partout. La chouette eût été parmi nous ce qu'était l'ibis chez les Égyptiens — un oiseau sacré. Lorsqu'elle a des jeunes, elle porte une souris au nid environ toutes les douze ou quinze minutes. Mais, pour avoir une idée de l'énorme quantité d'animaux malfaisants que détruit cet oiseau, il faut examiner les boulettes qu'il rejette de son estomac dans l'endroit qui lui sert de retraite. Chaque boulette contient de quatre à sept squelettes de souris. En seize mois, depuis le temps que le logement des chouettes a été élevé sur la vieille tour, il a été déposé plus d'un boisseau de boulettes.

L'effraie enlève quelquefois des rats. Un soir, je me tenais sous un hangar où je venais de tuer un gros rat, au moment où il sortait d'un trou. Je ne le relevai point, espérant avoir l'occasion de tirer un autre coup de fusil sur ces véritables ennemis de nos basses-cours. Pendant que le cadavre de l'animal gisait à terre, une effraie fondit sur lui, et s'envola, emportant la victime.

On a dit que cet oiseau prenait des poissons. Il y a quelques années, par une belle soirée de juillet, longtemps avant qu'il fît noir, je me tenais debout sur le milieu du pont, et je surveillais avec ma lorgnette les actions d'une chouette, au moment où elle venait d'apporter une souris dans son nid : soudain je la vis plonger perpendiculairement dans l'eau. Croyant qu'elle était tombée là par suite d'une attaque d'épilepsie, ma première pensée fut d'aller querir le bateau ; mais, avant que j'eusse atteint l'extrémité du pont, j'aperçus la chouette qui sortait de l'eau avec un poisson entre ses serres ; — elle l'enleva dans son nid.

Lorsque les fermiers se plaignent de ce que l'effraie détruit les œufs de leurs pigeons, ils posent, comme on dit proverbialement en Angleterre, la selle sur le mauvais cheval ; ils devraient la placer sur le rat. Autrefois j'avais très-peu de pigeons jusqu'à ce que les rats fussent exclus du colombier. Depuis, au contraire, que je me suis défait de cette peste vivante, mes pigeons ont produit chaque année en abondance — et cela, malgré les effraies qui fréquentent le colombier. Je les y encourage même de toutes mes forces. L'effraie ne s'introduit dans la demeure des pigeons que pour s'y reposer ; elle leur demande simplement le toit et le couvert ; elle n'y vient point à mauvaise intention, elle s'y cache, voilà tout. Si la chouette était réellement un ennemi du colombier, nous verrions les pigeons en émoi aussitôt que l'oiseau calomnié commence son vol crépusculaire ; mais les pigeons n'y prêtent aucune attention. Au contraire, que l'épervier ou tout autre véritable oiseau de proie fasse son apparition, et soudain toute la société des pigeons se lève à la fois et témoigne sa frayeur ; — preuve suffisante que l'effraie n'est pas regardée par ces volatiles comme un être malfaisant, ni même comme un hôte suspect.

Jusqu'à ces derniers temps, on avait toujours fait une grande distinction entre le *cri* et la *huée* des chouettes. Il n'y a qu'une espèce de chouette qui hue ; et, lorsque je me trouve dans les bois après le départ des braconniers, — environ une heure avant le point du jour, — j'entends, avec un extrême plaisir, les notes perçantes, claires et sonores de cet oiseau qui résonnent de près ou de loin à travers la montagne ou le vallon. Bien différent de ces notes-là est le cri de l'effraie. On peut entendre ici ce dernier oiseau crier perpétuellement sur la tour et sur le grand sycomore qui se trouve près de sa maison. Il crie également, lorsque le clair de lune brille sur la vallée silencieuse et lorsque la nuit est lugubre et nuageuse.

10.

Cette voix des nuits, toute triste qu'elle est, n'a rien de désagréable pour les oreilles qui aiment les grandes harmonies de la création. La nature n'étant que la réalisation extérieure des idées et des sentiments qui sont en nous, le cri de la chouette répond aux notes brisées et lamentables de notre cœur.

Je suis amplement récompensé de mes peines pour protéger et encourager les effraies. Cet oiseau me paye cent fois de mes soins et de ma bonne volonté par l'énorme quantité de souris qu'il détruit, pendant l'année. Les domestiques de mon cottage ne désirent plus le persécuter. Souvent, par un beau soir d'été, je vois avec délice les villageois s'attarder autour du sycomore, afin de jeter un regard sur l'effraie, au moment où cet oiseau quitte la tour revêtue d'un manteau de lierre. Heureuse mon amie la chouette, si, au lieu de s'exposer elle-même au danger par des excursions dans le reste du pays, elle se contentait de passer les nuits dans ma tranquille vallée ; car, ici, le père de la nature, qui a pitié de moi, m'a appris à avoir pitié de tous les autres êtres vivants.

Il y a, parmi les rapaces nocturnes, de beaux oiseaux qu'on peut admirer dans nos ménageries, tels, par exemple, que le grand-duc, *strix bubo*, qui vit dans les vastes forêts de la Hongrie, de la Russie et de l'Allemagne, — et le hibou sourcilleux qui est originaire de la Guyane.

Les anciens avaient reconnu l'intelligence du hibou et de la chouette, puisqu'ils en avaient fait l'oiseau de Minerve, c'est-à-dire de la Sagesse.

ORDRE II

GRIMPEURS

Un caractère général relie entre eux les oiseaux de la famille des *grimpeurs* : ils ont deux doigts de la patte rejetés en arrière et deux doigts portés en avant. On distingue parmi eux les toucans, les *psittacidés* (perroquets), les *picidés* (pics), et les coucous.

La disposition des doigts chez les grimpeurs indique bien des oiseaux faits pour s'attacher aux branches ; ce sont les sylvains du monde des oiseaux. Gravement perchés sur un arbre, comme sur leur trône, ils se font remarquer les uns, comme le toucan et l'aracari, par la richesse de leur plumage, les autres, comme les perroquets, par leur faculté d'imitation ; ceux-ci, je parle du coucou, par l'étendue et la clarté de leur voix ; ceux-là, je parle du pic, par les coups de bec sonores qu'ils impriment aux vieux enfants de la forêt, les chênes et les frênes centenaires.

LE PIC

Cet oiseau est un visiteur très-fréquent, mais aussi très-incertain, des bois qui entourent mon ermitage. Il ne manque jamais, en avril, de m'étonner avec le bruit prodigieux qu'il fait sur le tronc des arbres. Lorsque l'état de l'atmosphère est favorable à la répercussion, ce bruit se fait entendre à plus d'un mille.

Un naturaliste anglais, White, fait judicieusement observer que « là où se trouve de l'amour se trouve aussi de la musique. » J'ai donc tout lieu de croire que ce bruit est un chant érotique. Plusieurs insectes exécutent de même, en faveur de leur belle, une manière de sérénade. J'ai quelquefois, il est vrai, entendu le pic jouer de son instrument en automne ; mais le son en était alors rare et très-faible. Cette circonstance ne saurait, d'ailleurs, contredire l'opinion que je professe sur la cause d'un tel signal ; car souvent la nature jette un sourire de soleil et une expression de printemps — quoique affaiblie — sur les traits sereins de l'automne. Le pic pourrait donc bien s'y tromper et reprendre alors, sur un ton plus bas, sa gamme amoureuse. Nous en causions un jour avec mon ami Bowman, et lui, aussi, m'exprimait l'avis que ce bruit était un langage — le langage du cœur — lorsque notre conversation fut vivement interrompue par la musique du pic résonnant à travers les bois d'Erding, sombres, vastes et touffus comme une forêt.

Le pic produit ce bruit en frappant du bec contre l'arbre. Le mouvement est rapide à ce point de devenir invisible. La tête de l'oiseau apparaît à deux endroits en même temps. C'est pour moi un sujet de surprise et d'émerveillement que d'observer, durant des heures entières, la variété de tons que tire cet oiseau d'un instrument si simple, selon qu'il change de place et qu'il va d'une branche à une autre, douée d'une puissance différente de vibration.

Quelle que soit l'intention de cet énorme bruit — soit que le pic fasse ainsi à sa dame une déclaration d'amour — ou soit, que, comme le croient plus généralement les naturalistes, il se propose de faire sortir les insectes des fentes ou des trous de l'arbre où ces derniers se tiennent cachés, il est certain qu'il les guette avidement, et qu'il les happe bel et bien à mesure que les insectes se montrent.

La langue du pic se trouve merveilleusement conformée en vue de cette fonction : elle est ronde, revêtue d'une matière glutineuse, terminée par une pointe roide, dure et osseuse, dentelée de chaque côté comme la barbe d'une flèche. L'oiseau peut darder cette langue à une longueur de trois ou quatre pouces en dehors du bec, et la retirer selon son bon plaisir. La proie se trouve de la sorte saisie, engluée, avalée.

On a cru, et l'on croit encore, que le pic fait ce bruit en perçant les arbres ; je me suis assuré du contraire. Quand il creuse un trou dans le bois, cet oiseau ne fait aucun bruit : tranquille et silencieux, il déchiquète les vieux arbres ou les vieilles branches. Ces lambeaux de bois, dispersés sur la terre ou sur l'herbe, attirent les regards de l'homme et les portent vers la branche ou vers la partie du tronc où travaille l'oiseau. Les pics ont des gîtes favoris auxquels ils retournent fréquemment. Ils creusent, dans les parties malades de l'arbre, des trous très-nombreux et très-profonds où ils se retirent dans la soirée, pour y dormir.

Un ministre de l'église protestante, voyageant en Turquie, fut soumis à la quarantaine dans un village turc; car il venait de traverser un village où la peste faisait rage. Il se trouvait confiné dans une pauvre chambre, et n'avait rien pour l'amuser ni pour l'intéresser durant cet ennuyeux emprisonnement. Tout le monde s'éloignait de lui; on se tenait à une distance respectueuse dans la crainte d'être infecté par son contact; il était donc seul, triste, abandonné, livré à lui-même, quand un matin, pendant qu'il était à déjeuner, un oiseau entra par la fenêtre, « avec toute la familiarité d'un vieil ami. » — Je me sers de ses propres expressions. — C'était un pic : il se mit à table sans façons et becqueta les miettes de pain, les mouches. Cet oiseau avait appartenu à une jeune fille qu'on venait d'enterrer, et, par un instinct singulier, il avait quitté la maison de la morte pour la chambre du prisonnier.

Ses habitudes étaient curieuses et si familières, qu'elles étaient vraiment de nature à lui attirer de la sympathie. Sans l'aide d'aucune corde ni d'aucune perche, il grimpait sur le mur de la chambre et y dévorait les mouches. Quelquefois il prenait le prisonnier pour son arbre, montant des pieds jusqu'au bras ou jusqu'au cou et descendant par l'autre bras sur la table. Il frappait alors la table avec son bec, comme avec un marteau, et faisait entendre un bruit sonore. C'était son habitude d'exécuter le même mouvement contre les autres meubles et les ouvrages de bois qui se trouvaient dans la chambre. Pendant cette opération, il regardait attentivement la partie qu'il venait de battre, et dardait sa langue sur chaque mouche ou chaque insecte qu'il voyait courir. Selon toute probabilité, il adoptait ce système pour déloger ces insectes de leur cachette, et afin de les saisir au moment où ils se montraient.

Il existe en Amérique une majestueuse et formidable espèce — le pic à bec d'ivoire — qui, par sa force et sa grandeur, se place à la tête de tous les oiseaux de cette famille jusqu'ici découverts. Il peut être appelé le roi ou le chef de sa tribu. La nature semble l'avoir sacré par un caractère distinctif : sa superbe crête de carmin et son bec d'ivoire poli. Son œil est brillant et hardi, et toute sa structure se trouve si bien adaptée à son genre de vie, à la méthode qu'il emploie pour se procurer sa subsistance, que sa vue imprime, dans l'âme de l'observateur, un sentiment de vénération envers le Créateur. Ses manières ont aussi une dignité supérieure à celle des autres oiseaux de la famille.

Buissons, vergers, haies, palissades, troncs d'arbres renversés, tout est bon pour le pic commun ; mais le pic à bec d'ivoire méprise ces situations humbles et vulgaires. Ce royal chasseur cherche les arbres les plus élevés de la forêt : il semble s'attacher de préférence à ces prodigieux cyprès de marais, véritables géants du règne végétal, qui étendent leurs branches — nues, entremêlées, foudroyées, recouvertes de mousse — comme des bras vers le ciel. Dans ces retraites presque inaccessibles, au milieu des piliers ruinés de cet édifice penchant, ses coups de bec sonores résonnent comme le bruit de la trompette. Au milieu des déserts sauvages, solitaires, cet oiseau est le maître et le seigneur. Dans tous les endroits qu'il fréquente, il laisse derrière lui des monuments de son industrie. Vous voyez çà et là d'énormes pins avec des charretées d'écorce et de copeaux gisant autour de leurs racines comme pour vous suggérer l'idée qu'une demi-douzaine de bûcherons, armés de haches, ont travaillé sur cet arbre toute la matinée. Le corps même de l'arbre est défiguré par de nombreuses et larges excavations qu'on ne soupçonnerait guère avoir été ouvertes par le bec d'un oiseau. Avec une telle force et un appareil si puissant, quel dégât commettrait ce roi des pics, s'il était nombreux, sur les arbres les plus utiles de nos forêts !

Et cependant, malgré les apparences, malgré les préjugés vulgaires qui existent contre le pic, c'est encore une question de savoir si cet oiseau est nuisible. Je me demande si ses attentats ne contribuent point, au contraire, à protéger nos bois de charpente. Examinez de près l'arbre sur lequel le pic est à l'ouvrage, et vous reconnaîtrez que ce n'est point par méchanceté, ni pour son bon plaisir qu'il coupe ainsi l'écorce des arbres, et qu'il creuse son chemin dans l'épaisseur du tronc ; car l'arbre sain et bien portant est le moindre objet de son attention. Les arbres malades, infectés d'insectes, rongés par les parasites, voilà ses favoris. Sur ceux-là, le véritable ennemi, le mortel ennemi de la végétation, — c'est l'insecte que je veux dire, — a formé un logement entre l'écorce et le bois tendre, pour boire la séve vitale de l'arbre. Ce sont les ravages de cette vermine que le propriétaire intelligent de la forêt doit déplorer ; les insectes, voilà les seuls auteurs de la destruction de son domaine. Plût à Dieu qu'il connût que les larves d'un insecte ou d'une mouche, pas plus grosse qu'un grain de riz, peuvent silencieusement, et dans une seule saison, détruire quelques milliers d'acres dans les plantations des pins, quelques-uns de ces arbres n'ayant pas moins de deux ou trois mètres de circonférence et de cent cinquante pieds de hauteur !

Quiconque passe sur la grande route de Georgetown à Charleston, dans la Caroline du Sud, peut avoir la preuve frappante et attristante de ces ravages. Dans quelques endroits, les arbres — si loin que vous regardiez autour de vous — sont morts, dépouillés de leur écorce. Leurs branches ont un aspect d'hiver et leur tronc nu, blanchissant au soleil, tombant en ruine à chaque coup de vent, présente une effrayante image de la désolation. Et pourtant l'ignorance, les préjugés persistent obstinément : les hommes dirigent leur indignation contre l'oiseau, contre le pic, lui, le constant et mortel ennemi de cette désastreuse vermine. La main — ou plutôt le bec — qui extrait la cause du mal, se voit détestée à l'égal du traître qui l'inflige. L'officier de police confondu avec le voleur, quel sujet de réflexions pour le philosophe ! Le naturaliste, lui, sans faire de la morale, doit redresser les erreurs populaires. Le pic n'est point l'ennemi des arbres, il en est le médecin, ou, si vous aimez mieux, le chirurgien. Il abat, tranche, fouille les membres malades, et sauve le patient, en détruisant la cause de la maladie : le parasite.

Notre pic commun rend à nos bois — sur une moins grande échelle — le même service. Seulement, la civilisation a inventé le garde-chasse, le garde des eaux et forêts, lesquels, sous prétexte de conserver les arbres, tuent l'oiseau qui seul pourrait soigner et guérir les malades du règne végétal. Il détruit le remède du mal, sous prétexte d'en détruire la cause. Quant à moi, j'ai pris le pic sous ma protection, et les arbres du voisinage s'en trouvent à merveille ; ils me remercient à leur manière par la grâce, l'épaisseur et la verdure bien portante de leur feuillage. J'aime, d'ailleurs, ce joli oiseau ; la barre blanche qu'il porte sur le dos est d'un bel effet. La position du pic sur son arbre m'amuse à voir ; tout son corps repose en quelque sorte sur sa queue, dont les plumes sont dures et fatiguées. Quand on examine de près cette queue, qui sert de point d'appui à l'oiseau, on trouve généralement que les plumes en sont usées par les coins, qui sont constamment frottés contre l'écorce de l'arbre.

LE COUCOU

Dès que l'hiver est fini, et que les pluies d'avril préparent le chemin au mois de mai — un tapis de fleurs — j'entends dans ma solitude la voix du coucou. Qui n'a remarqué ces notes claires et graves? L'homme a emprunté aux oiseaux une partie de sa musique, et quelques-uns de nos accords sont évidemment des plagiats. Le coucou a plus fait pour l'art que nos musiciens ne voudraient l'avouer ; ils ont appris de cet oiseau la *gamme mineure*, dont la découverte est enveloppée de ténèbres historiques. Je demande qu'on rende à César ce qui appartient à César, et au coucou ce qui appartient au coucou. Il est l'inventeur de cette échelle de sons bas auxquels nos dilettanti doivent une partie de leurs jouissances.

Dois-je appeler le coucou un oiseau solitaire? Habituellement, il est vrai, on ne voit qu'un individu de cette famille perché sur une branche ; mais, il n'est pas très-rare d'en rencontrer trois, quatre et même davantage, rassemblés sur le même arbre. Ils font entendre alors de concert ces sons bien connus et peu agréables à l'oreille des maris. Quelquefois ils chantent perchés et d'autres fois en traversant l'air d'un vol tremblotant et bizarre. Il paraît, d'ailleurs, certain qu'ils quittent ensemble leurs quartiers d'hiver, ou, du moins, qu'ils se donnent le mot pour aborder la terre par petites bandes. Il y a quelques années, au point du jour, dans la première semaine du printemps, un gentleman, qui vivait sur le bord de la rivière Mersey, vis-à-vis de Liverpool, fut éveillé par un grand caquetage, au milieu duquel on démêlait ces accents : « Coucou ! coucou ! » Cela se passait dans une plantation près de sa maison, située au milieu des dunes qui bordent le cours d'eau où le flux se fait sentir. Il mit la tête à sa fenêtre, et vit une assez nombreuse troupe de coucous, qui, au lever du soleil, prirent tous ensemble leur volée.

Dans un jardin qui se trouve sur le comté de Down, en Irlande, — du 18 au 22 de juillet — on vit une quarantaine de coucous, perchés, pour la plupart, parmi des groseilliers à maquereau ; probablement étaient-ils en train de recueillir des vers, qui, souvent, infestent ces arbrisseaux, et non de manger les groseilles, — comme le supposa peu charitablement le jardinier. Il y avait sur un des groseilliers un nid, et, dans ce nid, une couvée tardive de merles pas encore revêtus de plumes. Ces petits furent découverts par les coucous qui les mirent en pièces : le jardinier en sauva un qui était blessé à la patte et à l'aile. Les coucous rassemblés partirent. Après le 22 juillet, il n'en restait qu'un ou deux, évidemment plus petits que les autres. C'étaient sans doute des jeunes.

Cet oiseau laisse aux autres le soin d'élever ses petits. Pourquoi le coucou agit-il ainsi ? Est-ce parce qu'il ne possède point l'art de construire un nid ? Est-ce parce que seul, dans toute la tribu des êtres à plumage, il est dépourvu des sympathies et des affections qui constituent la vie de famille? Est-ce parce que son tempérament se refuse à ces habitudes sédentaires qu'exige l'incubation? C'est là un mystère difficile à pénétrer. Mon ami Gall — qui aimait à se rendre compte de tous les secrets de la nature et qui croyait les expliquer par son système — déclarait gravement avoir observé le cerveau du coucou et avoir trouvé que cet oiseau manquait de l'organe de la constructivité.

Quoi qu'il en soit, la femelle dépose ses œufs dans le nid d'un autre oiseau. Son instinct le porte à choisir (chose surprenante!) le nid d'un oiseau dont la nourriture convienne à ses goûts, à son régime alimentaire (1). — Il choisit, en outre, le nid d'une espèce d'oiseaux dont les jeunes soient plus petits que le sien. Pourquoi cela? — Afin que le petit coucou soit, un jour, le maître de la couvée. C'est, en effet, dans le nid des bergeronnettes et des moineaux que la femelle du coucou glisse le germe d'une naissance apocryphe.

Aussitôt que les œufs sont couvés, le petit du coucou cherche à rejeter du nid les enfants de sa mère adoptive : quelle reconnaissance de la part de cet intrus ! — C'est mal, je l'avoue; mais le jeune coucou a ses raisons pour agir ainsi : il serait impossible au père et à la mère, qui l'ont adopté sans le savoir, de fournir à la nourriture de

---

(1) Les naturalistes ont accusé le coucou de manquer d'affection : ils veulent sans doute dire d'affection maternelle ; car, pour le reste, il a le cœur aussi tendre que les autres oiseaux. Le soin qu'il prend de confier son œuf à des insectivores, qui puissent le suppléer dans ses fonctions, montre bien, pourtant, qu'il n'est pas insensible au sort de sa progéniture. Il l'abandonne, c'est vrai ; mais, avant de l'abandonner, il s'assure d'une nourrice.

la famille, d'autant que cet étranger, à mesure qu'il croît en taille, se montre doué d'un appétit vorace.

J'ai eu l'occasion d'observer le fait par mes yeux. Un jeune coucou avait été couvé dans le nid d'une bergeronnette, qui s'était établie dans une touffe de lierre, sur le mur qui avoisine ma maison. Il fallait les efforts combinés du père et de la mère, et cela du matin jusqu'au soir, pour satisfaire la gloutonnerie de cet enfant supposé. Je n'ai, d'ailleurs, jamais vu d'oiseaux plus infatigables dans leur attention que ne l'étaient ces deux bergeronnettes. Lorsque le jeune coucou eut atteint toute sa grosseur, il apparut dans le petit nid de la bergeronnette comme un géant dans une chaloupe. Avant qu'il fût capable de voler, on le prit et on le mit dans une cage. Dans cette nouvelle situation, les parents putatifs continuèrent de le nourrir. Un jour, il réussit à s'échapper de la cage, et alla fixer son domicile sur un grand orme, près de ma maison. J'observai que les bergeronnettes lui portèrent encore sa subsistance avec la même assiduité, et cela pendant au moins une quinzaine. Ce coucou était très-batailleur ; il frappait des ailes et ouvrait son bec avec grande colère, à chaque fois que j'approchais la main.

J'ai encore été témoin d'une autre aventure notée dans mes tablettes de naturaliste. Un jeune coucou avait été pris dans le nid d'un moineau. Quelques jours après, une jeune grive, à peine couverte de plumes, fut également prise et placée dans la même cage que le jeune coucou. La grive était en état de se nourrir elle-même ; mais, quant au coucou, on était obligé de lui donner la becquée avec une plume. Bientôt, la grive prit sur elle de se charger de cette fonction ; elle continua ainsi de nourrir son compagnon de captivité avec le plus grand soin.

Il était touchant de voir la sollicitude de cette mère improvisée et la peine qu'elle se donnait pour satisfaire l'appétit exigeant du coucou.

Nous avons dit que le jeune coucou essaye de se faire de la place en jetant, par-dessus le nid, les petits de la famille dans laquelle il a été introduit par fourberie. La nature semble l'avoir doué, tout exprès pour cela, d'une dépression qu'on remarque entre ses épaules : au moyen de ce creux, il cherche à soulever les petits, — ses frères et sœurs présumés, — et, les amenant sur le bord du nid, il les jette en bas. Ce creux s'efface avec l'âge, et c'est un fait remarquable que, si les jeunes de l'oiseau ont le bonheur de rester dans le nid jusqu'à ce que cette excavation soit remplie, le jeune coucou — comme s'il reconnaissait qu'il n'a plus les moyens de se débarrasser de ses frères — finit par faire bon ménage avec eux.

Quiconque n'a pas vu le jeune monstre nourri par la trop confiante mère, et ouvrant sa bouche béante, comme pour engloutir le pauvre petit oiseau qui pend sur lui avec un attachement digne d'une parenté plus réelle, n'a pas une idée des merveilles singulières de la nature.

Les ornithologistes n'ont pu jusqu'ici se mettre d'accord sur un point important : celui de savoir comment la femelle du coucou dépose son œuf dans le nid d'un autre oiseau insectivore. La supposition la plus naturelle serait qu'il pond cet œuf dans le nid même. Certains faits ont pourtant autorisé le doute à cet égard. Une femelle de coucou ayant été tuée d'un coup de fusil, on trouva un œuf dans son gosier. Cette circonstance fit croire que le coucou pondait d'abord son œuf n'importe où, qu'il l'avalait et qu'il allait ensuite le dégorger dans le nid d'un autre oiseau. Il est assez probable que le coucou emploie l'une et l'autre méthode, selon les occasions ; quand il trouve un moment favorable où le père et la mère d'une espèce d'oiseaux insectivores ont quitté leur nid pour chercher leur nourriture, il pond son œuf. Quand, au contraire, les nids du voisinage sont bien gardés et que la nature le presse, il se délivre et va ensuite déposer son œuf — qu'il porte soit dans son gosier, soit entre ses griffes — dans le premier berceau qui se rencontre.

On a encore observé que les œufs du coucou étaient très-petits, relativement à la taille de l'oiseau, et il est permis de voir dans cette circonstance une intention de la nature. Si cet œuf était proportionné à la taille du coucou, il serait trop gros pour le nid dans lequel il est introduit, il effrayerait très-vraisemblablement la mère nourrice, qui ne tarderait point à soupçonner la fraude.

On a quelquefois élevé des coucous en cage; mais ces oiseaux, à l'époque de la migration, deviennent inquiets, remuants, anxieux. Il est extrèmement curieux de les voir dans cet état. L'un d'eux, qui avait donné devant moi les signes de la plus grande agitation, n'ayant point réussi à s'échapper de sa cage, recouvra la santé. Au mois d'octobre, il se portait encore bien; mais il mourut dans le cours de l'hiver. Je ne me souviens pas d'avoir vu un seul de ces oiseaux vivre une année entière en captivité.

Un auteur anglais a dit de cet oiseau « qu'il n'avait pas de tristesse dans son chant, ni d'hiver dans l'année. » Heureux coucou !

Ce chant monotone, qui répète toujours le même mot, a pourtant un grand charme. D'où vient cela? D'une association d'idées et de sentiments. Un voyageur anglais qui explorait les contrées les plus sauvages du Kamtschatka, errant d'une vallée à l'autre, au milieu des rochers coiffés d'une neige éternelle, avait perdu sa route. Dans ces tristes circonstances, il entendit la voix du coucou. « Cette voix, dit-il, réchauffa mon cœur et celui de mes compagnons, et y ramena la joie au moment où nous commencions à nous désespérer. C'était comme une voix résonnant par une influence magique du sein de la patrie. Elle nous parlait du toit paternel qui nous avait abrités et des champs verts qui s'étendaient autour de la maison ; elle nous parlait aussi des parents et des amis qui nous attendaient. Bien souvent, depuis ce jour-là, au moment où nous étions près de défaillir au milieu des difficultés du voyage, au moment où il nous semblait que nous n'avions plus qu'à nous coucher et à mourir, cette voix s'élevait encore de la profondeur de quelque ravin, et, encouragés par elle, nous continuions notre marche, en hâtant le pas. »

LE TOUCAN

Le bec du toucan forme le trait le plus saillant de sa physionomie : cet énorme bec est presque aussi long que son corps. Cette circonstance a fait croire que l'oiseau était grandement embarrassé par cet extraordinaire présent de la nature.

Si le bec du toucan, en vérité, était construit de cette matière solide qu'on observe chez les oiseaux de proie et chez les autres oiseaux qui se nourrissent de substances dures, nous ne serions pas du tout surpris de trouver qu'un tel appendice gênât les mouvements, le vol et même, dans certains cas, la vision de ce grimpeur. S'il en était ainsi, le toucan aurait été condamné à ramper sur la terre, attiré par le poids de cette proémi-

nence, essayant en vain de faire usage de ses ailes, allé-
ché par les fruits qui croissent sur les branches des
hauts arbres, mais impuissant à les atteindre. Un tel état
de choses n'est point conforme aux harmonies ordinaires
de la nature. Aussi cela n'est-il pas : en dépit de son
énorme bec, le toucan vole aussi légèrement que les
autres oiseaux ; il va d'arbre en arbre, se perche sur les
sommets des plus hautes tours de feuillage, cherche les
fruits avec une infatigable activité, poursuit les petits
oiseaux qui — c'est maintenant un fait acquis — forment
une partie de sa nourriture, et défend ses jours avec une
vigilance incessante contre les serpents, les singes et
autres ennemis.

Toutes ces fonctions de son existence n'auraient pu
être accomplies si la pesanteur spécifique de son bec
était égale à la dimension. Mais qu'il est loin d'en être
ainsi ! Comparé au bec du hibou, par exemple, le bec du
toucan est un morceau de pierre-ponce vis-à-vis d'un
morceau de granit. L'extérieur de ce bec est un tissu
spongieux, présentant un grand nombre de cavités,
formé de plaques extrêmement minces et recouvert
d'une surface plus mince encore. Ce bec remarquable et
vraiment merveilleux forme avec la trompe de l'éléphant
un exemple unique des particularités de l'organisation
animale.

Les toucans, comme les aracaris, qui défient par la
richesse de leurs couleurs toutes les ressources du pin-
ceau humain, se trouvent dans les parties les plus
chaudes du sud de l'Amérique. Les magnifiques plumes
de ces oiseaux ont été employées comme ornements de
robe par les dames du Brésil et du Pérou.

Un toucan vivait, il y a quelques années, à Londres,
dans le Jardin zoologique. Un petit oiseau, — un char-

donneret — ayant été introduit dans la cage du toucan, celui-ci le tua instantanément avec son bec. Dès que la victime fut morte, il sauta, avec sa proie au bec, sur une autre perche, et, plaçant le chardonneret entre sa patte droite et la perche, il commença à le dépouiller de ses plumes. Après l'avoir plumé, il brisa les os des ailes et des pattes. Il continua son ouvrage jusqu'à ce qu'il eût réduit le corps du petit oiseau à une masse informe. Puis il mangea d'abord les parties molles, gardant les gros os pour la fin, comme si ces parties dures lui donnaient plus de peine à broyer, — particulièrement le bec et les pattes.

Le cou de ce bel oiseau est encore doué d'une puissance de mouvement extraordinaire, qui lui permet de placer sa tête dans les plumes du dos, de manière à cacher entièrement son prodigieux bec. L'oiseau présente alors l'apparence d'une boule de plumes. Sous cette forme, il dort pendant la nuit, protégé qu'il est contre toute atteinte du froid.

Quelques autres oiseaux, alliés de près au toucan, présentent un développement de bec encore plus monstrueux ; mais, comme l'histoire naturelle de ces créatures est peu connue, nous ne nous y arrêterons pas.

LE PERROQUET

De tous les oiseaux étrangers, celui-ci est le mieux connu.

Le perroquet est le favori, l'ornement, l'enfant gâté de

nos demeures; nous l'estimons pour la beauté de son plumage, pour sa rareté, pour ses mœurs familières ; mais nous ne nous doutons guère des dégâts qu'il commet dans ses régions natales, où il est généralement considéré comme un fléau. Rien n'est plus admirable sans doute, au point de vue de l'art, qu'une volée de ces libres oiseaux aux couleurs éclatantes; mais l'économiste, le colon, qui les voit s'abattre avec de grands cris sur ses moissons, les regarde avec d'autres yeux que ne les regardait M. de Buffon dans son fauteuil. Tremblant et indigné, il sait que le produit de son travail est livré au pillage, lorsque cette multitude de voraces filous visite ses propriétés. Comme une nuée de sauterelles—vous vous souvenez de cette plaie d'Égypte — les perroquets désolent toute une contrée par leurs impitoyables ravages.

Le perroquet occupe sur l'échelle des oiseaux le rang que tiennent les quadrumanes dans la série des mammifères. Son cerveau est plus développé que celui des autres êtres à plumage. Les perroquets sont, d'ailleurs, les singes de la parole. On sait à quel point ils jouissent de cette faculté d'imitation qui leur permet de reproduire les sons articulés. Les naturalistes — et les philosophes surtout — ont prétendu que ce langage était purement mécanique, que cet oiseau ne savait ce qu'il disait; d'où le proverbe : « Parler comme un perroquet. » Cela peut être vrai en théorie : j'ai pourtant observé que certains perroquets attachent une signification à certains mots.

Un superbe ara bleu doublé de jaune vivait dans une maison où il y avait un enfant nommé Arthur. L'enfant allait à l'école et revenait tous les jours à quatre heures du soir. A peine montait-il l'escalier, que l'oiseau reconnaissait le pas de son jeune ami, et s'écriait de toutes ses forces : « Arthur! Arthur! » L'enfant mourut, et, depuis ce jour-là, le perroquet ne prononça plus une seule fois le nom qu'il avait si souvent au bec.—Était-ce pour ne point affliger la mère?

Un jour, j'allais voir, dans une maison de Paris, un médecin allemand, qui m'avait écrit, mais dont je n'avais pu lire le nom, tant la signature était illisible. Mon embarras était grand. « Qui vais-je demander? » me disais-je. Tout à coup, j'aperçus, à une fenêtre donnant sur la rue, un perroquet en cage, qui répétait à mes oreilles d'une voix claire et nette : « Koreff! Koreff! » Ce fut pour moi un trait de lumière. Je demandai au domestique qui vint m'ouvrir, si le docteur Koreff était chez lui. « Oui, *meinherr*, lui èdre izi. » — J'étais sauvé!

Les écrivains de l'antiquité sont unanimes sur ce point que les perroquets connus de leur temps venaient exclusivement de l'Inde. Ælien nous apprend que ces oiseaux étaient, dans leur contrée, les hôtes favoris du palais des princes. Ils furent introduits en Europe du temps de la conquête de la Macédoine. Le nom d'*alexandri*, donné par quelques savants au type du groupe, est une sorte d'hommage rendu au premier Européen qui découvrit ces oiseaux. En étendant les limites de son empire, Alexandre étendit — ce qui vaut mieux — les limites de la science.

Les perroquets d'Afrique ne furent point connus des Romains avant le temps de Néron. Quelques-uns de ces oiseaux figurent sur la liste des découvertes faites dans le cours d'une expédition qu'avait ordonnée cet empereur. Ils venaient, selon toute vraisemblance, des bords de la mer Rouge. Cette partie du monde étant ensuite mieux connue, des nombres considérables de ces oiseaux furent importés d'Afrique à Rome. Ils formèrent le principal contingent de ces victimes qui, dans des temps ultérieurs, furent sacrifiées, dit-on, au luxe extravagant et à l'effronterie d'Iléliogabale.

Dans les derniers temps de la république romaine, la manie des perroquets avait déjà pris des développements ruineux. Il fallut des lois somptuaires contre ces oiseaux pour réagir contre les caprices de la mode et de la prodigalité.

On a cru longtemps que le perroquet ne pouvait point se reproduire dans nos contrées. Plusieurs de ces oiseaux étaient pourtant nés en Europe dès 1740 ou 1741. En 1801, un perroquet amazone reçut le jour à Rome. Des makaws bleus, en quatre années et demie, c'est-à-dire du mois de mars 1818 à la fin d'août 1822, pondirent à Caen, en France, soixante-deux œufs; de ce nombre, vingt-cinq œufs produisirent des jeunes, parmi lesquels dix seulement moururent. Les autres vécurent et s'accoutumèrent parfaitement au climat. Ces oiseaux pondaient dans toute saison : les couvées devinrent même plus fréquentes et plus productives d'année en année. Non-seulement il naissait plus de jeunes, mais encore il en mourait moins. Ces expériences ne peuvent, jusqu'ici, néanmoins être considérées que comme des essais qui font présager, dans un temps donné, la conquête de la race. Il est possible qu'avec des soins et de bonnes méthodes, l'homme ajoute le perroquet à la liste des oiseaux domestiques dont il s'est assuré, dans nos climats, la reproduction facile; que faut-il pour cela? Des soins et de la patience.

Le perroquet est très-capable de former des liaisons sympathiques. On cite l'exemple de perroquets qui, amenés des contrées dont ils sont originaires et renfermés à bord du même vaisseau dans la même cage—

ou, pour mieux dire, le même sabot — avaient conçu l'un pour l'autre, durant la traversée, une amitié inaltérable. Ces oiseaux, ayant été ensuite vendus, ne pouvaient se consoler de leur séparation : tristes, ils finissaient par succomber aux ennuis de la solitude.

A Java, dans les Indes, en Guinée et en Éthiopie, il existe des amours de perruches — les plus petits oiseaux de cette famille, dont la face est rouge et la queue orange, traversée d'une barre noire. Les vaisseaux marchands venant de Guinée manquent rarement d'apporter une quantité considérable de ces perruches dans des cages. Malheureusement, elles sont d'une constitution si délicate, que la plupart ne peuvent supporter le passage ; elles meurent quand le vaisseau s'avance vers les climats froids. On a également observé que le bruit du canon sur les navires est fatal à plusieurs d'entre elles et les fait tomber mortes de frayeur. Quoiqu'elles imitent la voix des autres oiseaux, il est difficile de leur apprendre à articuler des mots. Elles sont extrêmement bienveillantes et attachées. Le mâle se tient ordinairement sur la même perche avec la femelle. Toutes les fois que l'un descend pour prendre sa nourriture, l'autre le suit. Lorsqu'ils ont satisfait leur faim, ils retournent ensemble à leur place accoutumée.

Je ne citerai qu'un exemple de l'attachement de ces oiseaux. J'en ai connu deux qui avaient vécu ensemble quatre années. La femelle tomba en langueur, ses jambes enflèrent : c'étaient les symptômes de la goutte, — maladie à laquelle tous les oiseaux de cette famille sont très-sujets dans nos contrées. Il ne lui était plus possible de descendre ni de prendre sa nourriture comme autrefois ; mais le mâle la lui portait assidûment dans son bec. Il continua de la nourrir ainsi pendant quatre mois. Les infirmités de sa compagne augmentaient, hélas ! de jour en jour ; au point qu'elle ne fut plus capable de se tenir sur la perche. Elle restait accroupie au fond de sa cage, faisant, de temps en temps, d'infructueux efforts pour regagner la perche ; — mais le mâle était là, qui se tenait près d'elle, et qui secondait de toutes ses forces les faibles tentatives de sa chère moitié. Saisissant la malade par le bec ou par la partie supérieure de l'aile, il cherchait à la soulever et renouvelait plusieurs fois ses efforts. Sa constance, ses gestes, sa continuelle sollicitude, tout indiquait dans cet oiseau affectionné le plus ardent désir de soulager la faiblesse et les souffrances de sa compagne.

Mais la scène devint encore plus intéressante lorsque la femelle fut sur le point d'expirer. Son époux infortuné allait et venait autour d'elle sans relâche. Ses assiduités et ses tendres soins redoublèrent. Il cherchait à lui ouvrir le bec pour y glisser quelque nourriture. Il courait à elle et s'en retournait d'un air agité, avec une extrême inquiétude. Par intervalles, il poussait les cris les plus plaintifs ; tandis, que d'autres fois, les yeux fixés sur elle, il gardait un morne silence. Enfin, sa compagne rendit le dernier soupir : de ce moment, il languit et mourut au bout de quelques semaines.

La voix naturelle des psittacidés est bruyante, haute et dure : aussi la nature semble-t-elle avoir rendu à ces oiseaux un service particulier en la masquant par l'imitation de la voix humaine. De tous les perroquets, les aras sont les plus grands et les plus richement colorés. Ils sont originaires du sud de l'Amérique. Une belle espèce, très-commune, d'ailleurs, dans nos ménageries, est l'ara bleu et jaune. Le perroquet gris d'Afrique est estimé comme parleur. Le perroquet blanc — kakatoës —

glacé de teintes jaunâtres ou couleur de chair, est aussi un élégant oiseau.

Les perroquets représentent une faculté qui existe dans l'espèce humaine : la mimique. C'est à cette faculté que nous devons les grands comédiens et, en partie du moins, les grands artistes.

Je n'ai rien dit, jusqu'ici, de l'art, presque merveilleux, avec lequel certains de ces oiseaux imitent les sons qu'ils entendent autour d'eux dans la nature ou dans la société de l'homme. Il existe, à ce propos, mille anecdotes qui courent les rues. Un des plus célèbres parleurs était un perroquet gris qui appartenait au colonel O'Kelly. Non-seulement cet oiseau extraordinaire récitait un grand nombre de phrases, mais encore il répondait à beaucoup de questions. Il sifflait aussi plusieurs airs. Il battait la mesure avec une grande science. Son oreille était si parfaite, que, si par hasard il se trompait sur une note, il se corrigeait et reprenait ensuite la mesure à partir de l'endroit où il s'était interrompu. Il exprimait ses besoins à l'aide de la parole articulée, et donnait des ordres sur un ton qui annonçait un être doué de jugement. Le révérend Herbert a rendu hommage à la prodigieuse faculté mimique de cet oiseau. « Je l'ai entendu, dit-il, chanter environ cinquante airs de toute nature, psaumes solennels, ballades facétieuses et vulgaires, dont il articulait chaque mot aussi distinctement que l'eût pu faire le gosier humain le mieux exercé. Lorsqu'il était dans la mue et qu'il n'était point d'humeur à chanter, il répondait à toutes les sollicitations en tournant le dos et en répétant plusieurs fois : « Polley est malade. »

ORDRE III

PASSEREAUX

Ce troisième ordre est le plus nombreux de toute la classe des oiseaux : il comprend ceux qui ne sont ni nageurs, ni marcheurs, ni grimpeurs, ni rapaces, ni gallinacés. Ce sont là, je l'avoue, des caractères négatifs ; mais il est difficile de définir exactement une tribu qui contient à elle seule autant d'espèces que tous les autres ordres réunis. Les naturalistes ont établi dans cet ordre des subdivisions compliquées, incertaines, et qui reposent, le plus souvent, sur des limites artificielles.

L'ordre des passereaux, *passeres*, embrasse le plus grand nombre des oiseaux chanteurs. Parmi eux, se rencontrent les plus suaves vocalistes de nos bocages, les délicieux choristes qui remplissent les meilleures et les plus délicates parties dans le concert de la nature. Ceux qui n'ont point un gosier aussi riche que les autres possèdent du moins quelques notes agréables. Il y en a pourtant qui sont muets pendant une partie de l'année, et d'autres seulement dans quelques pays.

Il s'est trouvé d'ingénieux observateurs qui ont voulu comprendre et interpréter le langage des oiseaux. Leur tort est d'avoir voulu retrouver dans l'expression vocale de ces douces créatures un écho des idées et des sentiments qui n'appartiennent qu'au cœur de l'homme. Le chant des oiseaux est très-certainement un langage; mais c'est un langage en rapport avec leurs mœurs, avec leur genre de vie.

La mélodie de ces musiciens parle à l'imagination du poëte et du rêveur; pour l'artiste, c'est une ode; pour le croyant, c'est une prière : seulement, il est douteux que ce chant contienne toutes les réflexions qu'il fait naître. Le plus souvent, il exprime le plaisir, la joie, l'amour, la rivalité, quelquefois la crainte. J'ai, d'ailleurs, observé que ces notes naturelles débordent avec les émotions extérieures que fait naître dans toute la nature la présence du soleil. C'est par une belle matinée de printemps que le taillis, le rocher, la rivière résonnent, comme autant d'instruments, animés par des touches vivantes, et qui varient à chaque heure, à chaque minute. Il y a, j'en suis convaincu, un lien mystérieux entre cette musique et la lumière.

Les naturalistes ont beaucoup disputé entre eux pour savoir si le chant propre à chaque espèce d'oiseaux était un don inné ou une faculté acquise. Gall, qui était un observateur délicat, prétendait avoir isolé un rossignol du voisinage de ses pareils : « L'oiseau, dit-il, n'en chanta pas moins bien pour cela et trouva tout seul les échelles

de notes qui sont particulières à sa famille. » Donc, cet
oiseau avait sa musique en lui-même.

Quelques faits semblent pourtant contredire cette expérience. Barrington prit dans un nid un moineau commun qui était déjà recouvert de plumes. Il le mit en
pension, si l'on ose ainsi dire, près d'un maître de chant
qui était une linotte. Le moineau profita des leçons de
son maestro. Mais le hasard voulut que notre écolier
entendît un chardonneret, et son chant devint bientôt
un mélange des sons de la linotte et des sons du chardonneret.

Le même expérimentateur mit un jeune rouge-gorge
sous la direction d'un rossignol, lequel, cependant, fut
bientôt à bout de voix, et devint parfaitement muet en
moins d'une quinzaine de jours : le jeune rouge-gorge
chanta, malgré tout, trois parties sur quatre dans les
accords du rossignol, et le reste de son chant était ce
que les oiseleurs appellent décousu, c'est-à-dire sans
aucune octave.

Certains passereaux sont d'excellents voiliers. On
pourrait supposer que, le pouvoir de traverser l'espace
étant possédé à un haut degré par plusieurs familles de
ces oiseaux, une telle faculté devrait les affranchir des
restrictions imposées par la nature à d'autres animaux,
moins bien doués qu'eux sous le rapport des moyens
locomoteurs. Il n'en est pourtant point ainsi : malgré
leurs grandes ailes, ces petits oiseaux, tout en faisant
chaque année, et même deux fois dans l'année, de longs
voyages, ne sont pas du tout cosmopolites. On sait où
les trouver selon la saison. La plupart d'entre eux ont
deux patries, — une patrie d'été et une patrie d'hiver ; —
mais ils ne sont point, comme disait un ancien philosophe, citoyens du monde.

Leurs nids présentent, dans certaines espèces, des merveilles d'architecture, d'industrie et de sagacité économique.

On a subdivisé les passereaux en cinq tribus qui sont :

Les *dentirostres* ou oiseaux à bec dentelé ;

Les *conirostres* ou oiseaux à bec conique ;

Les *fissirostres* ou oiseaux à bec dilaté ;

Les *tenuirostres* ou oiseaux à bec grêle ;

Les *syndactyles* ou oiseaux dont le doigt externe est uni à celui du milieu jusqu'à l'avant-dernière articulation.

DENTIROSTRES

Le groupe des dentirostres est formé par un assemblage de petits oiseaux qui ont, pour caractère commun, une échancrure de chaque côté à la mandibule supérieure ; cette échancrure indique que le plus souvent ces oiseaux se nourrissent d'insectes.

On distingue parmi eux :

Les pies-grièches ;

Les gobe-mouches ;

Les grives, et, dans la même famille que les grives, les becs-fins, l'oiseau moqueur, le merle, le rouge-gorge, le hoche-queue, le roitelet, le rossignol, etc., etc.

LA PIE-GRIÈCHE

Encore un tyran dans la nature! Or, il en est des tyrans parmi les animaux comme parmi les hommes : les plus petits sont quelquefois les plus méchants.

Les pies-grièches ont le bec fortement échancré ; une telle structure rappelle la structure du bec chez l'oiseau de proie, et cette forme est accompagnée d'un appétit très-carnivore.

La pie-grièche est commune dans plusieurs parties de l'Europe. Elle pond et couve le plus ordinairement dans les districts tant soit peu boisés ; souvent elle fait son nid sur les frênes qui, dans certains endroits, se trouvent clair-semés sur des terrains plantés de bruyères. D'autres fois, elle choisit la branche fourchue d'un chêne ou de tout autre arbre ; mais elle niche toujours à une grande hauteur, dédaignant les buissons et les haies. Le nid est large, formé à l'extérieur avec de petites baguettes, des tiges de bruyères et des brins de bois, entremêlés de mousse. L'intérieur est doublé de laine, de gazon sec et de plumes. Cet oiseau pond cinq œufs, un peu plus petits que ceux de la grive commune, d'un blanc bleuâtre, piqué de petites taches cendrées. On ne remarque pas une grande différence entre le plumage du jeune et celui de l'adulte.

Cet oiseau, quoique fort cruel, témoigne un attachement remarquable pour ses petits — et, qui plus est, un attachement qui se continue. Les parents ne chassent point leurs jeunes dès que ces derniers peuvent se suffire à eux-mêmes, — comme font les faucons et les autres oiseaux de proie;—ils vivent, au contraire, avec eux dans les meilleurs termes, jusqu'à l'été suivant, époque où les lois de la nature les séparent, et où les mâles vont chercher une compagne. Cette vie de famille, ce sentiment délicat du devoir est, je suis triste de le dire, la seule bonne qualité que j'aie pu jusqu'ici découvrir dans le caractère des pies-grièches. Ce même oiseau, si aimable dans ses relations avec sa progéniture, semble, hors de là, se complaire à porter autour de lui la consternation et la mort.

La nourriture habituelle des pies-grièches consiste en insectes ; mais elles ne se font point conscience d'attaquer les petits oiseaux et les souris. Un oiseleur, il y a quelques années, prit une pie-grièche dans ses filets au moment où celle-ci se précipitait sur une linotte. D'abord il s'applaudissait de sa capture; mais bientôt il fut trop heureux de s'en débarrasser à tout prix; car la pie-grièche, quoique bien nourrie avec de petits oiseaux et de la viande crue, et quoique plus ou moins réconciliée en apparence avec l'état de captivité, était devenue pour lui un véritable fléau. Chaque fois qu'elle ouvrait son bec et qu'elle faisait entendre ses notes bien connues, toute la collection d'oiseaux chanteurs était à l'instant même réduite au silence.

Les petits passereaux professent, en effet, la plus violente antipathie pour la pie-grièche; ils expriment les signes de la crainte toutes les fois que ce brigand approche de leurs nids. Ils se rassemblent, l'attaquent et l'éloignent, comme ils font du hibou. Preuve évidente que ces petits êtres connaissent leur ennemi, et, en vérité, ils ont de bonnes raisons pour cela. La pie-grièche profite de l'absence des parents, pour détruire l'orgueil et l'espoir du nid. Un garde-chasse, qui était dans l'habitude d'élever des faisans, observa que, si un de ses faisandeaux était faible ou maladif, une pie-grièche, rôdant par aventure dans le voisinage, cherchait à le tirer d'entre les barreaux de la cage. Un Américain, grand amateur d'oiseaux chanteurs, surprit également une autre pie-grièche en flagrant délit au moment où elle enlevait un de ses musiciens favoris hors des cages, qui se trouvaient suspendues à sa fenêtre. J'ai vu moi-même plus d'une fois ce voleur de grand air caché dans un buisson, ou perché sur une mince branche, et en train de guetter sa proie.

Non-seulement la pie-grièche est un oiseau fort meurtrier, mais on l'accuse, en outre, d'empaler ses victimes sur une épine ou sur un bâton pointu. M. Selby, un naturaliste anglais, fut assez heureux pour voir un moineau ainsi accroché par un de ces oiseaux qu'on a quelquefois appelé, à cause de cela, l'*oiseau-boucher*. Ayant saisi sa victime, la pie-grièche la tua immédiatement; puis elle voleta quelque temps au-dessus de la haie avec cette proie au bec. Elle était sans doute occupée à chercher une épine qui pût lui servir de croc. Avançant de quelques pas vers le lieu de la scène, notre naturaliste trouva, en effet, le moineau fixé fermement par les tendons de l'aile à une ronce.

Dans une autre circonstance, j'observai une pie-grièche très-affairée près d'une haie d'épines : je m'approchai, j'examinai et je trouvai trois crapauds, et autant de souris régulièrement embrochés. Comme je tenais à observer de plus près les mœurs de cet oiseau, je plaçai sur les lieux six petites trappes d'acier, amorcées de souris.

La pie-grièche échappa plusieurs fois au piége, ce qui me donne une haute idée de l'habileté de cet oiseau ; car l'appât était enlevé sans que le ravisseur fût pris. A la fin, cependant, la dent de la trappe mordit la griffe de la pie-grièche et la retint captive. Je mis l'oiseau dans une chambre où j'avais placé un buisson d'épines et je fournis à mon prisonnier des souris mortes. Je le vis en saisir une et la ficher sur une épine avec une dextérité merveilleuse.

La nature ne donne point aux animaux des instincts sans motifs : je pense que la pie-grièche agit ainsi pour se ménager des provisions : quand elle a faim, elle recourt à son charnier : j'appelle ainsi le buisson aux épines duquel elle a suspendu, comme à des crocs, ses vivres pour les retrouver au besoin. Ce qui m'étonne, c'est que cet instinct persiste dans la captivité : les pies-grièches en cage agissent de même, et, si on ne leur a point procuré une épine, elles attachent leur proie aux fils d'archal. On a dit — et c'est une opinion générale en Amérique — que cet oiseau piquait ainsi des insectes sur les buissons pour amorcer les autres oiseaux insectivores. J'admettrais cette explication si la pie-grièche accrochait seulement des insectes aux épines des haies. Quand l'occasion s'en présente, la pie-grièche détruit un bien plus grand nombre d'êtres vivants qu'elle n'en peut consommer. On l'a vue poursuivre et saisir, durant tout un jour, des insectes, comme poussée plutôt par le désir d'anéantir la vie, que par le besoin de se procurer de la nourriture. Cette cruauté, inutile en apparence, concourt, cependant, à entretenir l'économie de la nature. Durant l'année 1829, une nuée de sauterelles s'abattit sur les côtes méridionales de l'Afrique ; toute la contrée était complétement ravagée, et l'on concevait les plus sérieuses inquiétudes sur l'avenir de la végétation, quand des pies-grièches à collier (*lanius collaris*) survinrent par grandes bandes et délivrèrent le pays du fléau. — Les méchants sont bons à quelque chose.

Les pies-grièches s'apprivoisent aisément, quand on les prend jeunes ; mais leur disposition querelleuse, leur instinct de combativité, qui n'apparaissent guère dans l'état de la nature, — au moins vis-à-vis les unes des autres, — se développent dans la cage. Un de mes amis avait élevé plusieurs de ces oiseaux ; au bout de deux mois, il se déclara entre eux de terribles batailles. Il fut obligé de séparer les survivants et de les enchaî-ner ; après quoi, ils devinrent très-dociles. Ils venaient à la voix de leur maître pour recevoir de lui des mouches — dont ils sont très-friands.

Les anciens fauconniers avaient profité des avantages de la pie-grièche, — un bec fort et bien armé, un grand courage, un féroce et sanguinaire appétit, — pour les dresser quelquefois à la chasse.

Les pies-grièches rendent des services ; — qui n'en rend pas dans la nature ? — Elles détruisent les insectes qui, surtout dans les climats chauds, infestent, ravagent les moissons et tourmentent les habitants ; mais le natu-raliste n'en est pas moins obligé de reconnaître que nos pères rendaient justice au caractère acariâtre de ces oiseaux, quand ils ont nommé une femme hargneuse, revêche et irritable — une pie-grièche.

Plus nous contemplons l'ordre de la nature, dans les arrangements des êtres animés, — mammifères, oiseaux, poissons, insectes, — plus nous sommes frappés de l'admirable harmonie qui règne entre les différentes classes. Le naturaliste sérieux demeure alors convaincu de la fragilité de nos divisions et de nos classifications.

Il est impossible de fixer des règles qui définissent, exactement et d'une manière précise, les limites de chaque groupe dans la distribution de la vie. Les ouvrages de la nature ressemblent à une chaîne d'or qui pend du haut du ciel et dont les deux extrémités se dérobent à l'œil de l'observateur. La pie-grièche est un des anneaux de cette chaîne : par la forme de son bec et de ses griffes, elle lie l'ordre des rapaces, — les vautours, les aigles, les hiboux, — à l'ordre des passereaux. Cet oiseau, la pie-grièche, se nourrit, en effet, de sauterelles, de cigales, de frelons. C'est le faucon de la famille des passereaux : elle est la terreur des insectes, comme l'autre est la terreur des petits quadrupèdes, des grives, des hérons, etc.

Il ne lui manque, en vérité, que la force pour disputer aux grands oiseaux de proie l'empire des airs.

LA GRIVE (1)

« Je crois entendre la voix de cette reine infortunée, » dit un fidèle partisan de Marie Stuart, dans le roman de Walter Scott intitulé *l'Abbé*; « je crois entendre sa » voix, aussi douce, aussi harmonieuse que le chant de » la grive. »

» Voilà comment s'expliquent, sur le chant de la

(1) Nous empruntons cette monographie de la grive à un observateur français, M. Raspail, naturaliste éminent aussi bien que grand chimiste et qui, seul, nous paraît avoir justement apprécié les qualités musicales et le caractère de cet oiseau. (Voir *Revue complémentaire des sciences appliquées*, par F.-V. Raspail.)

grive, les romanciers et les bardes écossais. — Les ornithologistes du continent se sont peu arrêtés à ce caractère de la grive européenne, dont ils ne parlent que sur le témoignage d'autrui. « On dit, » rapporte Vieillot, « que, dans son pays natal, le mâle de la grive mauvis » (*mauvis* ou *mavis*, du latin *malum vitis*, fléau de la » vigne qu'elle vendange la première) fait entendre un » ramage agréable. Son cri dans nos climats est *tau tau*, » *kau, kau*. » En parlant de la grive des vignes qui est le vrai *turdus musicus* de Linné, il dit : « Le mâle a un » chant assez remarquable, qu'il fait entendre depuis les » premiers jours du printemps jusqu'au mois d'août, et » quelquefois plus tard; en tout autre temps, il n'a qu'un » petit sifflement qui semble exprimer les deux syllabes » *zipp zipp*. »

» Tous les chasseurs que nous avons consultés n'ont jamais connu de la grive que ce cri, qu'ils imitent pour l'appeler dans leurs piéges. Polydore Roux (*Ornithologie provençale*) copie si fidèlement les expressions de Vieillot, qu'il ne paraît pas parler du chant de la grive par suite d'une observation qui lui soit personnelle. Les auteurs des pays du Nord ne tarissent pas, au contraire, sur les qualités musicales des diverses espèces de grives. Linné a donné le titre de grive musicienne (*turdus musicus*) à celle que nos chasseurs désignent sous le nom de grive des vignes, où ils la prennent, quand elle y passe en émigrant, et dont ils ne connaissent d'autre cri que le cri de rappel d'émigration *zipp zipp* : quel être chante en s'exilant ?

» Aussi le suave rossignol des Écossais n'est sur la route de l'exil que la grive des vignes.

» Parlez aux chasseurs du centre de la France de la voix mélodieuse de la grive et dites-leur qu'en Écosse, son chant inspire l'imagination des bardes du pays, ils seront tentés de rire de votre crédulité et des oreilles des Écossais ; et, quand vous ajouterez que Marie Stuart chantait comme une grive, au dire de ses historiens, ils auront une triste idée du timbre enchanteur de cette reine de beauté, dont la hache seule du bourreau put rompre la magie, même après dix-huit ans de la plus dure captivité. Pour lui, tout le répertoire de la grive des vignes est dans les deux coups de l'appeau.

» Cependant le chasseur a tort ; il n'entend à son passage que le cri de rappel ; la grive, ainsi que tous les oiseaux, ne chante que là où elle aime, c'est-à-dire dans le pays natal ; mais, là, son chant a un charme particulier et les intonations les plus variées ; je puis en parler par une observation personnelle. Les prisonniers de la catégorie de Versailles laissèrent, en partant pour Belle-Isle en mer, un grand nombre de petits oiseaux auxquels on avait rogné l'aile, et qui vivaient librement dans une très-longue cour transformée en jardin. Après le départ des grands prisonniers, les gardiens, courroucés de se voir mis à pied, prenaient un barbare plaisir à décharger leur colère sur ces petits prisonniers, et les tuaient à coups de pierre. Je ne pus faire cesser ce carnage que fort tard, et lorsqu'il ne resta plus qu'une alouette des prés ou bec-figue d'hiver (*anthus arboreus*), et une grive soit des vignes, soit mauvis ; car, même avec les figures de la *Faune française* sous les yeux, je ne sais pas encore à laquelle de ces deux espèces si voisines on pourrait bien la rapporter. Bien des gens, du reste, confondent ces deux espèces, et ils ont raison.

» Quoi qu'il en soit, le bec-figue d'hiver finit par prendre son vol au-dessus des murailles ; mais il s'en éloignait peu ; et je ne sais combien de fois par heure il s'élevait droit dans les airs comme un trait, pour retomber en chantant sur la potence de la lanterne qui lui servait de perchoir, et sa dernière note cessait au moment juste où il posait sa patte sur le fer. Jusque-là, on l'eût pris pour un hanneton vivant, à ses ailes redressées et à ses pattes allongées.

» La grive ne recouvra jamais la faculté de voler ; elle sautillait, glissait sous les plantes, courait d'un bout du jardin à l'autre sans être aperçue, chantant fort loin quand on la croyait très-près, et ramassant à la course des graines, des araignées, des larves et surtout des vers de terre qu'elle avalait d'un trait, après les avoir fortement pincés à la tête et sur le bât. Elle avait, en outre, chaque jour, un repas composé de mie de pain et de viande hachée. Une planchette mobile lui permettait de descendre au bassin pour y aller boire.

» Pendant un an, depuis avril 1851 jusqu'au 22 mai 1852, j'ai pu l'entendre et l'observer ; au bout de cette époque, nous la trouvâmes noyée. Or, pendant tout ce temps, j'ai pu noter ses vocalises, en les imitant sur le violon ; et, dès qu'elle m'entendait les répéter ainsi, elle accourait d'une volée, relevant la tête, pour voir si la fenêtre d'où partait l'écho de son chant ne contenait pas, ne renfermait pas quelqu'un de sa race, prisonnier comme elle.

» C'était principalement un peu avant le lever du soleil qu'elle commençait ses modulations, et elle les continuait jusqu'à sept heures ; elle reprenait ses exercices à midi pendant une heure, et ensuite à cinq heures jusqu'au coucher du soleil. Elle a suivi ce programme tout l'été et tout l'hiver, car l'oiseau ne chante que ses souhaits et ses espérances ; il se tait dès qu'il est heureux ; et notre pauvre prisonnière, espérant en vain, pendant l'hiver comme au printemps, ne cessait de chanter et de chanter encore. Rien n'est plus facile que d'imiter son chant, en prenant la position la plus rapprochée possible du chevalet ; je notais chaque mesure dès que j'étais parvenu à la reproduire sous l'archet avec exactitude. Mes lecteurs ne sont sans doute plus encore assez arriérés pour penser que les oiseaux n'aient pas un langage, dont nous-mêmes pouvons très-souvent comprendre une foule de termes. Quel est le chasseur qui ne distingue leurs expressions de colère ou d'amitié, d'amour conjugal ou maternel, de crainte et d'épouvante, de joie et de bonheur, leur avis d'appel ou de départ? Tout le reste n'en est pas moins une langue parlée, tout inintelligible qu'elle nous paraît.

» Sans doute, si l'on compare les inimitables roulades du rossignol avec ces intonations calmes, tantôt plaintives, tantôt joyeuses, mais si sobres d'ornements et de fioritures, on trouvera entre les deux artistes une immense différence, la différence qui existe entre la mélodie et le récitatif, entre la musique italienne et celle de Lulli. Mais Lulli fit le charme de nos aïeux, après avoir détrôné la musique du temps de Marie Stuart, qui avait eu sa vogue ; et, plus tard, la mélodie italienne a détrôné le récitatif de Lulli.

» La beauté de la voix ne doit pas être confondue avec la beauté du chant ; et, dans tous les systèmes de composition, une belle voix conserve toujours l'empire de son charme... Je conçois donc que ces douces et plaintives modulations que la grive fait entendre en construisant son nid, dans sa belle patrie écossaise, aient dû flatter l'oreille à l'instar du rossignol et que les bardes n'aient pas trouvé de plus belle comparaison pour exalter le

charme de la voix enchanteresse de cette reine, qui
inspira tant de sublimes et infortunés dévouements. On
ne saurait nier non plus que, si le rossignol eût pu se
faire entendre à leurs oreilles, il n'eût détrôné la grive à
jamais dans leur appréciation et que, dès lors, Marie
Stuart n'eût chanté comme un rossignol. — Mais le rossignol est antipathique au climat de l'Écosse. »

J'ajouterai à cette étude quelques observations per-
sonnelles sur les mœurs domestiques de la grive.

Dans ma volière logent deux grives que j'ai élevées
depuis le berceau — ou, si vous aimez mieux, depuis le
nid. Il est curieux de voir la manière dont les oiseaux
des bois vivent dans une chambre, en conservant leurs
mœurs naturelles que ne comprime point une trop dure
captivité. Ce couple marié ne présente pas, je l'avoue,
un modèle d'entente cordiale; mais il nous fournit une
image de ce qui arrive trop souvent dans le monde civi-
lisé. Le mâle, dans un temps, avait sifflé à la femelle ses
airs les plus tendres; il lui avait parlé dans ses chants
de printemps et d'amour, jusqu'au jour où le cœur de
la belle, follement épris du charme de ses protestations,
le crut et s'imagina que les heures dorées du premier
amour dureraient éternellement. Mais tous les mâles
sont égoïstes. Lorsqu'ils commencèrent à monter leur
ménage et que la femelle travaillait tout le jour, lui se
tenait oisif, la regardait faire, fumait son cigare de paille
ou faisait sa cour aux autres femelles, en essayant le
pouvoir magique de son chant. Plus d'une fois même il
fut rappelé au devoir par le merle, qui semble jouer dans
la volière le rôle de policeman parmi les oiseaux.

Quand la maison fut meublée — un nid sur une
branche de sapin — et que le couple conjugal s'y fut
établi, la lune de miel se passa encore assez bien; le

mâle restait assez volontiers au logis, et la paix continua dans le ménage. Je passe seulement sous silence quelque petite scène çà et là, à propos de la nourriture, qu'il ne trouvait pas entièrement à son goût. Une fois aussi, notre ami le sansonnet se glissa dans la maison, et, comme la fidèle Lucrèce ne voulut point prêter l'oreille à ses insinuations, il renversa le nid. Après des plaintes répétées sur sa conduite, il fut puni, ses ailes furent coupées, la police eut l'œil sur lui et on le confina dans le rez-de-chaussée de la volière.

Cependant, les querelles domestiques éclatèrent de nouveau ; le mari ne se montrait point satisfait des arrangements de la maison ; ils différaient souvent sur ce chapitre. Le bec ouvert, le cou tendu, ils hurlaient l'un contre l'autre des mots de défiance et de colère. Plus d'une fois, des mots on en vint aux coups. Dans ces luttes, la femme, comme le plus faible combattant, fut souvent maltraitée et perdit beaucoup de ses plumes. Mais, généralement, l'officier de paix — le merle — intervenait ; sans dire mot, mais prompt comme une flèche, il se jetait entre les combattants et mettait en fuite le mari sans cœur, assez lâche pour battre sa femme.

Il y avait lieu d'espérer qu'il régnerait plus d'union dans le ménage, quand le mariage des deux oiseaux serait béni du Ciel par un commencement de fécondité. La femelle avait pondu quatre œufs couleur du ciel bleu, avec des taches noires et d'une beauté remarquable. Elle les couva avec une assiduité vraiment exemplaire. Mais un mauvais sort paraissait comme suspendu sur la maison. A peine l'excellente mère eut-elle joui pendant quelques jours des joies de la maternité et eut-elle fourni à ses petits la meilleure nourriture, qu'elle se trouva plongée dans la plus grande consternation. Tous les jeunes oiseaux disparurent les uns après les autres, nul ne sut comment. L'air désolé avec lequel la pauvre mère se tenait un jour assise sur les débris du naufrage de ses affections — ou, pour parler sans métaphore, sur le nid vide, — semblait faire appel à mes sentiments humains pour tirer vengeance du misérable qui avait enlevé et détruit ses enfants. Mais quel était le meurtrier?

Après avoir regardé longtemps, mais en vain, autour de la chambre, — après avoir cherché inutilement quelque trou ou quelque crevasse à travers laquelle l'auteur du crime aurait pu s'être introduit pour attaquer des êtres sans défense, je fus obligé de chercher dans la volière elle-même l'Hérode de ce nouveau massacre des innocents. Ce ne pouvait être qu'un des plus grands oiseaux avec lequel la mère ne fût point de force à soutenir une bataille. Ce ne pouvait donc être la timide caille, encore moins le merle — le gardien de la paix et du bon ordre; restait le sansonnet. Mes soupçons tombèrent d'autant plus fortement sur lui, qu'il avait déjà fait une première tentative de perturbation sur la paisible chambrée. Il se pouvait que ses ailes eussent repoussé depuis ce temps-là et qu'il eût quitté le plancher de la salle. Malgré ses protestations d'innocence, il fut arrêté et condamné à la prison préventive. Mis sous clef, il fut obligé de contempler en silence les joies du ciel répandues de nouveau sur le couple des grives et que, cette fois du moins, il ne pouvait plus troubler.

Après trois semaines, cinq jeunes cous sortirent du nid en s'étendant vers la nourrice; mais les tendres soins de l'amour maternel furent encore traversés, cette fois, par une catastrophe. Le matin du second jour, il n'y avait plus que trois jeunes dans le nid; l'après-midi,

il n'y en avait plus qu'un. Je me cachai et guettai l'état
des lieux à travers un trou de la porte, bien résolu à ne
point me retirer que je n'eusse découvert la cause de
cette mystérieuse disparition des jeunes. Je n'eus point
longtemps à attendre ; car je vis... quoi ?

C'était le père lui-même de ces oiseaux qui, poussé par
une soif sanguinaire et par un sentiment dénaturé, détrui-
sait avec rage sa progéniture. Après un rude combat, il
chassa la mère du nid, et, avant que je pusse courir au
secours de cette infortunée, il avait étranglé et mis en
pièces le dernier qui restât de la famille.

Il est heureux que la peine de mort n'ait point été
introduite dans l'État des oiseaux ; car, autrement, un
meurtre juridique eût été commis sur la personne du
pauvre sansonnet, et la justice humaine aurait une erreur
de plus à déplorer. Les choses étant comme elles étaient,
on pouvait, du moins, offrir quelque réparation à l'oiseau
emprisonné sur de fausses indices. On le mit en liberté
et, comme l'enfant prodigue, il trouva un banquet servi
pour fêter son innocence ; le veau gras consistait en une
douzaine de vers qu'il mangea d'un bel appétit.

Le vrai coupable, l'infanticide, fut, comme de juste,
mis au cachot et prit la place de l'innocent faussement
accusé. Mais l'épouse miséricordieuse, — après avoir
pleuré pendant quelques jours, le meurtre de ses enfants,
— attendrie et séduite par les promesses de repentir que
lui fit son mari, demanda elle-même son élargissement.
— Je la vis qui cherchait à ouvrir au coupable les portes
de la prison.

La grive est intéressante par elle-même, mais aussi
par l'association des faits et des idées qui se rattachent
au passage de cet oiseau. Son arrivée annonce ce
changement de couleur qui fait de septembre le mois des

peintres. L'automne a déjà répandu ses teintes rouillées sur la verdure des forêts, des vergers et des broussailles. Une vague mélancolie s'étend sur les collines et les vallées si riches de tons, si mêlées de contrastes. L'automne est souvent dans nos climats la seconde jeunesse de l'année, mais c'est une jeunesse triste et pensive, à laquelle le chant de la grive prête des notes douces, brèves et qui conviennent bien à la nuance générale du paysage.

LE MERLE

Le merle est assez commun pour que je me croie dispensé de le décrire. Le plumage noir de cet oiseau et la couleur jaune foncé de son bec le font reconnaître à distance. Actif et doué d'une vue perçante, il ne se laisse pourtant pas découvrir aussi souvent que la grive : durant le jour, il se cache dans les couverts les plus épais. Mais, le soir et de bonne heure dans la matinée, il sort et rôde sur les terres basses et humides pour y chercher sa nourriture.

Quoiqu'il séjourne et niche près des endroits habités, il est défiant et se tient sur le qui-vive. Quand il est en train de chanter sur un buisson bas, il cesse son chant dès qu'il entend un pas s'approcher; il se plonge alors dans le buisson, glissant entre les branches avec la plus grande facilité et se frayant un chemin à travers les feuillages les plus serrés. Dans les endroits, pourtant, où les merles ont été longtemps encouragés par l'absence de danger, ils semblent perdre quelque chose de leur caractère sauvage et ombrageux.

Cet oiseau est un hôte fréquent et bien venu dans les districts cultivés. Il se multiplie en raison de l'accroissement que prend le travail des champs. Dans les endroits où les légumes et les fruits croissent en abondance afin de pourvoir aux besoins de quelque ville voisine, vous êtes sûr de trouver aussi les merles en abondance. Si le jardinier étudie ses propres intérets, il encouragera ces oiseaux, au lieu de les chasser ou de les exterminer; car ils nettoient le terrain en détruisant un nombre surprenant de colimaçons et de limaces. Beaucoup de plantes de choix se trouvent ainsi sauvées de leurs véritables ennemis par l'intervention des merles.

Cette vérité d'histoire naturelle commence à être admise par les agriculteurs. Si vous vous promenez dans les allées des jardins du Middlesex, vous serez frappé du grand nombre des merles et de l'activité de leurs travaux. Ce spectacle est réjouissant. On pourrait s'imaginer que ces oiseaux ont conscience de leur utilité. Ils savent — j'aime, du moins, à le croire — qu'ils rendent d'aussi importants services que les ouvriers occupés près d'eux aux travaux de la terre, tant ils se montrent familiers! Ils se soucient peu [des épouvantails que l'on place çà et là pour intimider les autres oiseaux. Aucun animal n'aime le bruit du fusil; mais ces merles, rassurés par le sentiment du bien qu'ils font à l'homme, semblent moins effrayés que les autres oiseaux par les décharges des armes à feu.

Le merle vit solitaire, excepté durant la saison des amours. Cette saison pour lui commence de bonne heure et il n'est pas très-rare de voir des petits de cet oiseau au commencement de mai. L'endroit choisi pour construire le nid est un épais buisson, un mur recouvert de lierre ou un arbre. Si ces oiseaux veulent commencer leurs travaux, avant que les arbres et les buissons leur offrent aucun couvert, ils font quelquefois leur nid dans une touffe de longues herbes, près d'un arbre ou d'une haie. Ce nid est formé de mousse, de lichen et de petites racines, maçonnés avec de l'argile ou de la boue et doublé des matières les plus douces qu'ils puissent trouver.

Le père et la mère travaillent durement jusqu'à ce que le berceau, destiné à recevoir la vie, soit achevé. Ce petit chef-d'œuvre est généralement fait dans l'espace d'une semaine. La femelle y dépose alors quatre ou cinq œufs d'une couleur bleu-verdâtre avec des taches de rouille. Elle couve très-assidûment, et le mâle lui apporte la nourriture ; quelquefois même il partage avec elle, en alternant, les travaux de l'incubation. On trouve, de temps en temps, des nids de merle très-près des maisons. On a même vu de ces oiseaux conserver leur position sur le nid quand des êtres humains se trouvaient à quelques mètres de distance, et, qui plus est, se laisser prendre plutôt que de quitter leurs œufs. Il n'en est pas de même dans les pays de bois, qu'affectionnent, d'ailleurs, les merles : ils s'y montrent extrêmement farouches, et il est difficile de trouver leur nid. Dans tous les cas, ils se montrent jaloux des intrus et abandonnent leurs œufs ou même les mangent s'il arrive que ces œufs aient été touchés. On les a vus aussi détruire leurs jeunes si on les dérange au moment où les œufs viennent d'être couvés.

Les jeunes merles sont gros mangeurs et tiennent sans cesse leurs parents en haleine par leur joyeux appétit. Un grand nombre de chenilles et de vers sont apportés au nid, et la famille prospère ainsi, alimentée par cette

nourriture qui lui convient. Aussitôt qu'ils sont capables
de pourvoir à leurs besoins, les jeunes se séparent les
uns des autres et de leurs parents. On les voit alors
chercher eux-mêmes leur vie dans les endroits où les
colimaçons et les insectes abondent; ils ajoutent à ce
regime diététique toute sorte de baies et de fruits. Or,
c'est précisément ici que le merle commence à se faire
des ennemis. Il commet, à coup sûr, des déprédations
étendues sur les arbres fruitiers; mais il ne faut pas
perdre de vue les services que rend cet oiseau, et, si l'on
pèse le bien et le mal, on trouvera que la balance incline
fortement en sa faveur.

Les merles ont deux ou trois couvées dans la belle
saison, selon la nature des lieux et du paysage. Dans les
parties froides de la contrée ou dans les étés tardifs, ils
peuvent n'avoir qu'une couvée; dans ce cas, le chant ne
commence point avant que la saison soit très-avancée.
Dans les endroits, au contraire, où ils ont deux ou trois
fois des petits, le chant se continue pendant tout l'été.
A la fin des beaux jours, la mue commence, et cette mue
est si complète, qu'on a souvent vu alors des merles
avec la tête entièrement déplumée.

En général, le plumage du merle est propre et agréable,
lisse et lustré, et l'oiseau aime à se baigner fréquemment.
Le voisinage des lacs ou des rivières au cours lent est
pour cette raison le rendez-vous favori des merles. C'est
là qu'on peut étudier leurs mœurs, surtout s'il se trouve
des boissons et des haies pour leur donner abri.

Vers la fin de l'automne, le merle cesse de chanter et,
en général, il se prépare à émigrer. Il y a pourtant beaucoup de ces oiseaux qui restent pendant l'hiver juchés
dans les haies et dans les endroits couverts. Ils viennent
souvent dans les jardins chercher des escargots parmi

les groseilliers et les framboisiers. Ils se nourrissent aussi des baies de l'aubépine, du houx, du lierre. Durant les hivers très-durs, ces oiseaux consentent à se mêler à la foule mendiante des moineaux francs et des rouges-gorges qui voltigent autour de nos fenêtres au pourchas de la nourriture. Lorsque, enfin, le froid est excessif, plusieurs des merles périssent; mais il faut des hivers bien rudes pour affecter ces oiseaux à vie dure.

Pris jeune, le merle s'apprivoise aisément; il apprend à siffler des airs et même à contrefaire la voix humaine. Il existe une coutume barbare qui consiste à crever les yeux de ces oiseaux avec un fer rouge pour accroître, par l'ennui, la captivité et les ténèbres, leurs dispositions musicales.

LE BEC-FIN DE MURAILLE

Je découvris, un jour, dans un trou du mur de mon jardin un couple de becs-fins (*sylvia phœnicurus*). Le mâle se tenait constamment perché sur un arbre près de l'endroit où était le nid ; il faisait entendre son chant plaintif et bavard lorsqu'il voyait un objet capable d'exciter ses alarmes. Je mentionne cette circonstance parce que son attention envers sa compagne m'avait particulièrement intéressé; je les guettais donc l'un et l'autre avec le plus grand soin.

Deux ou trois jours après les avoir découverts, je fus

témoin d'une scène qui me frappa. La femelle était en train de couver, lorsque le mâle, perché dans son poste ordinaire, fut, à ma grande douleur, atteint par une pierre que lui jeta un passant désœuvré. La familiarité du bec-fin avait tenté la main de ce brutal. Je vis l'oiseau tomber mort.

Me rendant le lendemain sur les lieux, je fus extrêmement surpris de voir un bec-fin mâle huché sur le même arbre d'où la veille l'autre avait été abattu. Comme je m'approchais du nid, l'oiseau s'envola avec des signes évidents d'inquiétude. Je mis ma main dans le nid et la femelle s'esquiva de même.

Je n'ai qu'un fait à ajouter, c'est que les œufs furent couvés et le père adoptif (car tel était certainement son rôle) aida la mère — comme font ordinairement les oiseaux mâles — à élever la jeune famille. Ce détail de mœurs me toucha plus que je ne puis dire : l'époux en secondes noces, qui n'avait connu du mariage que les devoirs et les charges, dut être béni par la nature.

LE ROSSIGNOL

Quel est cet oiseau qui vient de la terre des roses et des acacias, des heureux pays où le myrte et le magnolia mêlent leur feuillage, leur parfum et leur beauté? Son arrivée dans la Grande-Bretagne annonce que l'orme et le cognassier, l'aubépine, le pommier et le cerisier sont en train de revêtir leur robe verte; que, parmi les vieilles ruines et les tas de pierres, croissent le pissenlit et la matricaire, la cynoglosse et la giroflée. Cet oiseau est le rossignol, enfant des brillants climats, qui habite en toute saison les bosquets de la Perse, de la Chine et du Japon, mais qui aime à errer au loin, et qui console de son chant les vallées mêmes de la Suède et de la Sibérie. Au cœur de plusieurs, il réveille les pensées de l'exil ; « pensées trop amères et trop profondes, dit un écrivain anglais, pour qu'elles coulent en une rosée de larmes. »

Il semble étrange que les tièdes brises du Devonshire et les myrtes qui fleurissent en plein air, les vallées pleines de repos et de beauté, les clairs ruisseaux murmurants à travers les vertes plaines, n'aient point de charme pour ce ménestrel de la nature.

« Cet oiseau fait son apparition dans nos contrées vers le milieu d'avril. On le trouve dans les comtés de Sussex, de Hamp, de Dorset, et dans les parties est du Devonshire, sur la ligne des côtes. Il a été entendu à Tynemouth et à Exmouth, mais pas plus loin à l'ouest dans cette direction. Dans le nord du Devonshire, il a chanté à Barnstaple, mais non dans le Cornouailles, ni dans le pays de Galles. Un Anglais de Gower s'était procuré du Norfolk et de Surrey une vingtaine de jeunes rossignols dans l'espérance que ces oiseaux, ayant fait connaissance avec ses beaux bois et avec la nature douce du climat, reviendraient l'année suivante ; pas un seul d'entre eux n'y retourna. Deyer, dans son *Grongar-Hill*, fait du rossignol un compagnon de sa muse dans la vallée du Towly ; mais c'est une licence poétique : cet oiseau n'a jamais été entendu dans cet endroit-là. On ne l'a vu jusqu'ici dans aucune partie de l'Écosse ni de l'Irlande. »

Ainsi s'exprime Jarrel. Tous ces faits sont exacts ;

mais il reste à chercher la cause de cette présence si
limitée du rossignol dans nos îles Britanniques. « Toutes
les localités où le rossignol se fait entendre, ajoute
M. Raspail, sont rangées à la file les unes des autres sur
les bords de la Manche et ne dépassent point le 51° de
latitude : on peut donc les regarder comme isothermes. »
Cette zone de température serait-elle la limite des migrations du rossignol au delà des mers ? On serait tenté de
le croire ; mais cette circonstance n'en est pas moins de
nature à provoquer notre étonnement quand on songe
que le rossignol se fait entendre dans le reste de
l'Europe, bien plus loin vers le nord — en Norvége, par
exemple. Si c'est, d'ailleurs, la température seule qui
borne les excursions du rossignol, comment se fait-il
qu'il chante dans la Sibérie et qu'il ne chante pas dans
le sud du Cornouailles ?

Le rossignol habite l'Europe ; on l'a aussi trouvé dans
quelques parties de l'Asie et de l'Afrique. Quand l'hiver
approche, il quitte les régions tempérées et se retire dans
des contrées plus chaudes. Sonnini a observé l'arrivée des
rossignols dans la basse Égypte durant l'automne ; il les a
vus pendant l'hiver dans les plaines fraîches et souriantes
du Delta ; il a aussi été témoin de leur passage dans les
îles de l'Archipel. Le rossignol est commun dans quelques
parties de l'Asie Mineure ; là, il ne quitte jamais les bocages qu'il a choisis pour sa demeure. Ces oiseaux se
rencontrent en grand nombre sur les côtes de la Barbarie ; ils y abondent surtout dans le temps de l'année où
ils ont tout à fait disparu des contrées du Nord. L'instinct
de la migration est si fort chez le rossignol, que ceux de
ces oiseaux tenus en captivité témoignent une grande
agitation, surtout pendant la nuit, aux époques où l'espèce s'éloigne de nos climats. Le départ et le retour des

rossignols sont déterminés non-seulement par les changements dans la température de l'année, mais aussi par
l'abondance ou la disette de la nourriture.

Lorsqu'ils passent à travers les contrées qui leur sont
étrangères, — sur la route qui s'étend de leur résidence
d'hiver à leur résidence d'été, — ces oiseaux ne chantent
point. C'est seulement dans la saison du nid et des
amours, quand ils élèvent leurs petits, qu'ils font entendre leurs mélodies enchanteresses. Il est donc permis
de croire que le rossignol célèbre, dans ses brillantes can-
tates, les joies de la famille et de la maternité.

Tout a été dit sur les facultés musicales de cet oiseau.
C'est le chantre par excellence de la nature. La voix de
cet artiste est, d'ailleurs, plus riche dans certains pays
que dans d'autres contrées. Les rossignols de Perse, de
Caramanie, de Grèce, chantent mieux que les rossignols
d'Italie ; ces derniers ont plus de talent comme vocalistes
que les rossignols de France et ceux-ci valent mieux que
les rossignols d'Angleterre. Son échelle de notes chroma-
tiques décroît ainsi avec la température. Le chant — du
moins chez les oiseaux — est un fils du soleil.

Le rossignol ne se montre jamais si bien inspiré que
par le printemps. Quoique cet oiseau se fasse quelquefois
entendre en automne et même en hiver, c'est toujours au
milieu de la naissante verdure de nos bois, de nos prairies et de nos bocages que sa voix répand au loin, dans
le silence des nuits, les effusions de son cœur.

Souvent, au milieu des solitudes les plus sauvages de
la nature, on entend le chant du rossignol qui s'élève
au moment où tout est tranquille ; il commence sur un
ton bas et timide, comme s'il préludait à ses glorieuses
roulades en essayant le pouvoir de sa voix. Écoutez. Le
son s'étend et grossit par degrés ; il éclate en intonations

brillantes et sonores. Quoique coulant encore avec une grande fluidité, il s'affaisse ; vous n'entendez plus qu'un doux murmure. Puis il se relève avec une force croissante. Le musicien semble encore une fois accablé par l'émotion, il adoucit, en les versant à flots, les notes de la joie et de l'amour. L'auditeur ose à peine respirer, dans la crainte de perdre quelque chose de cette riche mélodie, tantôt profonde, tantôt gracieuse, et qui trouve un écho dans les sentiments les plus cachés de notre cœur. Maintenant une pause, durant laquelle vous entendez le gazouillement du ruisseau et le bruit du vent de nuit à travers les feuilles. Le chant éclate de nouveau, plus riche, plus plein, plus splendide que jamais et ouvre pour l'homme des perspectives infinies dans le monde idéal.

Cet oiseau peut très-bien s'élever en cage. J'en ai connu un que son maître nourrissait avec de la viande hachée menu, des œufs et du pain ; mais le rossignol captif préférait à tout cela les insectes — surtout les vers de farine. — A la vue d'un pot de terre dans lequel le maître conservait ces friandises, l'oiseau clignait de l'œil, prenait un air caressant et témoignait sa joie. Le rossignol chante en cage ; mais le chant de la captivité a, le plus souvent, quelque chose de court et de triste. A ce musicien de la nature, il faut la liberté, le silence, le bocage, la nuit attentive, les étoiles, les émotions douces de la vie et la majesté de la solitude.

Il y a pourtant des exceptions. « En 1802, dit Symes, j'étais à Genève, dans la résidence d'un de mes amis, entourée par des jardins et des forêts, à environ trois milles de la ville, au milieu d'un paysage tranquille et solitaire. On entendait à quelque distance le murmure du Rhône. Là, par une belle soirée tranquille, durant laquelle l'air était suave et embaumé, comme les fenêtres de la maison étaient ouvertes, et que le feuillage des arbres se détachait en noir sur le clair de lune , nous entendîmes deux rossignols chanter admirablement, — pas mieux toutefois qu'un rossignol que nous avions entendu au bas d'un escalier dans un cellier obscur, à Édimbourg. C'était un endroit semblable à celui que décrit Walter Scott dans *l'Antiquaire;* pas de fenêtre et pas de lumière. Il sortait de la porte ouverte une atmosphère chargée de fumée de tabac et de vapeurs alcooliques. Là logeaient où se réunissaient les voituriers et les portefaix. Les têtes de ces hommes se trouvaient presque en contact avec la cage, suspendue au pied de l'escalier, — et dans laquelle était l'oiseau. Eh bien, ce rossignol chantait, au milieu de tout cela, avec une voix aussi suave et avec autant d'ardeur que le rossignol de Genève. »

Cet oiseau est naturellement timide et réservé ; il arrive et part seul. A son arrivée, il reste d'abord dans les haies et les buissons sur la lisière des terres cultivées, où il peut se procurer une nourriture abondante ; mais, aussitôt que les grands arbres sont recouverts de feuilles, il se retire dans les bois. Il choisit généralement le voisinage de quelque ruisseau. Là, le mâle a d'ordinaire, près de son nid, deux ou trois arbres favoris; sur l'un ou l'autre de ces arbres, il chante constamment durant la période de l'incubation et il ne laisse approcher de ce lieu sacré aucun autre oiseau de son espèce.

Le rossignol commence, le plus souvent, son nid vers les premiers jours de mai. Ce nid est formé avec des roseaux grossiers et des feuilles de chêne sèches à l'extérieur, — et, à l'intérieur, avec des crins de cheval, de petites racines et du poil de vache. L'oiseau le place près de terre, dans des broussailles, au pied d'une haie — ou sur les branches basses de quelque arbuste touffu. Ce nid est si légèrement construit, que la moindre tentative faite pour le déplacer l'expose à tomber en pièces. La femelle y dépose quatre ou cinq œufs d'une couleur brun-verdâtre. Le mâle nourrit la femelle pendant que cette dernière couve. Les petits ont le corps couvert de plumes après une quinzaine de jours, et ils quittent le nid avant d'être en état de voler. On les voit alors suivre leurs parents aussi bien qu'ils peuvent en sautant de branche en branche. Lorsqu'ils sont tout recouverts de plumes, la femelle les confie aux soins de son époux et se met à construire un nouveau nid pour la seconde couvée.

Le rossignol est un oiseau doué de proportions élégantes, mais son plumage n'a rien d'attrayant. La nature n'a pas voulu donner tout à un seul. Pour se consoler de la tristesse de ses couleurs, il a reçu la plus merveilleuse voix de la création. Il est rare que la beauté du plumage réponde chez les oiseaux à la beauté du ramage, et le renard, en s'adressant au corbeau dans les termes que vous savez, s'est montré non-seulement un flatteur, mais encore un mauvais naturaliste.

L'OISEAU MOQUEUR

Cet oiseau, originaire de l'Amérique, a fixé l'attention des plus anciens voyageurs par la variété de ses notes naturelles et par la beauté de sa voix, mais surtout par le talent extraordinaire qu'il montre pour imiter les cris des autres hôtes de la forêt. Il emprunte le langage de tous les animaux — depuis le loup jusqu'à la corneille.

Selon Fernandez, Nicremberg et Hans Sloane, l'oiseau moqueur ne se contente point d'imiter les sons, ni de les reproduire comme ferait un écho, il leur donne encore une grâce et une suavité qui manquaient à l'original. Les Mexicains l'ont surnommé, pour cette raison, l'oiseau des quatre cents langues.

Ces écrivains font aussi un récit extraordinaire de l'action qu'il mêle au chant : il accompagne les notes de mouvements mesurés qui expriment des émotions diverses et successives.

Pennant nous assure avoir entendu lui-même un oiseau moqueur en cage qui imitait le miaulement du chat, le son criard d'une enseigne par les grands vents, — et la voix de tous les autres oiseaux, depuis le cri de l'aigle jusqu'à celui du colibri. Non content de chanter, il dansait et jouait toute sorte de pantomimes.

Le plumage de l'oiseau moqueur n'a rien de brillant, et cet oiseau passerait inaperçu dans la nature, n'étaient ses étonnantes facultés de musicien et de mime. L'aisance, la rapidité, l'élégance de ses mouvements, l'animation de son œil, l'intelligence qu'il déploie en écoutant et en répétant les leçons des autres oiseaux chanteurs, toutes ces qualités sont vraiment surprenantes et lui marquent une place à part dans le monde des créatures ailées. A ces qualités mimiques, il ajoute une voix pleine, forte, musicale et solennelle, capable de toutes les modulations. Tantôt il attire les femelles des petits oiseaux en imitant la voix de leur mâle, tantôt il les terrifie en poussant le cri de l'aigle.

Dans ses bocages naturels, monté sur le faîte d'un haut buisson ou d'un arbre — aux heures de l'aube et de la rosée — au moment où les bois résonnent déjà du chant des autres oiseaux vocalistes, son chant à lui s'élève et défie toute concurrence. L'oreille n'entend plus que sa musique, et les autres voix ne figurent plus dans le concert qu'à titre d'accompagnement.

L'oiseau moqueur perd peu de la puissance et de l'énergie de sa voix dans la captivité. Les Américains l'élèvent avec soin et le regardent comme sacré. Dans l'état domestique, il est impossible de l'entendre sans intérêt. Il siffle le chien : César se lève, remue la queue et court vers son maître. L'oiseau moqueur contrefait le serin de la maison, mais avec une supériorité d'exécution si évidente, que le chanteur, mortifié, se condamne lui-même au silence. Lui semble triompher de la défaite de son camarade et redouble ses octaves.

Audubon fait un parallèle entre l'oiseau moqueur et le rossignol. « Quelques écrivains, dit-il, ont représenté le chant du rossignol comme égal à celui de notre oiseau moqueur. J'ai souvent entendu l'une et l'autre espèce, — dans l'état de captivité et dans l'état sauvage — et, sans aucun préjugé, je n'hésite point à dire que la voix du rossignol ressemble à celle d'une *soubrette*, qui, ayant étudié sous un Mozart, arriverait peut-être avec le temps à chanter d'une manière intéressante. Mais comparer ces essais au talent accompli de l'oiseau moqueur, c'est, d'après mon opinion, une absurdité. Les bons chanteurs, parmi cette dernière espèce, coûtent souvent un prix élevé; ils vivent longtemps et sont d'agréables compagnons. J'ai entendu dire qu'ils avaient la faculté d'imiter la voix humaine, mais je n'en ai jamais rencontré d'exemple. »

LE ROUGE-GORGE

Un singulier exemple d'affection a été donné par ce petit oiseau. Un gentleman de mon voisinage avait fait préparer une de ses voitures avec des paniers d'emballage et des caisses qu'il voulait envoyer à Worthing, où il devait se rendre lui-même. Le voyage fut différé de quelques jours, puis de quelques semaines : en conséquence, il fit placer le chariot, tout arrangé, sous un hangar, dans la cour. Pendant que le susdit chariot remisait sous le hangar, un couple de rouges-gorges fit son nid entre la paille qui se trouvait protéger les objets d'emballage. Ces oiseaux avaient couvé leurs œufs un peu avant que le chariot se mît en route. La mère, nullement effrayée par le mouvement de la voiture, quittait seulement son nid de temps en temps pour voler vers la haie voisine, où elle cherchait à manger pour ses petits, leur apportant ainsi, tour à tour, la chaleur et la nourriture. Le chariot et le nid arrivèrent à Worthing. L'affection de l'oiseau avait été remarquée par le charretier : il eut soin en déchargeant de ne point maltraiter le nid de rouges-gorges.

Mes lecteurs apprendront, je crois, avec plaisir que la mère et les petits retournèrent sains et saufs à Walton-Heath, l'endroit d'où ils étaient partis. La distance que la voiture avait parcourue en allant et en revenant, n'était pas moindre de cent milles. Un tel acte de dévouement mériterait le prix Montyon, si la nature distribuait des prix, et si la récompense de leurs bonnes actions n'était dans le cœur des oiseaux.

Le rouge-gorge est l'ornement de nos haies, la joie de nos jardins, et l'un de nos plus charmants visiteurs d'été. Dans nos campagnes, il passe pour un oiseau de favorable augure ; le nid du rouge-gorge porte bonheur à la maison.

CONIROSTRES

Cette subdivision des passereaux embrasse une famille d'oiseaux plus ou moins distinctement marquée par la forme conique du bec.

On distingue parmi eux :

Les chardonnerets ;

Les oiseaux de paradis ;

Les corbeaux.

Des grains et des semences forment la principale nourriture de cette tribu ailée ; quelques-uns de ces oiseaux se nourrissent pourtant de chair, et les autres d'insectes.

LE CHARDONNERET

Nous sommes au mois de mai. Le chant du chardonneret a maintenant atteint la perfection ; mais, plus encore que son talent de vocaliste, le plumage brillant de cet oiseau et ses manière vives, alertes, charmantes, l'ont fait estimer des connaisseurs.

Le chant du chardonneret est sauve et mélodieux, mais il n'est pas si riche ni si varié que celui de certains oiseaux. Il subit, dans le cours de l'année, peu d'interruptions : ce chanteur ne se tait que durant la mue.

On instruit cet oiseau — mais non sans peine — à imiter le chant de la linotte et du serin. Il est très-docile et, avec de l'attention de la part du maître, il répète les sons qu'on joue sur le flageolet ou s'approprie les notes des autres oiseaux. Je me demande seulement si cela vaut les peines qu'on se donne pour substituer des mélodies artificielles à la musique agréable et naturelle du chardonneret. On lui a souvent appris d'autres tours de force qui ne rehaussent en rien à mes yeux la valeur de cet oiseau. J'en ai vu, par exemple, qui mettaient le feu à la lumière d'un petit canon ou qui contrefaisaient le mort.

Ce n'est point le chardonneret savant que recherche l'amateur de la nature ; c'est le bel oiseau heureux, libre, folâtre, dont le plumage doré reluit aux rayons du soleil.

Le chardonneret se rencontre en Angleterre dans tous

les endroits où il trouve une nourriture convenable. Il est aussi commun dans le reste de l'Europe, où il fréquente les jardins, les vergers et les pays montagneux, si ces pays sont, en partie du moins, cultivés. En automne, les chardonnerets se rassemblent par groupes et visitent les districts où abondent les chardons. Là, ils travaillent avec la plus grande ardeur ; je veux dire qu'ils dévorent les semences de la plante. Ce travail rend un grand service aux fermiers.

La principale nourriture des chardonnerets consiste en graines de plantes qui sont nuisibles dans les champs de blé et les pâturages. Ils méritent donc la protection de l'agriculteur éclairé. On dit que ces oiseaux se tiennent dans les mêmes gîtes l'hiver et l'été : il est pourtant certain que, dans quelques parties de l'Angleterre, une émigration partielle a lieu. Dans le Derbyshire, par exemple, on assure qu'on ne voit presque point de chardonnerets, à partir du milieu de l'automne jusqu'au printemps suivant. Avant la fin d'avril, ils reparaissent et bientôt ils se montrent très-abondants.

Le nid du chardonneret est construit avec soin et avec art. Ce nid se trouve souvent placé parmi le feuillage des arbres toujours verts ou sur les faibles branches au haut des arbres de verger. Les matériaux qui servent à construire ce berceau procréateur sont ceux que l'oiseau a sous la main — ou sous la patte. Les mousses, les lichens, les brins d'herbe, les baguettes grêles et délicates se trouvent entrelacés de manière à former la carcasse de l'ouvrage. Tout cela est doublé de laine, de crin, de duvet, de saule, etc. Pour montrer que cet oiseau choisit les meilleurs matériaux qui soient à portée de ses recherches, un naturaliste raconte le fait suivant : deux chardonnerets avaient formé la charpente de leur nid avec de la mousse et des herbes sèches. Le naturaliste étendit, sur ces entrefaites, de la laine dans le jardin ; les deux oiseaux cessèrent alors d'employer les autres matériaux et mirent la laine à contribution. Le lendemain, il leur donna du coton, et, le troisième jour, il leur fournit du duvet. Or, à chaque fois, il reconnut que ces petits architectes prenaient les nouveaux matériaux et les portaient sur le chantier de travail, abandonnant les anciens, au fur et à mesure qu'ils trouvaient mieux.

Un exemple de sagacité fut offert par un autre couple de chardonnerets. Ils avaient construit leur nid sur une branche qui était trop grêle pour lui servir de soutien. Lorsque la couvée fut éclose, les parents s'aperçurent que le poids de la famille croissante était trop considérable pour la branche. Cette dernière allait céder. Dans ces conjonctures et pour sauver le nid d'une chute imminente, ils eurent l'esprit d'entrelacer dans la branche pliante une autre branche plus forte qui était à côté d'elle. Enfin, ils consolidèrent le tout au moyen d'une petite baguette qu'ils avaient ramassée.

C'est, d'ailleurs, l'habitude générale des chardonnerets de choisir une branche flexible pour soutenir leur nid, qui, dans ce cas, est littéralement un berceau. Et, cependant, dans les temps les plus tempêtueux, la femelle couve assidûment ses œufs, sans se soucier des cahots violents auxquels elle est exposée. Le mâle est très-attentif et chante tout le temps une chanson à sa femelle, pour charmer les ennuis de l'incubation.

Comme s'il avait la conscience des services qu'il rend, en détruisant les semences du chardon et des autres plantes nuisibles à l'agriculture, le chardonneret se confie à la protection de l'homme et construit son nid près de nos demeures. On l'a vu déployer, dans ce cas, une grande hardiesse. Une cage vide avait été laissée ouverte dans le passage qui servait d'entrée à une maison. Un beau matin, on trouva dans cette cage un chardonneret : il mangeait les graines qu'on y avait placées pour un ancien occupant. On ferma la porte sur l'oiseau ; mais, comme on reconnut que c'était une femelle, on rouvrit la grille de la prison. Au bout de deux jours, elle revint ; on l'enferma de nouveau, puis on la relàcha comme auparavant. Quelques jours après, la femelle revint, accompagnée de son mâle. Elle entra dans la cage et prit sa nourriture comme à l'ordinaire ; mais son compagnon, plus défiant, se tint en dehors des fils de fer, puis s'envola sur un arbre voisin. Plusieurs semaines se passèrent, et l'on avait presque oublié nos oiseaux, lorsque la femelle du chardonneret reparut accompagnée cette fois, non-seulement de son compagnon, mais de quatre jeunes qui avaient acquis toute leur grosseur. Elle pénétra dans la cage et becqueta les graines comme d'habitude, mais elle ne put persuader à sa couvée de suivre son exemple. Enfin, elle prit sa volée, et depuis ce jour-là, on ne la revit plus.

La plupart des chardonnerets tenus en cage ont été élevés en sortant du nid, ou bien ils ont été mis en captivité lorsqu'ils commençaient à peine à avoir des plumes. La cage, d'ailleurs, ne leur convient pas ; ils se montrent inquiets, agités, malheureux. Le seul moyen de les observer, sans demander trop de sacrifices à leurs instincts, est de les placer dans une chambre ou une volière, où ces oiseaux puissent se livrer à leur activité naturelle.

Le chardonneret est un joyeux convive au banquet de la nature. Dans l'état sauvage, il se nourrit de différentes espèces de petites graines, telles que celles du chardon, du pissenlit, de la laitue, du radis, etc. Il lui faut, de temps en temps, des herbes vertes, telles que du cresson de ruisseau.

Quelques naturalistes prétendent que le chardonneret produit trois couvées par an ; mais l'expérience de Bechstein va contre leur opinion. Suivant lui, la femelle produit rarement plus d'une couvée dans l'année, à moins qu'elle n'ait été troublée dans l'accomplissement des devoirs de la nature, et alors le nombre des œufs se trouve diminué. D'après ces conditions, il est facile de conclure que les chardonnerets ne se multiplient guère. Les œufs sont d'un bleu blanchâtre, tachetés de rouge et hachés de raies noires, avec quelquefois un cercle au gros bout.

Une des maladies les plus communes qui affligent les chardonnerets est l'épilepsie.

Le chardonneret a le sentiment de la propreté : il aime à se baigner et à se lustrer. Ces oiseaux deviennent aveugles dans un âge avancé et perdent leurs belles couleurs ; mais, avec des soins, on peut les conserver seize et même vingt années. Le plumage, au lieu de prendre une nuance foncée, comme cela arrive communément chez les oiseaux, devient tout blanc.

Le chardonneret a beaucoup d'ennemis. La situation du nid l'expose souvent à devenir la proie des chats ; la beauté et la valeur de cet oiseau le désignent à l'œil et à la main des enfants, ces impitoyables dénicheurs. Le chardonneret est très-recherché en Angleterre comme ornement des cages et des volières ; un beau mâle se vend volontiers de cinq à six schellings.

Ces oiseaux s'apprivoisent dans certains cas et deviennent quelquefois familiers. En voici un exemple : Madame *** avait un chardonneret qui ne la voyait jamais sortir sans faire de grands efforts pour quitter sa cage et pour la suivre. Il saluait le retour de la maîtresse par tous les signes d'une extrême joie. Aussitôt qu'elle approchait, mille petites actions témoignaient le plaisir et le ravissement de l'oiseau. Lui présentait-elle son doigt, il le caressait longtemps, en faisant entendre un murmure bas et joyeux. Cet attachement était si exclusif, que, si sa maîtresse — voulant l'éprouver — substituait le doigt d'une autre personne au sien, l'oiseau le frappait rudement avec le bec. — Il y a plus : le doigt de la dame, placé entre les deux doigts de la personne étrangère, était aussi reconnu par l'oiseau et caressé en conséquence.

LE PINSON

Le pinson est généralement considéré comme un oiseau pernicieux dans les jardins, et on le traite en conséquence. Il détruit peut-être quelques semences; mais, en revanche, il nous délivre d'une quantité énorme d'insectes. Cette dernière circonstance atténuante plaide contre le dommage qu'il peut causer, sous d'autres rapports, à l'horticulture.

Au commencement de l'été dernier, mon attention fut attirée par un pinson; j'étais dans ma chambre et je le vis rendre des visites répétées à un buisson en fleur (*spartium scoparium*) qui se trouvait en face de ma fenêtre. L'oiseau restait, à chaque visite, un temps considérable dans le buisson et paraissait singulièrement affairé. — Par quoi? C'était la question que je m'adressais.

Il voletait de branche en branche, cherchant et fourrageant dans le feuillage avec son bec. Je soupçonnai d'abord que l'objet de son occupation était le pillage de la semence jeune et douce, qui se présentait sur le buisson dans le même état que se montrent les petits pois sur leurs tiges lorsqu'ils sont bons à cueillir. Après examen, cependant, je trouvai chaque gousse intacte; mais le buisson était rempli d'aphides. C'étaient ces insectes — je m'en suis convaincu — et non les graines qui attiraient ce pinson.

L'oiseau dévorait-il lui-même les aphides, pendant qu'il était dans le buisson ou (comme je serais plutôt porté à le croire) les emportait-il les uns après les autres, pour nourrir une jeune couvée? Il est difficile de se prononcer à cet égard; mais, en tout cas, un immense nombre d'aphides dut être détruit par ces visites répétées.

Si cette observation pouvait contribuer à la sécurité du pinson, je me trouverais heureux d'y avoir employé quelques heures. — Laissez vivre en paix ce charmant oiseau!

LE SERIN

Cet oiseau si répandu dans tous les pays de l'Europe, cet hôte favori de nos cages, est pourtant un étranger. Ce fut sous le règne d'Élisabeth — il y a environ trois siècles — qu'il fut introduit en Angleterre, à peu près en même temps que le brugnon, la pomme de terre et le dindon. Les serins étaient d'abord si rares et d'un prix si élevé, que les riches seuls pouvaient les acheter. Ils venaient des Canaries, un groupe d'îles dans l'océan

Atlantique. Le désir de les avoir dans les volières se répandit bien vite, et, peu de temps après, les Espagnols trouvèrent dans la vente de ces oiseaux une branche de commerce profitable. Ordre fut même donné ou de détruire toutes les femelles qu'on prendrait ou de leur rendre la liberté, afin que la race restât confinée dans ces îles.

Dans leur patrie, les serins sont des oiseaux qui volent peu; on ne les a jamais vus émigrer. L'homme a profité de cette circonstance favorable pour les tenir en cage, où ils se reproduisent aisément et où ils se montrent assez indifférents à la liberté.

Le rossignol est le chantre des bois et des bocages; le serin est le chantre de la chambre. Cet oiseau fait aujourd'hui partie de la vie domestique. Il est l'amusement de nos ladys, il est la joie et la consolation de la grisette. Il jette un rayon d'or et un peu de musique sur les plus pauvres ménages. Retrancher le serin, ce serait enlever une innocente distraction aux familles pauvres qui, sous leur triste toit, ont besoin d'entendre chanter une des voix de la nature.

J'ai observé par moi-même que, lorsque quatre ou cinq de ces oiseaux étaient réunis dans une même cage, il y en a toujours un qui domine les autres; si vous enlevez ce petit sultan, un autre exerce à son tour l'autorité; enfin, si vous séparez celui-là, il sera remplacé par un autre, et toujours ainsi jusqu'à ce qu'il ne reste plus qu'un mâle et une femelle — lesquels font ensuite bon ménage.

Cet oiseau est, d'ailleurs, si commun et si connu, qu'il est inutile de décrire ses mœurs.

Dans nos grandes villes, je me suis toujours arrêté avec attendrissement devant cette petite scène d'intérieur : une jeune ouvrière qui coud et un serin qui s'agite dans sa cage, près de la fenêtre entr'ouverte. L'oiseau rend en chansons le grain de mil que lui donne l'ouvrière. Tous les deux ont appris à se contenter de si peu !

Mais ce n'est point le serin en cage que j'ai particulièrement en vue dans cette monographie. Tous les amateurs d'oiseaux ne sont pas des geôliers. Quelques-uns d'entre eux ouvrent du moins la porte de la cage aux prisonniers et les laissent voler dans une chambre. C'est vraiment une scène délicieuse que de les voir errer çà et là en demi-liberté. Combien alors leurs voix sont agréables ! Comme leurs jeux et leurs exercices mimiques sont grotesques et amusants !

Je puis néanmoins proposer quelque chose de mieux que cela. Que diriez-vous si je vous conseillais d'accorder à ces oiseaux leur liberté en plein air ? Cela peut se faire en vérité ; je l'ai fait moi-même, et les résultats ont surpassé mes espérances.

Un de mes amis, qui réside à seize milles de Londres, possède aussi toute une colonie de serins vivant et se reproduisant en plein air. C'est seulement là qu'on peut voir cet oiseau dans toute sa gloire, dans toute son activité. Il n'y a point de créature ailée qui jouisse mieux que lui de la liberté — et il en jouit si peu souvent !

C'est une erreur de croire que le serin soit un oiseau délicat, et que l'homme lui rende service en l'emprisonnant. Une fois en liberté, il endure le froid et les intempéries de l'hiver aussi bien que les plus forts oiseaux originaires de nos climats. En cage, c'est différent : l'exercice lui étant refusé, il souffre, comme ses maîtres, du mauvais temps.

Je vais maintenant décrire cet eldorado des serins. Je

l'ai vu plus d'une fois et me suis livré, dans mes loisirs, aux sentiments que m'inspirait un spectacle si nouveau, si touchant pour le cœur d'un naturaliste. Cet endroit fortuné est caché, comme il convenait, aux regards indiscrets du public. Entrez dans la maison : vos yeux s'arrêtent tout d'abord sur une vue pitoresque, dont vous pouvez jouir de la fenêtre. Une pelouse verdoyante s'étend avec une pente graduée jusqu'à la lisière d'un large parc, qui s'ouvre sur des perspectives presque illimitées. A la maison se rattache un terrain plein de beaux arbrisseaux de toute espèce et soigneusement entretenu. C'est là que nichent les serins et qu'ils tiennent leurs conférences. Cette forêt d'arbrisseaux s'étend tout autour de la maison. A gauche, — immédiatement au delà du jardin où l'on cultive les fleurs et dans un coin abrité,— est une pièce d'eau ombragée par des arbres. Là, le bétail va s'abreuver; là, aussi, se rassemblent les oiseaux pour jouir de la fraîcheur et des brises attiédies, quand le soleil brûlant les chasse du parc et des champs ouverts.

Tel est le paradis terrestre où demeure cette heureuse famille de serins. Là, ils vivent nuit et jour en parfaite liberté; là, ils construisent leurs nids; là, ils couvent leurs œufs et élèvent leurs petits; là, ils s'ébattent et chantent.

Quelquefois un nid se rencontre par hasard dans un wisteria, immédiatement au-dessous de la fenêtre. Regardez-le si vous voulez; passez votre doigt sur le dos de la mère qui couve : vous ne serez point mal venu. Lorsque les petits ont trois ou quatre jours, regardez-les de même tant que vous voudrez; la mère s'en réjouit, et sa progéniture ne témoigne aucune crainte. Je parle d'après ma propre expérience. C'est vraiment une scène charmante que de voir ces jolies petites créatures de toutes nuances et de toutes couleurs, en train de nourrir leurs jeunes. Et combien les pères jettent dans l'air des flots d'harmonie!

Je ferai observer que les facultés musicales du serin, développées dans un parc ouvert ou dans un bois d'arbrisseaux, ont quelque chose de tout nouveau. Ces voix sont vraiment belles. Vous entendez alors le chant de la liberté, et ce chant arrive à la perfection. Dans une cage, ces oiseaux sont toujours contraints. Ils chantent, c'est vrai; mais leur chant est monotone. Il manque de l'énergie et de l'ardeur qui n'appartiennent qu'aux bardes errants.

Les serins dont je parle jouissent de leurs entrées libres dans la maison; ils mangent à table, ils volent sur les épaules des jeunes ladys, ils sont chez eux. Cependant on sert leur nourriture dans une grande cage qui se trouve placée sur la pelouse et dans laquelle ils entrent par de petites ouvertures. Voulez-vous les retenir, une corde légère, touchée adroitement par une main délicate, ferme aussitôt toutes les issues : ces oiseaux sont vos prisonniers!

Cette colonie existe et prospère depuis plusieurs années : que d'heureux jours j'ai passés à contempler cette image de l'âge d'or! Voilà pourtant ce qu'un peu de tact et une bonne disposition du cœur peuvent accomplir! Il suffit, pour cela, d'un site convenable, d'une retraite tranquille et écartée de la grande route, d'un entourage paisible et de bons voisins. Dans ces conditions, vous pouvez avoir des serins vivant et chantant sur vos terres.

Quand, maintenant, je vois un de ces oiseaux en cage maladif, boudeur, et peu enclin à déployer la richesse

de sa voix, je ne m'en étonne point : si quelque chose
m'étonne, c'est qu'ainsi traité, il chante encore (1).

LE MOINEAU FRANC

Faut-il l'avouer? j'ai un faible pour le moineau commun. Ses couleurs sont pauvres et ternes ; on le traite
généralement avec indifférence, sinon avec mépris ; on
le détruit sans pitié ; les enfants lui coupent les ailes,
le tourmentent ou l'emprisonnent dans d'étroites cages ;
— c'est le souffre-douleur, le prolétaire des oiseaux.

Et, pourtant, la nature veut qu'il y ait des moineaux sur
la terre. Elle les a doués, en conséquence, d'une fécondité merveilleuse, d'une sagacité rare, d'un esprit d'association fraternelle, d'un appétit qui s'accommode de tout,
d'un grand fonds de ruse qui les met, plus ou moins, sur
leurs gardes.

La vie de ces oiseaux fournirait beaucoup d'anecdotes ;
je n'en choisirai que deux :

Une corvette, partie de Newcastle, apportait du char-
bon de terre à Nair, en Écosse. Un jour, on remarqua
que deux moineaux se rendaient au haut du mât, tout le
temps que le vaisseau resta dans le port. Les matelots
mirent à la mer, les deux moineaux suivirent la corvette,
et, l'ayant rejointe, reprirent leur poste accoutumé. On
leur jeta sur le pont des miettes de pain, qu'ils mangèrent de bon cœur ; puis ils remontèrent sur le mât. Le
vaisseau ayant été depuis deux jours en mer, les moineaux devinrent plus familiers et descendirent brave-

(1) Cette étude est empruntée en partie à M. William Kidd.

ment pour recevoir leur nourriture. Le voyage fut long ;
mais, la corvette s'étant arrêtée en chemin, à la hauteur
d'une rivière, — la Tyne, — le nid avec les petits fut descendu délicatement du mât par la main des rudes matelots et mis, en présence du père et de la mère, dans la
crevasse d'une vieille maison en ruine qui se trouvait
sur la rive du fleuve. Les oiseaux continuèrent d'élever
leurs petits.

Une dame de Chelsea était extrêmement amoureuse
d'oiseaux, et elle en élevait un nombre considérable dans
des cages. Parmi eux se trouvait un serin qui était un
favori et qu'elle plaçait en dehors de la fenêtre, dans le
feuillage entrecroisé des arbres qui croissaient devant
la maison. Un matin, pendant le déjeuner de la dame,
un moineau vola autour de la cage, où il se percha, et
engagea avec le prisonnier une sorte de conversation.
Après quelques moments, il s'envola, mais retourna bientôt, portant dans son bec un ver ou un vermisseau. Il
jeta le morceau friand dans la cage et disparut. De semblables cadeaux furent apportés chaque jour et à la même
heure. L'amitié devint, avec le temps, si intime, que le
serin prenait la nourriture dans son bec, du bec même
du moineau.

Cette circonstance attira l'attention des voisins de la
dame, qui avaient été témoins de ces visites quotidiennes,
et quelques-uns d'entre eux, curieux de connaître jusqu'où s'étendrait le bon cœur du moineau, attachèrent
aussi la cage de leurs oiseaux en dehors de la fenêtre ;
le moineau vint nourrir de même ces captifs ; mais la
première et la plus longue visite était toujours rendue
par le moineau à son primitif ami, le serin.

Quoique si familier et si sociable envers ses pareils,
le moineau se montrait extrêmement ombrageux et ti-

mide vis-à-vis de l'homme. Les témoins de ces scènes intéressantes étaient obligés de se tenir à distance et de prendre de grandes précautions ; sinon le moineau s'envolait immédiatement. Ces galanteries se prolongèrent jusqu'au commencement de l'automne, puis elles cessèrent. Était-ce avec intention de la part du moineau, ou bien lui était-il arrivé quelque accident ? — Ici, le chroniqueur se trouve en défaut.

L'OISEAU DE PARADIS

Nous connaissons peu les mœurs de ces oiseaux, si célèbres pour leur beauté. Ils sont presque entièrement confinés dans la Nouvelle-Guinée et dans les îles de l'archipel Indien, habitées par des tribus sauvages avec lesquelles les voyageurs ont noué jusqu'ici très-peu de communications. Les naturels échangent, avec les vaisseaux qui passent le long de leurs côtes, les peaux de ces magnifiques oiseaux qu'ils ont séchées.

On a cru longtemps que les oiseaux de paradis n'avaient point de pattes. Cette erreur tenait à ce que ces animaux n'avaient jamais été vus vivants, excepté, peut-être, lorsqu'ils volent d'une île à l'autre, et à ce que les exemplaires troqués par les indigènes avec les Européens sont sans pattes : on aura sans doute jugé que ces oiseaux faisaient mieux ainsi. Peut-être aussi le merveilleux s'en est-il mêlé : l'homme, ayant trouvé ces oiseaux trop beaux pour la terre (comme l'indique leur nom), a imaginé de leur refuser ces extrémités par lesquelles les autres êtres vivants touchent à notre monde inférieur.

Il est impossible de donner une idée de leur robe : il

faut la voir. Bien peu des plus favorisés, parmi la tribu des êtres à plumage, se montrent capables de rivaliser avec l'oiseau de paradis pour la variété et la singularité des ornements. Quelques ornithologistes ont même accusé la nature de profusion : il est, en effet, difficile de concevoir comment ces oiseaux peuvent voler à travers les branches, sans injurier leur toilette délicate. On assure, pourtant, que, dans leur contrée natale, ils fréquentent les endroits les plus retirés dans les bois les plus épais.

Un seul individu d'une seule espèce d'oiseau de paradis a été vu en cage. C'était celui dont la queue est si estimée comme ornement de tête pour les femmes. Il était en la possession d'un gentleman qui avait à Macao, en Chine, une riche collection des plus rares oiseaux étrangers. L'oiseau de paradis était placé dans une grande cage, car il lui fallait beaucoup de place pour déployer sa fastueuse robe, dont il semblait, d'ailleurs, très-fier. Lorsque les visiteurs s'approchaient de lui, il dansait, comme s'il eût trouvé du plaisir à être un objet d'admiration. Il se lavait deux fois par jour et rejetait alors ses magnifiques plumes jusque par-dessus sa tête. Rien ne semblait le contrarier davantage que la moindre poussière attachée à ses habits. Chaque touffe de plumes était successivement peignée, lissée, visitée avec le bec. Lorsque cette toilette était achevée, il faisait entendre quelques notes croassantes, qui lui étaient habituelles ; puis il regardait fixement les spectateurs, comme prêt maintenant à recevoir leurs hommages.

La nature a généralement attaché à la beauté un sentiment de coquetterie.

LE CORBEAU

Allez où vous voudrez à la surface du monde, et vous entendrez le dur croassement du corbeau. Si loin qu'ait pénétré l'homme dans les régions arctiques, il a vu ce noir oiseau perché sur les rochers nus et regardant les lugubres déserts de neige. Sous le soleil brûlant de l'équateur, il fait sa joie des charognes. Il a été découvert par le capitaine Cook dans les îles de l'océan Pacifique. Et, dans l'extrême sud des régions antarctiques, d'autres voyageurs l'ont trouvé, vivant comme il vit en Angleterre.

Chez nous, on peut l'appeler le héraut de l'année; car, dès la fin de janvier, si le temps est doux, ou, en tout cas, au commencement de février, quelque fidèle ménage de corbeaux (car l'union du mâle et de la femelle est pour la vie) apparaît dans nos îles.

Ce couple conjugal examine l'état des lieux qui l'intéressent : une branche fourchue et inaccessible sur quelque arbre très-haut. Là, le vieux chroniqueur de la paroisse les a vus construire leur nid depuis un temps immémorial. J'ai dans mon voisinage un vénérable établissement de cet ordre. C'est un noble bouleau, à peu près haut de quatre-vingt-dix pieds, placé au centre d'un beau bois, et appelé, de mémoire de vieillard, *l'arbre du corbeau*. A l'une des extrémités de ce bois, une troupe bruyante de choucas était depuis longtemps dans l'habitude d'élever sa progéniture en toute tranquillité. La paix régnait, pourvu seulement que les choucas ne vinssent pas trop près de l'arbre des corbeaux ; — auquel cas, le mâle ou la femelle des corbeaux fondait sur les intrus, et le bois n'était plus qu'une scène de tumulte et de vacarme, jusqu'à ce que les imprudents oiseaux fussent repoussés, chassés. Bien peu, parmi les habitants du village, ont été assez hardis pour escalader les hauteurs de cet arbre fameux : on cite, pourtant, les noms d'un ou deux individus qui ont entrepris cette dangereuse ascension et qui ont enlevé les œufs du nid.

Il y a quelques années, une fermière du voisinage fit tant de complaintes sur le sort d'une couvée de dindonneaux qui s'éloignaient quelquefois de la basse-cour et allaient s'ébattre dans les champs sur la lisière du bois, elle accusa si haut et si éloquemment les corbeaux d'avoir diminué l'espoir de la ferme, que l'un des prévenus fut jugé et exécuté d'un coup de fusil. Il se trouva que c'était la femelle dont les petits venaient, hélas ! d'être couvés et avaient à peine leurs plumes. Pendant un certain temps, le père voleta autour du nid, poussant des croassements sonores et menaçants, à chaque fois que quelqu'un s'approchait. A la fin, il disparut. Ce ne fut néanmoins qu'une absence de deux ou trois jours, à la suite desquels il revint avec une autre compagne. Alors il se passa une étrange scène. Les pauvres orphelins, à moitié morts de faim, furent attaqués, sans pitié, par la marâtre, qui, après les avoir grièvement blessés, les précipita du nid. Deux de ces pauvres victimes furent trouvées au pied de l'arbre, où elles donnaient encore des signes de vie. On les recueillit, et, à force de soins et d'attentions, on réussit à les élever dans le presbytère, à environ un mille du bois.

Quand les jeunes corbeaux eurent des ailes, on leur laissa la liberté ; mais ils quittaient rarement la pelouse et la maison de leur hôte. Ils perchaient sur un arbre, dans la pépinière. Là, ils furent bientôt découverts par leurs parents dénaturés, qui, pendant longtemps, avaient coutume de venir au point du jour et de fondre sur eux avec les cris les plus féroces. Cette antipathie des corbeaux pour leurs jeunes a été considérée par quelques auteurs comme un trait distinctif et général de l'espèce. On a observé que ces oiseaux témoignaient une grande indifférence pour ceux de leurs petits qui tombaient du nid par accident : on assure même que, dans ce cas, ils les dévorent. Je ne veux pas croire que tous les corbeaux manquent du sentiment de la famille : on aura pris quelques faits particuliers à certains individus et on les aura étendus à toute la race. — C'est ainsi que procèdent les naturalistes.

Tout le temps qu'il couve et qu'il élève ses jeunes, le corbeau mérite, au contraire, les plus grands éloges pour la persévérance de son attachement : on l'a vu alors (lui, le plus ombrageux et le plus soupçonneux des oiseaux) mourir plutôt que de quitter son poste. White, le naturaliste de Selborne, parle d'un vieux corbeau perché sur son arbre, et qui défia, avec un courage admirable, les efforts de ceux qui en voulaient à son nid. Plusieurs l'avaient essayé en vain : l'obstacle excita l'ambition de tous les agresseurs, et plus la tâche était difficile, plus il se trouva de mains pour l'entreprendre. Mais, quand ils arrivaient jusqu'à l'oiseau, celui-ci s'élevait sur l'arbre à une si grande hauteur, que les plus hardis grimpeurs se montraient effrayés et étaient obligés d'abandonner l'entreprise comme trop hasardeuse.

Le corbeau avait ainsi construit nid sur nid, s'élevant toujours à mesure qu'il lui fallait chercher plus haut ses moyens de sécurité, jusqu'à ce qu'un jour le bois lui-même fût nivelé. C'était dans le mois de février, et la vieille femelle était sur son nid. La scie et la hache travaillèrent de concert. Les coins furent enfoncés dans les fentes de l'arbre, le bois répéta d'écho en écho les lourds coups de maillet et de massue. L'arbre penchait vers sa chute; mais elle, se tenait encore à son poste. Enfin, lorsque le géant végétal, attaqué de toute part, céda, l'oiseau quitta son nid, et, quoique sa constance méritât un meilleur sort, il fut rudement fouetté par les branches, et tomba mort sur le sol. — Après tout, faut-il plaindre cet oiseau? Quand la patrie tombe, ce qu'on a de mieux à faire, c'est de tomber avec elle.

Cette constance et cette affection pour la couvée ne durent qu'un temps. Lorsque les petits peuvent se passer de leurs parents, les parents les abandonnent et reprennent leur vie indépendante. Les corbeaux ne souffrent point que les choucas — comme nous l'avons vu — empiètent sur leurs domaines; mais eux ne se font point scrupule de marauder outrageusement sur la propriété des autres oiseaux. S'il se trouve une société de freux, dans le rayon de distance visité par les corbeaux, c'est, entre les uns et les autres, une guerre éternelle. Vous le comprendrez aisément, quand vous saurez que les corbeaux cherchent à attaquer les nids et enlèvent les jeunes des freux pour les donner en pâture à leurs propres petits.

Ceux qui, en Angleterre, aiment à entretenir des *freuries*, n'ont pas trouvé jusqu'ici d'autre moyen pour préserver leurs jouissances, que de tuer les corbeaux et de détruire leurs nids. On appelle cela mettre la paix entre ces oiseaux; *ubi solitudinem faciunt, pacem appellant.* Cependant, le corbeau, malgré son courage supérieur, ne l'emporte pas toujours; non-seulement les freux, mais

même les corneilles réussissent quelquefois à le mettre
en fuite. Un de mes voisins entendit, un jour, un grand
vacarme et des cris qui partaient d'un arbre; il s'approcha pour connaître la cause de ce tumulte extraordinaire,
et il ne vit pas moins de trois corbeaux sortir de l'arbre,
poursuivis par une seule corneille, qui les chassa à une
grande distance.

Généralement parlant, les corbeaux sont des oiseaux
solitaires. Il n'y a d'autre société entre eux que celle du
mâle et de la femelle. Dans le nord de l'Angleterre, où
ils abondent, on les a pourtant vus quelquefois en
grandes multitudes. Mais on ne saurait admettre que ces
rassemblements soient une preuve d'une disposition naturelle à s'associer par groupes. De telles réunions acci-
dentelles doivent être attribuées à l'attraction exercée
sur ces oiseaux par quelque nourriture placée à une
distance que l'œil de l'homme n'atteint pas, mais qu'ils
découvrent en vertu d'une faculté toute particulière.
Cette faculté de perception ne doit pas résider seulement
dans le sens de l'odorat; car, dans les régions du Nord,
lorsque tout est calme et tranquille, lorsque la sévérité
du climat détruit rapidement les effluves de la matière
morte, des troupes de corbeaux s'avancent aussitôt de
tous les points de l'horizon vers l'endroit où un animal
vient d'être immolé.

Cette sagacité du corbeau pour découvrir sa proie est
bien connue — trop connue vraiment, dans certaines
provinces déshéritées, où la nourriture de l'homme est
rare. La présence du corbeau est regardée, dans ces en-
droits-là, comme une plaie. Ainsi en est-il dans les Hébrides, les Shetland, les îles Féroë et l'Islande, où ces
oiseaux se montrent horriblement destructeurs. Rien ne
leur échappe : ils guettent la cane sauvage dans son

nid et lui dérobent ses œufs; ils fondent sur le poisson comme les faucons pêcheurs; ils attaquent, dit-on, la brebis aussi bien que l'agneau. Fixés sur le dos d'un cheval blessé, ils mangent sa chair — lui encore vivant. On ne doit pas s'étonner, après cela, qu'il existe des lois pour l'extirpation de cet oiseau.

Dans les îles Féroë, tout homme exerçant l'industrie de pêcheur doit présenter annuellement au juge provincial le bec d'un corbeau, —ou payer, quand il n'a pas été heureux dans sa chasse, une certaine somme d'argent, qui sert à la destruction de ces ennemis. Avant de condamner le corbeau, le naturaliste aurait besoin d'entendre, comme on dit en Italie, l'avocat du bon Dieu, et de voir si les services rendus par cet oiseau ne compensent point les dégâts accidentels qu'il commet. — Il ne faut, d'ailleurs, point juger du caractère d'un animal par la manière dont il se conduit dans une localité; il faut embrasser sa vie à toute la surface du globe, et, ainsi envisagé, le corbeau n'est pas moins utile que le vautour.

Les jeunes corbeaux se laissent aisément apprivoiser; mais ils sont si rusés et si malins, qu'il est nécessaire de surveiller tous leurs mouvements. Ils prennent tout ce qui brille et l'emportent dans quelque cachette. On pourrait citer mille exemples de leur penchant au vol. Un seul suffira :

Le sommelier d'un grand seigneur avait perdu un certain nombre de cuillers d'argent et d'autres articles; il était très-loin de soupçonner le voleur, quand, un jour, il aperçut un corbeau apprivoisé tenant une de ses cuillers au bec. Suivant alors l'oiseau vers sa cachette, il découvrit plus d'une douzaine de couverts.

Tout filous qu'ils sont, les corbeaux rachètent leurs

peccadilles par de très-bonnes qualités qui font d'eux , à juste titre, les favoris de l'homme.

On peut les dresser à des exercices utiles.

Le propriétaire d'une auberge, dans le Cambridge-shire, possédait un corbeau qui allait souvent à la chasse avec un chien, dans la compagnie duquel il avait été élevé. Un jour qu'ils s'en allaient comme Oreste et Pilade, le chien fit lever des lièvres et des lapins qui se trouvaient dans un hallier, tandis que le corbeau, posté en dehors du fourré, saisit chacun de ces animaux qui se trouvaient à portée de son bec. Le chien vint au secours de l'oiseau, et rien n'échappa à leurs efforts réunis. Dans plusieurs occasions, le corbeau s'est montré plus utile qu'un furet. On l'a vu entrer avec des chiens dans une ferme et se livrer avec eux à la chasse aux rats. La sagacité de cet oiseau est certainement extraordinaire.

Tous les oiseaux, on le sait, ont plus ou moins l'instinct de trouver leur route. On a cru qu'ils étaient dirigés non-seulement par la mémoire des lieux, mais aussi par le coup d'œil. Leur regard, tombant d'une grande élévation et embrassant un espace considérable, les assiste dans leurs voyages. Dans le cas que je vais citer, on verra, pourtant, que les habitants de l'air ne sont point toujours redevables de leur instinct au sens de la vue, mais que, comme les chiens, ainsi que plusieurs autres quadru-pèdes, — et même les tourterelles — ils retrouvent leurs anciennes demeures en vertu d'une faculté inconnue. Il y a quelques années, un gentleman, près de Chapel in the Frith, dans le Derbyshire, enleva un jeune corbeau du nid, et le tint durant plusieurs mois dans une des dépendances de sa maison ; on lui rogna ensuite les ailes et on lui permit d'aller au large. Il fut bientôt connu à une lieue à la ronde; car il visitait régulièrement, dans cette circonscription, chaque ferme où l'on venait de tuer un cochon. On reconnaissait toujours l'honneur de sa visite en lui servant quelque morceau friand. Après la mort de son maître, c'est-à-dire trois ans après, le corbeau fut donné à un médecin qui résidait à Stockport, dans le Cheshire, et qui tint l'oiseau enchaîné par la patte pendant environ douze mois. Il lui donna ensuite la liberté. Comme ci-devant, l'oiseau errait autour de la maison, mais non avec le même succès, car sa patte avait été brisée un jour par des gamins méchants et désœuvrés qui lui jetèrent des pierres. La fracture fut réduite, le corbeau se rétablit, et il recommença ses excursions dans le voisinage pendant quelques semaines; puis il disparut. On supposait qu'il avait fait une fin tragique, — quand, une quinzaine de jours après sa mystérieuse absence, la nouvelle arriva qu'il était retourné sain et sauf à son ancienne résidence, à Chapel in the Frith, éloignée d'environ quatorze milles, où on le reçut bien et où il vit encore.

Je me souviens d'avoir vu, il y a une quinzaine d'années, près de l'auberge de l'Éléphant et du Château, où s'arrêtent un grand nombre de voitures, une inscription en l'honneur de « Ralph » — un corbeau très-célèbre, qui, dans les jours de son existence mortelle, avait été un pensionnaire distingué de l'hôtel. Ceux qui se souvenaient de cet oiseau citaient mille exemples de sa sagacité. Il avait la mémoire des personnes et connaissait parfaitement les cochers, avec lesquels, d'ailleurs, il vivait sur un pied d'intimité. Avec ses amis particuliers, il prenait certaines libertés innocentes, — comme celle, par exemple, de monter sur le haut d'une voiture pour aller faire de petites promenades, jusqu'à ce qu'il rencontrât une autre voiture, dont il connût également le cocher, et qui le ramenait à la maison.

Voici une autre anecdote qui montre le degré d'attachement et d'observation dont cet oiseau est capable. Le fait arriva, il y a quelques années, dans l'hôtel du Lion Rouge, à Hungerford. Je laisse parler un témoin oculaire:

« En entrant, dit-il, dans la cour de l'hôtel, ma chaise glissa et brisa la patte d'un beau chien de Terre-Neuve auquel je tenais fort. Pendant que nous étions en train d'examiner l'état de la fracture, Ralph, le corbeau, regardait aussi; il se livrait évidemment à ses observations et semblait se demander ce qu'il y avait à faire. Dès le moment où mon chien fut attaché sous la mangeoire avec mon cheval, Ralph non-seulement le visita, mais lui apporta des os à ronger et lui donna toutes sortes de marques de bienveillance.

» Je fis part de ces circonstances au palefrenier, qui me dit que l'oiseau avait été élevé avec un chien, et qu'il s'était établi entre eux une affection mutuelle. Tout le voisinage avait été témoin des actes de gentillesse accomplis l'un envers l'autre par les deux animaux. L'ami de Ralph — le chien — eut le malheur de se casser la patte; durant tout le temps qu'il garda la chambre, — ou du moins l'écurie — il fut assisté par le corbeau, qui lui apportait des provisions et qui ne le laissait presque pas un moment seul. Un jour, par accident, la porte de l'écurie avait été fermée, et le chien avait été privé, durant toute la nuit, de la compagnie de son ami, de son garde-malade. Le lendemain matin, le palefrenier trouva la porte tellement piquetée et becquetée, que, si on ne l'eût ouverte, le corbeau aurait fini par se faire lui-même une entrée.

» Le propriétaire de l'hôtel, non-seulement me con-

firma le récit du palefrenier, mais me raconta beaucoup
d'autres témoignages de sympathie fournis par cet oiseau à tous les chiens en général , mais plus particulièrement à ceux qui étaient estropiés ou blessés. »

Les corbeaux, tout en montrant de bonnes dispositions envers l'homme et envers les autres animaux, se
trichent souvent entre eux. Même dans ce cas, ils montrent une faculté de raisonnement qui étonne. Deux corbeaux vivaient au Jardin zoologique de Londres, dans
une grande cage. Un visiteur passa et leur jeta deux
morceaux de gâteau. L'un des deux corbeaux se précipita soudain à bas de sa perche, et, avant que son camarade pût attraper un seul des deux morceaux, il les avait
mis en lieu sûr, — je veux dire dans son bec. Puis il
avait regagné sa position sur la perche, tenant toujours
sa proie au bec, jusqu'à ce qu'il eût vu son compagnon
de captivité au bout opposé de la cage. Alors il vola à
terre, enterra un des morceaux, qu'il recouvrit soigneusement avec du gravier, et remonta sur sa perche avec
l'autre morceau, qu'il dévora. Alors, il redescendit pour
finir son repas, et, regagnant sa perche pour la troisième
fois, il mangea, au grand déplaisir de son camarade, le
second morceau de gâteau, — non sans regarder d'un
œil malin l'autre corbeau, qu'il avait surpassé en finesse
et en artifice.

Enfin, ce qui honore le plus le caractère du corbeau,
c'est sa reconnaissance. Un de mes bons et honorables
amis, le docteur Monin, avait exercé, durant plusieurs
années, la médecine en Russie, mais sans négliger l'histoire naturelle et la botanique. Le hasard lui avait procuré deux magnifiques corbeaux du Nord, dont la robe
de soie lustrée et satinée, noire avec des reflets bleuâtres
au soleil , est la plus coquette et la plus somptueuse toi-

lette de deuil qu'on puisse imaginer. Ce corbeau fut perdu ou volé, on ne savait. Dix ou douze ans après, le docteur revint en France. Il était un jour au Jardin des Plantes de Paris, et s'arrêtait avec d'autres visiteurs de l'oisellerie devant un grand corbeau qui, à sa vue, battit des ailes, trembla de toutes ses plumes et fit entendre les croassements les plus tendres, les plus affectueux. M. Monin reconnut son oiseau. Interroger le gardien fut l'affaire d'un instant : le corbeau avait été vendu à la ménagerie du Muséum d'histoire naturelle par un étranger. M. Monin réclama sa propriété, et on la lui rendit d'autant plus volontiers que le susdit oiseau s'était montré, entre les mains de son nouveau gardien, un pensionnaire intraitable. Son caractère avait paru aussi mauvais que son plumage était distingué. Le docteur entra dans la cage, — à la grande surprise du gardien, qui n'avait jamais reçu de l'oiseau que des coups de bec — et là se passa une scène touchante. Le corbeau sauta sur l'épaule de son ancien maître, le couvrit de baisers et donna tous les signes d'une joie immodérée. J'ai vu ce corbeau tout près de Blois, où le docteur avait une jolie maison de campagne sur un coteau qui domine la Loire. Il parlait comme un homme — le corbeau — et les paysans, en revenant de la ville, s'arrêtaient devant la haie du jardin, d'où l'oiseau les apostrophait d'une manière peu civile, en les appelant : « Gros cochons. »

Au château du comte d'Aylesbury, dans le Wiltshire, un corbeau apprivoisé avait appris à parler. Il rôdait librement dans le parc, où il avait souvent des démêlés avec les corneilles, les choucas et d'autres oiseaux de sa famille. Lorsqu'un grand nombre de ces assaillants étaient rassemblés autour de lui, il levait la tête; puis, d'une voix creuse et dure, il faisait entendre ce mot :

« Holloa! » Ce mot magique — sinon l'accent avec lequel il était prononcé — dispersait aussitôt ses frères en robe noire. Lui, cependant, semblait jouir de son triomphe et de la fuite qu'il avait provoquée.

Il n'est point étonnant qu'un oiseau si savant, doué en même temps d'une voix profonde et solennelle qui commande l'attention, ait imprimé, dans tous les âges, sur le peuple superstitieux des campagnes, la croyance que cet oiseau était doué de quelque lumière surnaturelle. Chez les païens, le corbeau était respecté par les augures. Cet oiseau était consacré à Apollon. On lui attribuait la faculté de prédire le bien et le mal. Il est probable que le don de prophétie qu'on lui supposait, en ce qui concerne les combats et les carnages, tenait à sa présence sur le champ de bataille, où il est attiré par l'odeur du banquet.

Dès que cet oiseau n'est point tourmenté par l'homme, il devient aussitôt confiant et familier. Durant l'expédition du capitaine Back dans les mers arctiques, deux corbeaux apparurent comme ses premiers visiteurs, et lui annoncèrent l'approche du printemps ; il ne voulut point qu'on les molestât, et, en peu de jours, ils devinrent ses amis. Les oiseaux ne se dérangeaient point quand un des hommes de l'équipage passait à dix pas d'eux. « C'était, ajoute le capitaine, les seuls êtres vivants avec lesquels nous fussions en communion, et c'était un plaisir que de les voir gambader dans leur robe noire sur la neige blanche. »

Je dois maintenant vous parler de mon corbeau favori.

Il a un an. C'est une merveille. Si quelqu'un croyait encore à la transmigration des âmes, il se figurerait volontiers avoir sous les yeux la métamorphose d'un gamin des rues — ou plutôt la métamorphose d'une douzaine de gamins empaillés dans la robe noire de l'oiseau. Sa faculté d'imitation est très-remarquable. Il fait quelquefois un tel bruit de voix au bas des escaliers, que vous vous imagineriez volontiers deux ou trois enfants en train de se quereller avec violence. D'autres fois, il imite le chant du coq, miaule comme un chat, aboie comme un chien ou reproduit le son de la crécelle pour effrayer les oiseaux qui pillent les champs de blé. Puis tout redevient silencieux ; mais bientôt un enfant de deux ans crie : « Jacob ! Jacob ! » un autre de dix ans répond par le même nom, d'abord sur un ton grave, puis sur des tons plus élevés, plus criards. Autre silence ; mais, tout à coup, un homme semble frapper à la porte : si l'on ouvre, Jacob entre, court çà et là dans la chambre, puis se met à table.

Dans les rues, il trouve toujours des sujets d'amusement et des compagnons. Il joue avec les enfants qui se rassemblent autour de lui, déchire leurs vêtements, mange leur pain, attaque ceux qui cherchent à le battre et leur enlève le bâton des mains ; si un grand garçon se présente, l'oiseau s'esquive prudemment. Il permet aux petits enfants de le toucher, mais non aux adultes.

Comme beaucoup de vauriens qui ont passé par les écoles, il entend un peu de latin. Jacob prononce distinctement *aqua* ; mais il préfère très-décidément le vin à l'eau. Un jour, ma ménagère posa un verre de vin rouge sur la table ; en un instant, l'oiseau se le versa tranquillement dans l'estomac ; — je veux dire qu'il plongea son bec dans la précieuse liqueur et qu'il la huma goutte par goutte. Lorsque ma ménagère, craignant qu'il ne brisât le verre, le retira, l'oiseau lui vola à la figure dans un véritable accès de fureur. Si vous placez trois verres sur la table, l'un plein d'eau, l'autre de bière et le troisième de vin, il laisse les deux premiers et ne s'adresse qu'au verre de vin. On peut en conclure que les oiseaux ne sont pas tellement liés au régime diététique offert par la nature, qu'ils se montrent insensibles aux perfectionnements de la cuisine et aux trésors de la cave. Ils ne savent, je l'avoue, ni cuire, ni distiller par eux-mêmes, mais ils savent très-bien déguster et apprécier les produits de l'art.

Jacob est voleur, — c'est là son moindre défaut. Cuillers, couteaux, fourchettes, assiettes, viande, pain, sel, pièces de monnaie, — surtout les neuves, — il emporte tout, il cache tout dans quelque trou noir ou quelque coin. Une blanchisseuse du voisinage avait coutume de pendre son linge près de notre fenêtre et de le fixer sur la corde avec des épingles. L'oiseau travailla avec une rare persévérance à détacher les épingles. La femme lui lança des malédictions en ramassant son linge tombé; mais lui, de fuir dans le jardin en poussant les croassement les plus malicieux. Un jour, je trouvai sous quelques morceaux de bois la cachette du voleur : elle était pleine d'aiguilles et d'épingles.

LA CORNEILLE

Cet oiseau guerroyant est voué à l'exécration publique. J'avoue qu'il a ses vices; mais il possède aussi des qualités. Ce serait vraiment dommage si la haine qu'on lui porte généralement devenait pour lui, d'un jour à l'autre, une cause de destruction, et si son nom s'effaçait du livre vivant de l'ornithologie britannique.

La corneille se lève de très-bonne heure et se couche tard. Longtemps avant que le choucas soit éveillé, elle annonce l'approche du matin avec son croassement creux et sonore, du haut du chêne sur lequel elle s'est logée durant la nuit. A la fin de la journée, elle se retire plus tard que le choucas pour prendre sa part du sommeil universel. De tous les oiseaux diurnes qui se rencontrent dans la Grande-Bretagne, et qui n'émigrent pas, je considère la corneille — moi qui ai été à même d'observer ses habitudes — comme l'oiseau qui s'éveille le premier au point du jour, et comme celui qui se couche le dernier dans la soirée.

Lorsque la voix vivifiante du printemps l'appelle et lui parle d'amour, la corneille, qui, jusqu'à ce moment-là, se montrait farouche, circonspecte et prudente, semble tout à coup changer de caractère. Insoucieuse de tout danger personnel, elle fait quelquefois son nid à une centaine de mètres de l'habitation de l'homme, sur un arbre, à la fois le plus exposé et le plus en vue. Pour nous autres savants, qui savons si peu de chose sur l'économie des oiseaux, cette transformation semble un étrange phénomène. On supposerait, au contraire, que ces oiseaux devraient être plus ombrageux et plus réservés durant cette période intéressante, et qu'à l'imitation du chat, du lapin et du renard, il devrait alors cacher de son mieux la retraite féconde qui contient l'espoir de sa race. Faut-il attribuer cette modification morale à son sentiment de haute et noble confiance? La corneille croit l'homme capable d'attenter à son existence personnelle, tant qu'elle est seule au monde; mais elle ne le croit point assez dur pour lui nuire quand elle a charge d'une famille.

Le choucas construit quelquefois un nid pauvre et

bas ; mais il n'en est jamais ainsi de la corneille ; ce dernier oiseau fait toujours son nid ferme et compacte. Les œufs sont généralement au nombre de trois, de cinq ou même de six. On observe la plus grande irrégularité dans la taille, la forme et la couleur de ces œufs. Cette irrégularité saute tellement aux yeux, qu'en examinant le nid de quelque corneille, vous croiriez volontiers que le choucas a passé par là, et a ajouté quelques œufs à ceux du propriétaire légitime. La corneille ne construit jamais son nid dans les haies ; mais elle le place toujours sur quelque arbre de la forêt. Selon moi, elle donne la préférence au chêne, au sapin et au pin écossais. Les petits naissent nus et aveugles, et ils restent privés de la vue pendant quelques jours. Ils sont alors couvés par la mère.

Il se peut que, dans les anciens temps, lorsque l'industrie, l'hygiène publique et la police des campagnes étaient moins avancées, la corneille eût plus d'occasions de s'ébattre sur les viandes mortes qu'elle n'en a aujourd'hui, sous le régime de la civilisation et du progrès. Si maintenant une corneille comptait, pour son dîner, sur la rencontre de quelque vache ou de quelque cheval réduit à l'état de charogne, elle deviendrait bientôt un adepte de la société des Jeûneurs ; car à peine un de ces animaux est-il frappé dans notre voisinage par la main du sort, que sa peau est envoyée au tanneur, et que sa chair fait un pot-au-feu pour les chiens, ou est soigneusement enterrée dans le fumier, pour accroître les moyens de culture. Ainsi, la pauvre corneille est méprisée de nos jours, persécutée à cause de ses inclinations pour la chair morte, et, en même temps, les détenteurs du sol prennent grand soin que cet oiseau ait à chercher une autre nourriture. Aussi la voyez-vous examiner les

plaines, les pâturages, les champs de blé avec une assiduité de coup d'œil qui n'est point surpassée par le choucas lui-même. Il y aurait ici un intéressant chapitre
d'histoire à écrire sur les changements que l'état social
a introduits dans le mode d'alimentation, et, par suite,
dans les mœurs générales des oiseaux.

On nourrit un préjugé contre la viande des jeunes corneilles, qu'on suppose communément être rance et désagréable au goût. Elle est aussi bonne que celle du
choucas, et je ne pense pas qu'une personne accoutumée
à ce mets puisse nier qu'un pâté de choucas ne vaille
un pâté de pigeons. M'étant plusieurs fois délecté moi-
même avec la chair délicate des jeunes corneilles, je fis
un jour servir un pâté de ces oiseaux à deux amis conva-
lescents, dont l'estomac se fût sans doute révolté s'ils
avaient connu la nature du plat. J'eus la satisfaction de
les voir manger de bon cœur ce qu'ils considéraient
comme un pâté de pigeons, et trouver la chose excellente.

La corneille se nourrit avec voracité des cerises mûres,
et, en automne, on peut la voir dans les noyers emportant
çà et là des noix. Si j'en excepte ces deux actes de
déprédation, elle fait très-peu de tort à l'homme durant
neuf ou dix mois de l'année; et, si, dans le reste du temps
que mesure le soleil, elle étrangle par hasard quelque
levraut improtégé ou quelque perdrix errante, elle peut
affronter bravement l'accusation dirigée contre elle : il
lui suffit pour cela de mettre en regard les services
qu'elle rend à l'homme en détruisant des millions d'insectes nuisibles. La balance pencherait alors en sa
faveur. Cependant je dois dire qu'au printemps, lorsque
cet oiseau a un nid plein de petits à la nourriture desquels
il doit pourvoir, — et lorsque sa progéniture réclame

quelque chose de plus substantiel que des vers et des chenilles, il guette le gibier et la volaille avec une attention bien capable de donner l'alarme au fermier et à sa ménagère. Ces personnes-là ont juré, depuis longtemps, une haine éternelle à la corneille; l'oiseau, en revanche des efforts qu'on fait pour l'étrangler, visite les jeunes volailles — l'espérance du manoir — avec des intentions menaçantes. C'est une guerre dont la responsabilité revient surtout à l'homme.

Il y a quelques années, je me convainquis moi-même du goût désordonné de la corneille pour les jeunes volailles aquatiques. Ma vieille cuisinière avait sous sa garde une couvée de dix jeunes canards, qui étaient nés depuis environ une quinzaine de jours. Ayant pris mes précautions pour n'être point vu, je portai la mère et ses jeunes dans un bassin situé à une centaine de mètres d'un grand sapin dans lequel une corneille avait construit son nid. Ce nid contenait cinq petits déjà presque revêtus de plumes. Je m'établis en surveillance sur le pont. Neuf fois le père et la mère (je parle des corneilles) s'abattirent sur le bassin et emportèrent chaque fois un jeune canard pour leurs petits. Mon intervention sauva la dixième victime. Lorsqu'une jeune couvée se trouve attaquée par un ennemi, la mère des canards ne fait rien pour les défendre. Au lieu de s'interposer entre sa petite famille et le danger, — comme ferait la poule, — elle ouvre son bec et file obliquement à travers l'eau qu'elle bat avec ses ailes. Durant cette manœuvre inutile, le brigand ailé saisit impunément sa proie.

Je recommande à toutes les fermières de faire couver au printemps les œufs de canard par une poule. A cette saison de l'année, il n'y a point encore d'herbes ni de roseaux dans les étangs en quantité suffisante et assez hauts pour fournir un abri aux jeunes, lorsque ceux-ci sont conduits à l'eau par leur mère naturelle. Si vous enlevez à une cane les œufs de la première ponte, elle pondra généralement une seconde fois ; et cela à une période de l'année où les eaux abondent en herbes, en roseaux, au milieu desquels la jeune couvée peut *godiller* et échapper à l'œil de l'ennemi.

Somme toute, si nous additionnons le bien et le mal, la corneille — surtout pendant dix mois de l'année — au lieu d'être considérée comme une ennemie, doit être regardée comme l'amie de l'homme.

Pour ma part, j'avoue que je verrais avec grande peine l'extinction de cette espèce ; je regretterais la corneille absente de nos plaines et de nos bois. Ses notes sonores et variées au point du jour, et encore au tomber de la nuit,—quoique un peu rauques, peut-être, pour les oreilles délicates de nos citadins,—ont pour moi, homme de la nature, quelque chose d'extrêmement agréable. Je lui dois des heures de jouissances. Combien de fois, monté au sommet d'un vieux chêne favori qui croît au bord d'un étang, ai-je pris plaisir à la voir chasser le héron et la cresserelle à travers les plaines de l'air, jusqu'à ce qu'ils se perdissent — assaillants et assaillis, — dans l'espace ! Combien est véhémente sa poursuite ! combien son croassement est aigu ! combien sa vieille hostilité se montre toujours jeune, — quand la corneille voit un renard se dérober à la meute des chiens de chasse, sous le couvert des buissons protecteurs ! Sa belle et large prestance, le jais de son plumage sont, à mes yeux, les ornements naturels des scènes sauvages et des forêts qui m'environnent. Extirper la corneille, ce serait enlever à la nature une de ses voix sibylliques. — Pour l'amour de l'art et par respect pour les harmonies de la création, ne commettez pas cet acte de vandalisme!

Mais, direz-vous, la corneille est un oiseau nuisible; si l'art et la science ont leurs fantaisies, l'économie rurale a ses exigences. Je réponds à cela par mon expérience. Les perdrix et les faisans, durant le temps de l'incubation, sont abandonnés chez moi à leur liberté; or, — j'en juge par ce que j'ai vu — la vieille mère nature, *rerum alma parens*, sans aucune intervention de ma part, sait bien indiquer à ces oiseaux les places favorables où ils doivent pondre leurs œufs et élever leurs petits. Oui, j'en ai la confiance, elle leur apprend le secret d'éluder les recherches déprédatrices de la corneille. Le gentilhomme campagnard n'eût-il point la même foi que je professe dans les soins protecteurs de la nature, se consolera peut-être, quand il saura que, dans le cas où les oiseaux de vénerie perdent leurs premiers œufs, ils manquent rarement d'avoir une seconde ponte et une seconde couvée. Cette seconde couvée trouvera une ample sécurité et une défense contre ses ennemis dans les champs de blé et dans l'abondance des herbes qui croissent pendant l'été.

La corneille vit à l'état de société, au moins pendant un certain temps de l'année, — à l'automne et en hiver. Pendant ces deux saisons, j'en ai quelquefois compté cinquante qui faisaient bande commune. Le vulgaire prétend que la corneille distingue l'odeur de la poudre. Le naturel défiant de cet oiseau, — du moins pendant certaines saisons de l'année, — et la persécution perpétuelle à laquelle il est soumis de la part de l'homme, sont les causes de cette erreur. Se tenant sans cesse sur ses gardes, il fuit à la moindre approche du chasseur; mais mon opinion est qu'il connaît plutôt le fusil que la poudre.

Grâce, encore une fois, grâce pour la corneille, cette prophétesse de la nature. Son absence nous porterait malheur ; elle s'éloignerait de nos contrées en nous jetant ses anathèmes. L'oiseau des augures a quelque chose de sacré.

Comme le corbeau, la corneille se laisse aisément apprivoiser, et devient un des membres de la famille ; ce qui ne l'empêche pas, quand elle en trouve l'occasion, de s'approprier et de cacher les objets qui tombent sous son bec. Tous les oiseaux de cette tribu sont enclins au vol. Elle distingue d'un coup d'œil un ami d'entre les étrangers, et même, après une longue absence, reconnaît les personnes dont elle a reçu de bons traitements. Un gentleman avait élevé une corneille et l'avait conservée pendant longtemps ; mais, un jour, l'oiseau disparut. On supposait qu'il avait été tué, quand, à la grande surprise de son maître, environ une année après, lorsque ce dernier se promenait dans la campagne, une corneille vint voler au-dessus de sa tête. Cette corneille était en compagnie ; mais elle laissa ses pareilles, et, après avoir voleté autour de lui, se percha sur son épaule. Il reconnut dans cet oiseau son ex-favorite ; mais, quoique la corneille parût charmée de revoir son ancien maître, elle avait trop goûté les douceurs de la liberté pour se laisser reprendre. Après avoir payé ce qu'elle devait à la mémoire du cœur, elle jeta un regard sur ses compagnes et reprit son vol. On n'entendit plus jamais parler d'elle.

Le portier d'une maison de Paris — j'ai été témoin du fait — avait élevé une corneille qui était également familière. Cet homme tomba malade ; la corneille le veilla pendant plusieurs jours avec l'attention d'une sœur de charité (elle en avait, d'ailleurs, la robe), se tenant au chevet du lit, s'abstenant de tout cri, et refusant toute nourriture jusqu'à ce que le maître convalescent fût lui-même en état de reprendre ses repas.

LES FREUX

On ne saurait rien imaginer de plus triste ni de plus tempêtueux que l'aspect actuel du ciel. Le vent mugit à travers les branches nues des sycomores, il bat furieusement mes fenêtres, et le choc des vagues contre les digues de l'île nous avertit qu'une des plus noires et des plus orageuses nuits de novembre nous menace.

C'est le moment de s'occuper du freux.

Il n'y a pas, en Angleterre, d'oiseau sauvage aussi complétement sociable que celui-là. Les tourterelles se rassemblent en innombrables multitudes ; les gros-becs s'unissent en vastes compagnies ; les poules d'eau se donnent rendez-vous par milliers dans le lac, durant les lugubres mois de l'hiver ; mais, lorsque le soleil revenu répand la joie et la consolation sur la face de la nature, leurs congrégations se dissolvent, et les individus se retirent par couples, afin de propager leur espèce. Les freux, seuls, restent toute l'année à l'état de société. Ils bâtissent leur nid en commun ; en commun, ils cherchent leur nourriture, et, en commun aussi, ils se retirent vers leurs logements de nuit.

Ces oiseaux ne sont pas moins remarquables par la régularité toute monastique de leur vie. A environ deux milles de mon ermitage est un séminaire de freux. J'appelle ainsi un bois où ces oiseaux vivent en communauté. Chaque matin, depuis l'automne jusqu'à une semaine environ avant l'équinoxe du printemps, les freux — milliers par milliers — passent sur la vallée que j'habite, en suivant la direction de l'ouest ; puis ils retournent en nombre égal vers l'est, une heure à peu près avant le tomber de la nuit.

Durant leur passage matinal, quelques-uns s'arrêtent ici, d'autres se rendent dans leurs places favorites, — de plus en plus loin, — tantôt se posant sur les arbres par manière de passe-temps, tantôt se jetant sur les plaines pour chercher leur nourriture, jusqu'à ce que le déclin du soleil avertisse ceux qui sont les plus avancés vers l'ouest qu'il est le temps de retourner. Alors, ils se lèvent en masse. Le corps d'armée s'avance, recevant des recrues à chaque place intermédiaire. — Quand ils regagnent mon voisinage, ils forment une prodigieuse multitude. Quelquefois ils passent sans s'arrêter et sont rejoints par ceux qui ont passé ici la journée. D'autres fois, ils font de mon parc leur lieu de rendez-vous et couvrent le sol d'une sorte de vaste manteau noir, — ou bien encore ils se perchent sur les arbres voisins. Après s'être attardés ici un certain temps, chaque freux prend son vol. Ils hésitent dans l'air pendant un moment, décrivant lentement des cercles ; puis ils s'avancent tous ensemble vers les bois qui leur servent de chambre à coucher. Soir et matin, leur vol — bas ou haut — semble réglé par l'état du temps. Quand il souffle une forte bise, ils descendent la vallée avec une rapidité étonnante, et effleurent les sommets des montagnes ainsi que la tête des arbres. Mais, lorsque le temps est clair et calme, ils passent à travers l'air, à une grande hauteur, dans un vol régulier et facile.

Les freux demeurent avec nous pendant toute l'année.

Si maintenant nous lançons contre ces oiseaux un acte d'accusation, — fondé sur ce qu'ils se nourrissent aux dépens de l'industrie humaine, comme par exemple, durant le temps des grands froids, des semailles ou des moissons, — le temps de l'année où ils commettent certaines déprédations, quand on ne les surveille pas de près,— je demanderai qu'on leur tienne aussi compte des faits à décharge. Il faut reconnaître, à leur avantage, que, durant le reste de l'année, ils se nourrissent d'insectes. Toutes les fois que je rencontre une bande de freux dans un de mes champs de navets,— ce qui arrive souvent pendant les temps secs, — je sais que ces oiseaux ne se sont pas rassemblés là pour manger les navets, mais qu'ils sont occupés à ramasser les vers qui ont établi leur domicile dans ce légume.

Bien loin d'être nuisible, le freux rend de grands services aux fermiers. Il n'y a peut-être point de créature vivante qui soit aussi utile, — si j'en excepte la cigogne. Dans le voisinage de l'endroit où je suis né, il y a un bois habité par ces oiseaux. On estime qu'ils demeurent là au nombre de dix mille. Évaluez maintenant à une demi-livre la nourriture de chaque freux par semaine, — c'est là une moyenne bien modérée, — et représentez-vous que les neuf dixièmes de cette nourriture consistent en vers, en insectes, en larves. Vous leur pardonnerez alors, j'aime à le croire, les ravages qu'ils font dans les champs, — pendant très-peu de semaines, — à l'époque des semailles ou de la moisson, d'autant que, même à cette époque de l'année, la plus grande portion de leur nourriture consiste en matière animale. Quiconque sait combien de larves des diverses tribus d'insectes — sans parler des vers de terre — sont préjudiciables à l'agriculture, se fera aisément une idée des dévastations que prévient le freux en vivant sur ces parasites.

Dans quelques-uns des comtés du sud de l'Angleterre, les larves du hanneton sont si excessivement abondantes, que les moissons de blé se trouvent presque détruites par cette vermine, et leurs ravages ne cessent point lorsque ces insectes ont revêtu des ailes. Différentes méthodes ont été proposées pour mettre un terme à leurs déprédations ; mais j'ai tout lieu de croire que la grande quantité de ces insectes est due au petit nombre de freux. Ils sont rares dans ces districts, soit que les arbres sur lesquels ils se perchaient aient été abattus, soit que ces oiseaux aient été détruits par les fermiers.

Je citerai encore une autre preuve de l'utilité des freux. Le fait se passa dans mon voisinage, il y a quelques années. Une volée de sauterelles visita la localité ; elles étaient assez nombreuses pour provoquer une grande inquiétude parmi les agriculteurs de ce district ; mais les agriculteurs furent bientôt délivrés de leurs alarmes ; car les freux accoururent par grandes bandes de tous les environs et dévorèrent si avidement les sauterelles, que ces insectes furent détruits en très-peu de temps.

Voilà pourtant l'oiseau contre lequel tant de personnes conservent encore des préjugés ; ces préjugés sont même si répandus, que je connais des gens qui offrent une récompense à quiconque tuera un freux sur leurs terres.

Le freux pond de trois à cinq œufs. Après avoir construit et doublé leurs nids, ces oiseaux les abandonnent à l'approche de la nuit pour se joindre au rendez-vous général ; mais, dès qu'ils commencent à courir, ils ne quittent plus l'arbre vers la nuit, jusqu'à ce qu'ils aient élevé leurs jeunes.

Les freux — je l'ai souvent observé — entretiennent des rapports d'amitié très-intimes avec les étourneaux et les choucas; mais, quand on les contemple dans les champs, on remarque ceci : tandis que les choucas se mêlent avec les freux, soit dans la volée, soit dans la recherche commune de la nourriture, les étourneaux se tiennent toujours dans le groupe. Pourquoi? En vérité, je serais fort embarrassé d'en donner la raison; il me suffira d'indiquer le fait.

Si ces utiles oiseaux — les freux — ne ressemblaient point tant aux corneilles, pour la couleur et pour la forme, nous les verrions servis sur les tables du riche, aussi souvent que nous y voyons figurer les pigeons.

Durant l'été de 1825 — été remarquable pour la chaleur — plusieurs jeunes couvées de l'année périrent, faute de nourriture. Les matinées n'avaient point de rosée, et, par conséquent, ces oiseaux ne pouvaient trouver que très-peu de vers — si même ils en trouvaient. J'en rencontrai plusieurs qui étaient morts sur la branche des arbres où ils perchaient,— morts de besoin. C'était à fendre le cœur que d'entendre les cris de dé-tresse des jeunes qui demandaient à manger, — et je ne pouvais venir à leur secours! Les parents sem-blaient souffrir stoïquement, — sans se plaindre; mais ils exprimaient l'angoisse que leur causait le sort de leurs petits, et ils allaient au pourchas de la nourriture avec une constance infatigable. Nos plaines furent alors le théâtre de scènes navrantes et d'une incessante activité. Au milieu de cette famine, il était intéressant d'observer les efforts que faisaient les pères et mères pour soulager leurs familles. Quelques-uns d'entre eux restaient à chasser jusque tout à fait vers la brune, et ne rentraient au nid que bien après l'heure habituelle de leur coucher.

Il y a quelques années, je me procurai, à la chasse annuelle des freux, quelques jeunes, et j'essayai de les élever. Ils moururent tous; excepté un. Je nourris ce dernier avec de la viande crue, découpée sur la poitrine des jeunes freux, ses compagnons, qu'on avait tués d'un coup de fusil. Bientôt je l'habituai par degrés à goûter du pain trempé dans de l'eau. Jack — tel était le nom que je lui donnai — devint, en peu de temps, un bel oiseau, qui se soutenait vaillamment sur ses ailes. Cet avantage, loin de l'engager à prendre la fuite, devint, au contraire, un motif pour lui de s'attacher plus étroitement à ma société. Il me suivait souvent dans la campagne, loin de ma maison. Son oreille était si fine, qu'il distinguait ma voix de toutes les autres voix. Toutes les fois que j'appelais : « Jack! Jack! » il me répondait aussitôt par son cri bien connu. Au contraire, quand d'autres lui adressaient la parole, il persistait obstinément à faire le sourd. Tous les efforts, tous les attraits — sans en excepter même l'offre de la nourriture — étaient alors impuissants à déterminer son approche. Son goût pour les souris était excessif, et il montrait une grande dextérité à les attraper. Souvent je le menais dans un espace ouvert où je lâchais quelques-uns de ces petits animaux, ayant soin pourtant que les souris eussent toujours barre sur lui — d'une quinzaine de mètres. Il était très-leste dans sa manière de les attaquer et les saisissait par le cou avec l'extrémité du bec. Cette méthode était pratiquée, je pense, en vue de mettre les souris dans l'impuissance de le mordre. Jack, comme tous les oiseaux gâtés, acquit un répertoire de tours amusants qu'il serait trop long de détailler. Un de ces tours consistait à m'appeler chaque matin, en tapant avec son bec contre la fenêtre de ma chambre à coucher.

Comme le bois dans lequel je l'avais pris se trouvait à une courte distance de la maison où Jack restait, et autour de laquelle il rôdait çà et là, on pourrait supposer naturellement qu'il entretenait des rapports avec ses compagnons. Eh bien, non : il évitait, au contraire, leur société. Quoiqu'il allât se nourrir fréquemment dans les mêmes plaines où se trouvaient des bandes de freux sauvages, il avait soin de se tenir à distance d'eux. Je pouvais toujours le distinguer des autres, à certaines plumes blanches qu'il avait aux ailes, et qui venaient de ce qu'on lui avait tiré quelques plumes noires, quand il était encore tout jeune — moyen infaillible de produire l'albinisme chez les oiseaux. Je conservai Jack jusqu'à l'été suivant ; mais, juste au moment où j'étais curieux de savoir s'il choisirait, oui ou non, une compagne dans les bandes de freux sauvages, — on était alors dans la saison des amours — il se perdit. Malgré de nombreuses recherches, je ne pus jamais obtenir de ses nouvelles. Il m'est donc impossible de dire s'il devint la victime de quelque oiseau de proie, ou bien s'il tomba sous la balle de quelque jeune et cruel chasseur, qui tenait à faire ses preuves.

LE CHOUCAS

Quoique le choucas fasse son nid avec les mêmes matériaux qui entrent dans la construction du nid du freux ; — quoique ce soit, selon toute apparence, un oiseau aussi hardi que ce dernier; — quoiqu'il passe la nuit, exposé au froid et aux pluies glacées de notre printemps, sur les branches nues des plus hauts ormes, — cependant, lorsque arrive la période de l'incubation, il dit adieu aux hauteurs découvertes dans lesquelles reste le freux pour couver ses œufs. Il se retire alors dans les abris que lui offrent les trous des clochers, des tours et des arbres.

Il n'y a peut-être pas dans les annales de l'ornithologie un seul exemple de choucas qui ait construit son nid à ciel ouvert. Voulant savoir à quoi m'en tenir sur ce point d'histoire naturelle, j'essayai d'engager ces deux congénères — le choucas et le freux — à continuer durant toute l'année ces liens de société qui — je l'avais observé moi-même — ne se rompent que durant le temps de l'incubation. Pour tenter cette expérience, je pratiquai une cavité commode dans un vieil orme, juste à l'endroit où l'arbre avait perdu — il y avait de cela quarante ans — un de ses membres vigoureux dans une bataille contre le vent. Les vieillards se souviennent encore dans le pays de ce terrible ouragan qui avait renversé les plus beaux arbres dans cette partie de l'Angleterre.

A l'approche de la saison procréatrice, un couple de choucas prit possession de ce trou. Le mâle et la femelle élevèrent leurs petits dans l'abri protecteur, tandis que les freux accomplirent leur devoir sur la tête du même arbre, exposés qu'ils étaient à toutes les rigueurs d'un printemps britannique. Ce succès m'engagea à approprier d'autres logements à l'incubation des choucas, et j'ai maintenant la satisfaction de voir une relation ininterrompue régner, durant toute l'année, entre le choucas et le freux.

Les notes aiguës, vives et souvent répétées du choucas,

surtout durant la période de l'incubation, n'ont rien de déplaisant pour une oreille accoutumée aux harmonies rustiques. Mais bien peu de gens ont l'occasion de leur prêter l'intérêt que je leur accorde, ces oiseaux n'étant pas du tout les favoris de l'homme. On les accuse communément, eux aussi, de sucer les œufs des autres oiseaux. La vérité est qu'il sont très-friands de pois et de cerises. Lorsque la saison de ces légumes et de ces fruits est passée, le choucas se retire dans les prairies, où il devore une incroyable quantité d'insectes.

Après que les petits ont quitté le nid, ces oiseaux vont rejoindre les freux et perchent avec eux dans les bois voisins jusqu'à l'équinoxe d'automne. Alors freux et choucas se retirent régulièrement au tomber de la nuit dans la direction de l'est, et cela en immenses troupes; puis ces oiseaux retournent chaque matin à l'ouest de mon habitation.

Le choucas pond de quatre à six œufs, dont la couleur varie beaucoup : on peut en dire autant du volume et de la forme. Protégé, cet oiseau construit volontiers son nid dans des trous qui ne sont pas élevés à plus de six pieds du sol, et cela en certains endroits où les gens passent et repassent à chaque heure du jour. Si vous enlevez les œufs de cet oiseau et que vous leur substituiez des œufs de pic, le choucas les couvera, puis élèvera les petits avec beaucoup de soin et d'affection.

Le plumage du choucas est noir avec des reflets d'un gris argenté qui brillent derrière la tête et qui changent, selon que l'oiseau s'expose aux différents rayons du soleil. Un choucas apparut dans mon voisinage avec une remarquable tache blanche sur une de ses ailes; il demeura parmi nous durant deux années, puis il disparut pour jamais. Probablement, la singularité de ses ailes attira l'attention de quelque tireur expérimenté, durant les pérégrinations de l'oiseau au delà des limites de cette vallée de sécurité.

Comme le freux, le choucas recueille des insectes dans son bec pour nourrir ses jeunes.

Je ne sais jusqu'à quel point les naturalistes tomberont d'accord avec moi sur un chapitre de la vie de cet oiseau : — ma conviction est que les choucas restent accouplés pendant toute l'année. Lorsque les vents d'automne ont dépouillé le sycomore, je vois les choucas perchés par paires, côte à côte, sur les branches nues de l'arbre désolé. Ils paraissent prendre plaisir à se lisser la tête les uns aux autres. Comme ils quittent l'arbre par couple, et que, par couple aussi, ils y reviennent, j'ai toute raison de conjecturer que leur union conjugale ne se dissout point, même à cette période de l'année où les jeunes n'ont plus besoin de l'assistance de leurs parents.

Quiconque est amateur des scènes de la nature, quiconque se réjouit à errer dans le voisinage des montagnes, n'aura jamais la pensée de chasser ce charmant oiseau; encore moins permettra-t-il à son jardinier de prendre la vie du choucas,—le tout pour la valeur d'une poignée de cerises.

Il est bien reconnu que le choucas est capable de devenir un oiseau domestique. Un individu de cette espèce qui avait été couvé dans un bocage tomba en ma possession, aussitôt qu'il fut revêtu de plumes, et je le gardai pendant plus de douze mois. Jack — car tous les oiseaux de cette famille portent généralement le même nom—devint bientôt le favori de la maison et faisait bonne chère tous les jours. Je le nourrissais surtout de fromage mou. Quand il devint capable de voler, il me suivait ou suivait

toute autre personne de la famille dans le jardin — et
ailleurs — près de la maison. Plus d'une fois, il se perchait sur mon épaule, et me donnait, de temps en temps,
un coup de bec amical sur l'oreille. Alors il criait vigou-
reusement: « Jack! Jack! » Puis il penchait coquettement
la tête de côté, et me regardait à la figure comme pour
voir si j'étais bien avec lui. Le jardin était le lieu qu'il
fréquentait d'ordinaire; là, il s'amusait pendant des
heures à chercher des insectes. Les perce-oreilles et les
araignées étaient sa nourriture favorite.

Les choucas volaient fréquemment en cercle autour
de l'église du village, et semblaient, du haut de la tour,
inviter, par leurs cris, Jack à rejoindre leur société; mais
lui ne se laissa point persuader par leurs conseils. J'ose
dire qu'il m'était trop attaché pour me quitter. Jusqu'ici,
quoique Jack considérât notre maison et les dépendances
comme son chez-lui, il ne répugnait point du tout à visiter les voisins, les autres habitants du village. Plus
d'une fois un dé à coudre, un écheveau de fil, une cuiller et d'autres objets faciles à porter furent volés par
Jack dans les cottages circonvoisins et cachés sous la
mousse qui croissait sur le chaume de notre grange.
Jack, par ces larcins, s'attira un très-mauvais renom; si
par hasard quelque chose manquait, il était sûr d'être
accusé et d'avoir un mandat de perquisition lancé contre
lui. On dressait alors l'échelle contre le mur, le toit était
fouillé, comme la maison d'un recéleur dans une enquête
de la justice, et les objets perdus étaient rendus au propriétaire.

Jack était fort matinal et imitait très-bien la voix humaine. Un matin (c'était le temps de la moisson), il s'introduisit de très-bonne heure à travers un carreau de
vitre brisé dans la chambre à coucher d'un voisin.

Trouvant alors la jambe d'un des dormeurs découverte, Jack y donna un coup de bec. L'homme se leva en jurant et en proférant des menaces; mais l'oiseau fit une bonne retraite. A la suite de cette escapade, je perdis de vue le pauvre Jack.

Un jour que j'accompagnais un clerc de mes amis, qui était en train de visiter les établissements charitables de la paroisse, je vis, à Kidderminster, un choucas dans le parloir d'une Maison de travail. L'oiseau paraissait avoir le sentiment de son importance; on eût dit que tout l'établissement était sous sa direction. J'appris que ce choucas avait été apprivoisé lorsqu'il était encore jeune. Depuis ce temps, il avait toujours eu la libre jouissance de la maison et des champs qui en dépendent. C'était l'ami privilégié de la directrice, malgré ses peccadilles, qui consistaient surtout en petits larcins. Connaissant à merveille les êtres de la maison, il avait observé le tiroir dans lequel on serrait les sous pour les menues dépenses quotidiennes. Un jour, ce tiroir ayant été laissé entr'ouvert, l'oiseau y déposa des chiffons et tout ce qu'il put trouver. D'abord, la maîtresse rejeta ces chiffons; cela déplut à l'oiseau, qui les reporta dans le même endroit. La directrice, trouvant étrange cette persistance de l'oiseau, se soumit au caprice de son favori, et laissa le tiroir ouvert. Elle mit seulement la monnaie en sûreté et ferma la porte de la chambre. C'était la saison de l'année où les oiseaux font leur nid. Au bout de quelques jours, elle fut toute surprise de trouver que Jack avait pondu deux œufs, puis trois, puis enfin le nombre habituel à son espèce. On découvrit alors, pour la première fois, que l'oiseau était une femelle.

Quoique, dans ses promenades aventureuses, elle eût rencontré un amant, elle continua de préférer son cher

et paisible ermitage à tous les priviléges d'une précaire
liberté. Quelques excursions qu'elle fît durant le jour,
elle ne manquait jamais de revenir à la Maison de travail
pour l'heure du coucher.

LA PIE

Parmi nos grands oiseaux, la pie se distingue par son
instinct constructeur. Son nid est d'un beau travail. On
le trouve soit sur les buissons d'épines, soit sur les
hauts ormes, soit même sur les pommiers.

La pie est voleuse.

Un fondeur de cloches, demeurant sur la paroisse de
Saint-Jean en Grève à Paris, avait perdu, depuis quelque
temps, plusieurs cuillers d'argent et d'autres objets de
valeur ; à la fin, il soupçonna sa servante d'être l'auteur
de ces vols. Afin de s'assurer du fait et de la surprendre
en flagrant délit, si la chose était possible, il laissa une
paire de boucles d'argent, dans une chambre où lui, sa
femme et la susdite servante étaient les seules personnes
qui entrassent. Le lendemain, les boucles manquaient et
les soupçons tombèrent naturellement sur la domestique.
Le maître l'interrogea et lui demanda si elle avait été
dans la chambre. La pauvre fille hésita d'abord ; puis, d'un
ton de voix altérée, elle avoua se souvenir d'avoir ouvert
la porte de cette chambre pour donner de l'air, mais déclara n'avoir rien vu des objets volés. Cette réponse con-
firma le maître dans ses soupçons : en conséquence, il
mit la jeune fille sous la main de la justice.

Après les formalités ordinaires d'un procès criminel,
dans lequel les passions de l'accusateur, les préjugés des

juges usurpent trop souvent les droits d'une enquête
impartiale, la servante fut déclarée coupable et condamnée
à mort. La malheureuse fut pendue. Quelque temps
après, le fondeur fut appelé à réparer et à arranger des
cloches d'église. En montant dans le clocher pour examiner l'état des choses, il fut fort étonné de trouver une
pie favorite qu'il avait élevée dans sa maison, perchée à
côté de l'horloge de l'église. Frappé de la présence de
son ancienne locataire dans un endroit où il s'attendait
si peu à la rencontrer, il ne pouvait se persuader que ce
fût le même oiseau. Afin de s'assurer de l'identité, il
appela l'oiseau par son nom : « Mag ! Mag ! » La pie vint,
en sautillant, à quelques pas de l'homme, s'arrêta soudain, hérissa son plumage, jasa dans sa langue, et vola
vers un trou qui se trouvait dans le toit de l'église. La
curiosité poussa l'homme à la suivre ; mais qui pourra
exprimer son étonnement et sa confusion, lorsqu'il vit,
déposés dans un coin du trou, tous les objets pour lesquels l'infortunée servante avait perdu la vie !

Les circonstances de cette mystérieuse affaire furent
bientôt connues du public. Les citoyens, dans un paroxysme d'enthousiasme, de sainte colère, demandèrent
vengeance contre l'accusateur et contre les juges. Pour
prévenir les sérieuses conséquences de cette émotion
populaire, on trouva bon d'apaiser la multitude en or-
donnant qu'une messe serait dite et qu'un solennel
Domine exaudi serait chanté pour le repos de l'âme de la
victime. Le souvenir de cette aventure tragique se conserva dans l'église de Saint-Jean en Grève. Les vierges
du voisinage s'assemblaient tous les ans, à minuit, et,
revêtues de robes blanches, portant des branches de
cyprès à la main, elles chantaient un *Requiem* en faveur
de l'innocente suppliciée. On appelait cette cérémonie

la *messe de la pie.* Un drame populaire a été tiré de cet incident, et a fait longtemps pleurer les yeux des grand'-mères au théâtre de la Gaieté à Paris. Ce drame a été traduit en anglais.

L'ÉTOURNEAU

Je ne connais rien qui ait fait autant d'impression sur moi—lorsque j'étais enfant—que la description de l'étourneau captif dans sa cage, et que les réflexions de Sterne à propos de cette rencontre. L'agitation du prisonnier qui frotte sa gorge contre les fils d'archal; les paroles touchantes qu'il adresse à chaque passant : « Je ne puis sortir, je ne puis sortir d'ici; » sa résignation morne et désespérée, tout me rendait ce joli oiseau intéressant. Dans ma jeunesse, j'ai passé bien des heures à écouter ses chansons du matin, et à admirer, vers la chute du jour, les évolutions aériennes de l'étourneau.

Il existe, pourtant, un fort préjugé contre cette innocente créature. Il est peu d'oiseaux dans la Grande-Bretagne qui soient plus inoffensifs que l'étourneau; il en est peu, néanmoins, qui aient plus souffert de la persécution. Lui, aussi, est condamné à voir sa race décroître par les mains de l'espièglerie cruelle ou de l'ignorance. Le fermier se plaint de ce que l'étourneau suce les œufs de ses pigeons, et, lorsque les chasseurs sentent le besoin d'essayer leur fusil neuf, ils commandent au garde de fermer les trous d'entrée du colombier, au tomber de la nuit. Le lendemain matin, trois ou quatre douzaines d'étourneaux sont pris et servent de point de mire aux chasseurs. Cependant le garde—cet esclave de Nemrod—

reçoit les remercîments de la bande et quelquefois un pourboire, comme ayant délivré le colombier d'un pareil fléau. Hélas! les pauvres étourneaux s'étaient faufilés dans la maison des colombes uniquement pour y trouver un abri et une protection. Ils n'étaient nullement responsables des fragments de coquilles d'œufs que l'on a pu trouver semés çà et là sur le carreau. Ces fragments, ces traces de destruction, sont l'ouvrage des fripons déjà désignés, et non des inoffensifs étourneaux. Les vrais coupables ont été les rats et les belettes ; mais, comme ils ont fait le mal en cachette et dans l'obscurité, on ne les soupçonne pas. Au contraire, les étourneaux, étrangers au dégât, mais contre lesquels existent des charges et des apparences, sont pris, condamnés, exécutés. Leur seul crime est d'avoir été trouvés dans une maison bâtie pour d'autres locataires d'un ordre plus profitable à l'homme ; —je parle des pigeons.

Après un examen attentif de la forme et de l'économie organique de l'étourneau, je mets tout ornithologiste au défi de produire aucune preuve que cet oiseau soit un suceur d'œufs. S'il suçait réellement les œufs des pigeons, il sucerait également les œufs des autres oiseaux. Or, ces derniers n'étant point cachés dans la retraite obscure et le mystère du colombier, étant, au contraire, exposés dans un nid ouvert ou sur le sol, — quelquefois même dans les buissons effeuillés de la haie, — les naturalistes fureteurs auraient mille occasions de surprendre l'étourneau en flagrant délit de déprédation. Eh bien, maintenant, je le demande, qui a jamais vu cet oiseau pillant et dévastant un nid? Dans ma vallée, il bâtit son nid en société avec la tourterelle, le rouge-gorge, le verdier, la bergeronnette, le choucas, le pinson, la chouette: mais il ne touche jamais à leurs œufs. S'il était réellement dans ses habitudes de tourmenter ses voisins, sur un point aussi délicat que celui de leur progéniture, il n'y aurait ici qu'un cri contre lui. Cette malédiction ne cesserait que lorsque le vainqueur aurait réussi à chasser le vaincu.

Je suis certain, pour mon compte, que l'étourneau ne suce jamais les œufs des autres oiseaux,—si certain, que, quand je le vois approcher du colombier, je lui dis volontiers : « Entre, pauvre oiseau, et repose en paix ! aucun serviteur de ma maison ne te troublera, ni ne t'arrachera une plume de la tête. Tu ne viens pas pour manger les œufs, je le sais, mais pour chercher une protection ; et cette protection, je te l'accorde de grand cœur. Je serai ton ami en dépit de tout ce que le monde dit et peut dire contre toi. Ici, du moins, tu pourras trouver un abri sûr pour toi-même et pour tes petits. Ton innocence et tes services n'exigent pas moins de mon humanité. »

L'étourneau vit une partie de l'année en société ; je me suis convaincu moi-même que les associations de ces oiseaux se dissolvent seulement à l'équinoxe du printemps, parce qu'ils n'ont pas, alors, l'opportunité de trouver des places suffisantes pour bâtir leurs nids en commun. Si ces occasions leur étaient offertes, nous les verrions pondre et couver par grandes multitudes comme font les freux. Ils requièrent pour leur nid une place bien protégée contre l'air extérieur. L'intérieur du toit d'une maison, un trou profond dans une tour ou dans le tronc d'un arbre en ruine, quelquefois même d'une branche délabrée, sont autant d'endroits admirablement adaptés à l'incubation des étourneaux. Cet oiseau s'y réfugiera toujours, pourvu qu'on ne l'y moleste point. On peut en dire autant du choucas.

Une observation attentive m'a amené à croire que la

grande masse des étourneaux quitte notre voisinage au printemps, uniquement parce qu'ils manquent d'un endroit convenable pour nicher. Depuis plusieurs années, deux couples d'étourneaux seulement restent dans mon île. L'un de ces couples construit régulièrement son nid dans le toit de la maison, ayant trouvé une entrée à travers une ouverture négligée. L'autre a élevé ses petits, très-haut, dans le trou profond d'un vieux sycomore. Deux ou trois autres ménages d'étourneaux fréquentent le colombier; mais j'ai observé qu'ils façonnent leurs nids dans les crevasses, et non dans les trous pratiqués pour les pigeons. Ces pauvres oiseaux—de même que les chouettes — ont eu beaucoup à souffrir de l'ignorance impitoyable des domestiques, avant que j'eusse promulgué mon traité de paix en leur faveur. Aujourd'hui, j'ai fermé les portes du temple de Janus, et ces portes ne se rouvriront jamais de mon vivant.

Ayant si bien réussi à établir les chouettes dans la vieille tour recouverte de lierre, je conjecturai — d'après mes observations sur les mœurs de l'étourneau — que je réussirais également auprès de ces derniers. Il s'agissait de persuader aux étourneaux de passer l'été avec moi. Pour cela, je fis creuser vingt-quatre trous dans l'antique tour ruinée; et, au printemps de cette année, j'ai eu vingt-quatre nids d'étourneaux. Il parut y avoir bon nombre de querelles au sujet de la possession de ces trous, jusqu'à ce qu'enfin la force opprimât le droit. — C'est l'histoire du loup et de l'agneau, c'est l'histoire des sociétés humaines. Les bandes d'étourneaux disparurent alors, sans doute avec l'intention de trouver ailleurs d'autres quartiers de reproduction. Les vingt-quatre couples qui restaient élevèrent leurs petits, — causant, je le crains fort, plus d'une insomnie diurne à leurs proches

voisines, les chouettes, en raison de leur caquet inces-
sant.

D'un côté, quand nous considérons combien l'étourneau met de soin et de scrupule à choisir une place pour
son incubation, une place à l'abri de la tempête ; — et,
d'un autre côté, quand nous voyons, autour de nous,
combien de vieilles maisons dans lesquelles l'étourneau
cherchait un refuge ont été démolies ; — enfin, quand nous
réfléchissons à ceci, que le luxe moderne, la manie désastreuse des courses et encore plus l'économie rurale, ont
forcé plus d'un propriétaire d'abattre ses vieux chênes,
ses frênes et ses sycomores, qui fournissaient une retraite à l'étourneau, il ne faudra pas au naturaliste les
yeux d'Argus pour découvrir la cause d'un fait bien
connu : — je parle du grand nombre de ces oiseaux qui
s'assemblent au printemps pour prendre congé de nous.

Il y a eu de la sorte un grand nombre de changements
lents, insensibles, inaperçus, qui se sont introduits dans
l'histoire naturelle des oiseaux, depuis l'établissement
des sociétés humaines, et qui se développent avec elles :
je ne sache pas qu'aucun ornithologiste ait fait observer
les modifications introduites, depuis les temps historiques, dans l'instinct ou, si l'on veut, dans l'esprit des
bêtes ; mais les faits sur lesquels s'appuie cette théorie
n'en sont pas moins évidents. Ces faits, il suffit de les
recueillir et d'indiquer ainsi une voie toute nouvelle de
recherches.

Cette année, sept couples de choucas, vingt-quatre
couples d'étourneaux, quatre paires de tourterelles, la
chouette effraie, le merle, le rouge-gorge, le moineau et
le pinson ont construit leurs nids dans notre vieille tour
verdoyante. Maintenant que l'automne est arrivé, les
mouvements de cette délicieuse république d'oiseaux

nous avertissent de nous préparer pour les froides bises de l'hiver. Le bec-fin de muraille est déjà parti pour l'Afrique; le pinson s'est retiré dans les haies d'aubépine; les tourterelles, qui avaient perdu la moitié de leurs notes rauques et mélancoliques dans la première semaine d'octobre, sont devenues tout à fait muettes depuis dix jours, et ont quitté la ruine couronnée de lierre, pour rejoindre les rassemblements de leurs associées, qui, maintenant, cherchent surtout leur nourriture dans les champs de navets; — elles ne reviendront pas à la tour avant la mi-février. Les choucas seuls sont restés; ils sont là, matin et soir, et souvent à midi; à la tombée de la nuit, ils ne manquent jamais de se joindre aux bandes de freux qui passent et qui volent vers le soir pour regagner leur domicile. Les étourneaux, eux, se sont retirés dans une épaisse plantation de sapins et de bouleaux; mais, le matin, ils reviennent à la tour pour chanter leur chanson sauvage, même lorsqu'il gèle. Ces oiseaux sont maintenant dans leur robe d'hiver, qu'ils ont revêtue à l'équinoxe d'automne : cet habillement est d'un gris plus blanc que celui d'été. Je ne crois pas que les naturalistes aient signalé ce changement.

L'étourneau paraît rendre justice aux mœurs paisibles et inoffensives de la cresserelle. Cette espèce de faucon élève ses petits dans le vieux nid d'un corbeau, à une centaine de mètres de la tour. Cependant les étourneaux ne trahissent aucune crainte lorsque la cresserelle erre çà et là; mais ils se montrent terriblement agités à l'approche de l'épervier. Je vois souvent ce hardi destructeur glisser d'un vol bas à travers le lac, frapper un étourneau et l'emporter, parmi les cris et le vacarme des habitants de la tour.

L'étourneau ou le sansonnet aura toujours en moi un

ami. Je l'admire pour sa belle forme et son joli plumage;
je le protége pour son chant sauvage et varié, et je le dé-
fends pour son innocence.

De tous les oiseaux des bois, le sansonnet est celui qui
s'attache le plus à l'homme. L'individu qui habite ma
volière est d'un caractère gai et enjoué. J'ai souvent
envié la facilité avec laquelle il oublie une injure — de la
part de ses autres camarades. Maltraité par eux, il reprend aussitôt sa belle humeur et ses chansons. Cette
douce jovialité ne l'empêche point d'être un savant. Son
répertoire musical se compose des airs qui courent les
rues. Il y ajoute toute sorte d'arts d'agrément qui consistent surtout à contrefaire la voix et les gestes des autres animaux. En philosophie, c'est un éclectique; il choisit
tout ce qui est bon sans s'inquiéter de la source; il n'y a
point de livre dans la nature, ni de son si insignifiant,
dont il ne cherche à faire son profit.

FISSIROSTRES

Cette subdivision ou famille comprend les espèces qui ont le bec court, aplati horizontalement et fendu, dans certains cas, jusque derrière les yeux. Ces oiseaux vivent d'insectes qu'ils saisissent ou mieux qu'ils engouffrent la bouche béante. Ils sont pourvus, en conséquence, de longues ailes avec lesquelles ils balayent l'espace; mais leurs pattes sont petites et faibles.

On rencontre dans toute la nature une grande loi d'équilibre entre les organismes. Les ailes ne se développent jamais qu'au détriment des pattes, et la marche se sacrifie, pour ainsi dire, à la faculté du vol.

Les principaux groupes de cette famille de grands voiliers sont :

Les martinets;

Les hirondelles ;

Les engoulevents ou tette-chèvres.

Le nom vulgaire de ces derniers oiseaux repose sur un préjugé. C'est à tort qu'on a cru que les engoulevents tetaient les chèvres pendant la nuit.

Je confondrai, dans une même monographie, les martinets et les hirondelles ; ces deux genres d'oiseaux ne diffèrent, en effet, que par des nuances.

LE MARTINET — L'HIRONDELLE

Un matin, que j'étais sorti de chez moi — suivant mon habitude — au soleil levant, je rencontrai, sur le bord de la route, une hirondelle vivante, mais qui ne s'envola point à mon approche. Je la pris dans ma main : elle était aveugle. Cette cécité était-elle une conséquence de l'âge, de la maladie ou de quelque accident ? C'est un point sur lequel l'oiseau ne put me donner que des renseignements assez vagues. Je résolus de prolonger son existence. Ma maison fut son hôpital. D'abord, l'oiseau refusa les mouches que je lui servais. L'infirmité rend l'âme maussade et ombrageuse. Quant à moi, l'infortune de cette pauvre créature m'intéressait en sa faveur. Je déployais avec attendrissement ces longues et grandes ailes faites pour lutter de vitesse avec l'électricité, mais que ne dirigeait plus le sens de la vue. La faculté du vol, portée à un degré extrême, mais sans le moyen de s'en servir ! Au bout de quelques jours, l'hirondelle s'humanisa ; elle avait reconnu, dans sa nuit désormais éternelle, la main d'un ami : elle consentit à vivre. Je la vis avec un plaisir extrême prendre la nourriture que je lui offrais.

Cette hirondelle finit par connaître ma voix, et, quoique parfaitement libre et absolument aveugle, elle venait lorsque je l'appelais. Nous passâmes ainsi, du mois de juillet à la fin de l'automne, des jours entiers sous le même toit ; mais, à l'époque de la migration, je la perdis. Mourut-elle alors des chagrins de l'exil ou de vieillesse ? Je l'ignore.

L'hirondelle visite périodiquement l'Angleterre. Une moyenne établie sur les observations de plusieurs années indique le 10 d'avril comme le moment approximatif de son arrivée. L'époque de la migration paraît, d'ailleurs, influencée chez ces oiseaux par la température des contrées d'où ils viennent. Nos îles Britanniques sont tellement perdues dans les brouillards, que, traversant le détroit, par un temps brumeux, l'hirondelle éprouve de la difficulté à les trouver. Un pêcheur intelligent m'a assuré que, quand le temps était nébuleux, les hirondelles, les martinets et les autres oiseaux de cette famille avaient coutume de s'abattre sur leurs bateaux, à trois ou quatre lieues de la terre, soit seuls, soit par petites troupes. Ces oiseaux paraissaient alors si fatigués, qu'ils sont, tout au plus, capables de voler d'un bout du bateau à l'autre, lorsqu'on essaye de les saisir.

Si l'on songe que d'autres petits oiseaux traversent le même détroit avec aisance, on s'étonnera de l'état de lassitude dans lequel se montrent les hirondelles à leur arrivée. Un homme digne de confiance m'a raconté que, par un beau temps, il avait souvent vu les hirondelles plonger dans l'eau, — plates, et les ailes étendues, — puis, un moment après, reprendre leur vol, comme si elles avaient retrempé leurs forces dans l'Océan.

Si elles ne doivent point résider dans notre île, elles passent vite et se rendent vers leurs gîtes accoutumés. Après que deux ou trois hirondelles ont été vues dans le

pays, il s'écoule quelquefois quinze jours avant que les
autres fassent leur apparition. Arrivées dans nos parages,
les hirondelles semblent préférer les habitations de
l'homme qui se trouvent situées dans le voisinage de
l'eau, — rivière ou lac — probablement parce que ces
localités leur fournissent une plus grande abondance
et aussi une plus grande variété d'insectes ailés, dont
elles font leur nourriture. Les hirondelles cherchent ces
insectes dans l'air, durant la plus grande partie du jour;
car la faculté du vol, dont jouissent ces oiseaux, est si
grande, qu'elle leur permet de rester sur leurs ailes pendant plusieurs heures de suite, à la poursuite de leur
proie, sans aucune apparence de fatigue.

Au mois de mai, les hirondelles choisissent la situation
de leur nid. Ce nid est composé de terre humide, que
ces oiseaux ramassent au bord des étangs. Les boulettes
d'argile molle sont portées au logis en construction; là,
l'oiseau façonne cette matière, avec de la paille, en un
nid qui a la forme d'une soucoupe, et qui est ensuite
doublé avec des plumes.

La confiance extraordinaire que ces oiseaux témoignent
à l'homme, en plaçant leurs nids au milieu de ses demeures, mérite bien de fixer notre attention, et explique
une circonstance qui est toute singulière dans la race des
êtres à plumage. Je veux parler de l'habitude qu'ont les
hirondelles de chanter sur leur nid, ce qui annonce chez
elles le parti pris de ne point se cacher à l'homme. Le
nid de ces oiseaux est, le plus souvent, placé dans une
cheminée dont on ne se sert plus. Mais les cheminées ne
sont pas les seuls endroits que choisissent les hirondelles
pour y construire leur maison. Dans le nord de l'Angleterre, elles bâtissent fréquemment leur habitation dans
la fosse abandonnée des mines, dans de vieux puits,

quelquefois sous le toit d'une grange ou d'un hangar ouvert, entre les poutres et le chaume ou les tuiles qui en
forment la couverture.

Les tourelles où nichent les cloches — ces oiseaux de
métal — sont souvent fréquentées par les hirondelles;
ces dernières profitent de toutes les saillies, de tous les
accidents d'architecture; les reliefs de nos édifices go-
thiques leur servent comme autant d'arcs-boutants pour
y appuyer leurs maçonneries.

J'ai entendu parler d'un nid fait par un couple d'hirondelles dans le tiroir entr'ouvert d'une petite table de sapin,
au milieu d'un grenier inoccupé, et au sein duquel ces
oiseaux s'étaient ménagé un accès par un panneau de vitre
brisée. Pennant cite un cas dans lequel un autre couple
d'hirondelles avait attaché son nid au corps et à l'aile d'un
hibou cloué contre une grange : j'ai vu ce nid dans la collection d'un de mes amis. Il y a quelques années, un petit
steamer, *le Clarence*, stationnait à Annan-Waterfoot et
faisait route vers Port-Carlisle, pour remorquer les vaisseaux. Deux hirondelles bâtirent leur nid sous les supports
d'une des roues à palettes, à trois pieds au-dessus de la
surface de l'eau, et réussirent à élever leurs petits dans
cette retraite. Ils y revinrent même l'été suivant. Durant
les marées basses, *le Clarence* voyage tous les deux jours
et, souvent même, tous les jours. Quand le bateau quittait
le Waterfoot, les oiseaux quittaient le bateau et se rendaient sur le rivage; mais, quand le steamer retournait et
qu'il s'approchait d'Annan, les hirondelles le rencontraient invariablement et l'accompagnaient à sa destination.

L'attention et les soins que le père et la mère prodi-
guent à leurs petits ont quelque chose d'intéressant : on
les voit retourner au nid avec de la nourriture une fois

toutes les trois minutes pendant une grande partie de la journée. Lorsque les jeunes quittent le nid, ils perchent, pendant quelques jours, sur le faîte d'une cheminée ou sur le toit de la maison, et, là, ils sont nourris par leurs parents. Leur premier essai de vol consiste à atteindre une branche dépouillée de feuilles, sur laquelle ils se posent en rang, et reçoivent leur nourriture. Bientôt après, ils apprennent à se servir de leurs ailes; mais ils ont encore à acquérir l'art de saisir leur proie. Ils voltigent près de la place où leurs parents se livrent à la chasse des mouches, suivent leurs mouvements, les rencontrent et reçoivent de leur bec la pâture offerte. Tout cela rentre, comme on voit, dans l'éducation naturelle des oiseaux.

Le vol qui paraît — surtout chez l'hirondelle — un acte si naturel, est, au contraire, comme nous venons de le voir, une faculté acquise.

Lorsque les jeunes couvées ont entièrement quitté leurs nids, elles se perchent, par centaines, sur les saules et les osiers, au bord de l'eau.

Les hirondelles quittent généralement nos contrées vers la fin d'octobre; mais on voit quelquefois parmi elles des traînardes qui restent jusqu'au milieu de novembre. Vers la fin de la belle saison, lorsque le moment du départ est arrivé, ces oiseaux se rassemblent en grand nombre sur le toit d'une maison ou dans tout autre endroit favorable. A Paris, le rendez-vous semble fixé au palais de l'Institut. De ce point de repère, quelques groupes s'envolent continuellement, et d'autres viennent perpétuellement prendre leur place. Cette convocation semble dictée chez ces oiseaux par un instinct social. Cela continue pendant peut-être six semaines, jusqu'à ce que, par suite des migrations successives, la multitude des hirondelles se trouve réduite à un petit nombre d'individus.

Ces oiseaux ont donné lieu, dans quelques grandes villes, à une singulière industrie. Un homme, que j'ai rencontré sur les quais de Paris, cherchait à intéresser le cœur des passants en faveur d'une vingtaine d'hirondelles prisonnières dans une étroite cage. Il s'adressait surtout aux femmes : « Mesdames, prenez pitié du sort de ces pauvres captives : pour deux sous, — deux pauvres sous, — vous pouvez leur rendre la liberté. » Quelques âmes compatissantes (il s'en trouve partout) se laissaient persuader par ce discours, dont je supprime, d'ailleurs, les développements pathétiques. Les tendres Parisiennes prenaient plaisir à prendre ces oiseaux dans leur main, qu'elles ouvraient ensuite. L'oiseau partait comme un trait; ses joyeux battements d'ailes, ses petits cris annonçaient l'ivresse d'un être fait pour l'espace et l'azur; mais une inclination fatale attirait ces mêmes oiseaux vers la Seine, sous les arches des mêmes ponts où ils avaient été pris d'abord, et où, rencontrant les mêmes filets, ils étaient successivement repris.

Cette chasse aux hirondelles est honteuse; — tendre à la fois un piége aux oiseaux et aux cœurs sensibles ! — mais je ne saurais approuver, dans aucun cas, la destruction de ces créatures inoffensives, utiles et charmantes.

J'ai souvent entendu faire cette remarque dans les dernières années : « Que nous avons peu d'hirondelles, cet été ! » La décroissance de ces oiseaux ne serait-elle pas due, au moins en partie, à la détestable habitude qui s'est introduite de leur faire la chasse? Tuer les hirondelles ! Selon la croyance des bonnes gens, cela porte malheur, et les bonnes gens n'ont pas tort. Ils voient, avec les yeux du cœur et du sens commun, ce que les gens du monde ne voient pas toujours avec les yeux que leur a faits une fausse éducation.

Sans la protection tout amicale de ces oiseaux, l'atmosphère dans laquelle nous vivons serait à peine habitable pour l'homme. Ils vivent entièrement d'insectes qui, s'ils n'étaient point tenus en respect par ces utiles ennemis, pulluleraient dans l'air et nous tourmenteraient comme une plaie d'Égypte. L'immense quantité de mouches détruites dans un temps fort court par une seule hirondelle est à peine croyable. Il faut, pour s'en faire une idée, avoir eu le fait sous les yeux.

J'étais présent, un jour, lorsqu'une hirondelle fut tuée d'un coup de fusil. Il faut même que j'avoue toute la vérité : c'est moi (j'étais alors un jeune homme) qui étais l'auteur du crime. Je confesse ma faute en toute contrition, et jamais plus je ne me rendrai coupable d'une si mauvaise action. Circonstance aggravante : c'était dans le temps de la reproduction, à l'époque de l'année où les mères ont couvé leurs petits. A ce moment-là, comme tout le monde sait, les mères ont l'habitude de faire de petites excursions dans la campagne à une distance considérable de leur nid, et cela en vue de recueillir des mouches, qu'elles rapportent chez elles à leur progéniture. En ramassant ma proie inoffensive et illicite, je remarquai un grand nombre de mouches, dont les unes étaient mutilées, dont les autres, à peine blessées, s'échappaient en rampant du bec de l'oiseau mort. Le gosier et la poche de l'hirondelle semblaient farcis de ces insectes ailés, et le destructeur, détruit à son tour, finit par en dégorger une quantité incroyable. Je suis sûr de rester en deçà de la vérité, en disant qu'il y avait là une masse de mouches, prises tout à l'heure par un seul individu, et qui, pressées les unes contre les autres, auraient à peine pu tenir dans une cuiller de table. « Voilà donc, me suis-je dit alors, toute une couvée de jeunes oiseaux privée de son pain quotidien et de sa mère nourrice par un acte de la plus inutile cruauté !

Le merle, la grive et d'autres oiseaux rendent, il est vrai, le même service en détruisant les insectes ; ils nous charment en même temps par leur mélodie et par leurs manières amusantes ; mais nous sommes obligés de payer leurs services ; comme une compensation de la joie qu'ils nous procurent par leurs chants, ils prennent avec nous de grandes libertés, mangent nos fruits, pillent et dévastent nos jardins ; mais les hirondelles, les inoffensives hirondelles, quel mal font-elles ? Ces derniers oiseaux ne nous demandent aucun sacrifice en retour du bien qu'ils nous procurent. Durant leur séjour dans notre contrée, les hirondelles (à l'exception d'une seule espèce, le martinet des sables) vivent toujours autour de nos demeures, et semblent, si l'on ose ainsi dire, courtiser notre amitié.

White fait observer quelque part qu'elles ne s'effrayent guère du fusil, tant elles s'attendent peu à recevoir une offense et la mort de la main de l'homme. Les hirondelles ne croient point à l'ingratitude. Elles nous regardent, au contraire, comme leurs protecteurs naturels.

L'arrivée de la première hirondelle est considérée avec un certain degré d'intérêt par le peuple des campagnes. Qu'elle effleure la terre de son vol gracieux, ou qu'elle gazouille sur la pointe de nos cheminées, sa venue est saluée par le plébéien inculte. C'est le héraut constant et uniforme du printemps. Le cri des hirondelles, quand elles sont réunies par troupes et qu'elles entre-croisent dans l'air les mailles de leur vol comme un réseau vivant, — ou bien quand elles se confondent sans se heurter autour d'un clocher d'église, — ce cri, dis-je, tout discordant et tout aigu qu'il peut être, produit, néanmoins, un joyeux concert, associé surtout à tous les charmes d'un jour d'été et d'un temps calme. Et, pour ce qui est de ces industrieux architectes, les martinets, j'aime à les voir bâtir leur petite maison près de ma fenêtre. Je regarde leur présence comme un compliment qu'ils me font et je leur sais gré de choisir ma demeure pour y construire leurs nids : pour rien au monde, je ne voudrais les troubler ni leur nuire.

La vue des hirondelles me rappelle les vers de Shakspeare. « Cet hôte de l'été, le martinet qui hante les temples, nous indique, par le choix qu'il fait de son domicile, que le souffle du ciel est pur et embaumé là où il se trouve. J'ai toujours observé que cet oiseau fait son lit pendant et son berceau procréateur dans les lieux où l'air est délicat. »

L'endroit que j'habite est charmant; mais quelque chose manquerait à la beauté, à la joie, à la vie du paysage, si l'hôte et le prophète des beaux jours ne venait m'y rendre sa visite annuelle. L'hirondelle est une de mes favorites, un de mes oiseaux de prédilection, — la rivale du rossignol ; elle réjouit ma vue, comme l'autre enchante mon oreille. Elle annonce le réveil de la nature, elle est l'avant-courrière de la belle saison ; elle vit une vie de jouissances aériennes parmi les formes les plus amoureuses de la nature; l'hiver lui est inconnu ; elle quitte en automne les vertes plaines de la vieille Angleterre pour les bocages de myrte et d'orangers que lui offre l'heureuse Italie, ou pour les palmiers de l'Afrique. Comme les poëtes, les navigateurs, les philosophes, elle poursuit toujours quelque chose, mais, plus heureuse que l'homme, elle atteint ce qu'elle poursuit.

Les êtres eux-mêmes qu'elle choisit pour en faire sa proie sont poétiques, beaux et vivent un jour. Grâce à elle, les éphémères échappent à la mort lente et languissante qui les attend vers le soir ; ils sont tués en un moment, lorsqu'ils n'ont connu de la vie que le plaisir. Ennemie des insectes, amie de l'homme, l'hirondelle partage avec la cigogne et l'ibis le droit d'être regardée comme un oiseau sacré. Son instinct, qui l'avertit du mouvement des saisons, qui lui apprend l'époque où elle doit se déplacer, le lieu où elle doit se rendre, peut être regardé comme une émanation de l'âme de la nature. Elle appartient à l'ordre des augures ; elle rend des oracles, plus certains que ceux de Calchas, et surtout moins sanguinaires. Elle parle le langage intelligible et imposant de la Divinité toujours présente dans l'univers, et qui s'explique par ses œuvres.

La poétique beauté de l'hirondelle, qui traverse le ciel avec la vitesse du désir et de la pensée, l'association de cet oiseau avec le printemps — cette jeunesse de l'année — avec l'amour — cette jeunesse du cœur, les souffrances de sa couvée, lorsque le père ou la mère se trouve détruit, tout doit exciter notre sympathie, notre humanité, tout demande grâce pour cette innocente et douce créature. Je me fais donc son avocat auprès des jeunes chasseurs ; je leur demande d'épargner celle qui ne demande à l'homme qu'un coin de nos demeures pour y poser son nid, qu'un peu de boue pour le construire, qu'un peu de soleil et de ciel bleu pour être heureuse. — Pour l'amour de Dieu, ne tuez point les hirondelles !

Il y a deux hommes dont l'hirondelle n'a rien à craindre, deux hommes auprès desquels il est inutile de plaider la cause de cet oiseau ; c'est le prisonnier et l'exilé. — Au prisonnier l'hirondelle dit : « Liberté ; » à l'exilé, elle dit : « Patrie ! »

L'hirondelle des fenêtres, *hirundo urbica*, est une des espèces les plus communes. Dans nos contrées, elle arrive généralement quelques jours plus tard que l'hirondelle proprement dite. Elle paraît commencer en Afrique ses migrations vers le Nord ; elle traverse la Méditerranée et se repose dans quelques-unes des nombreuses îles de cette mer heureuse, et cela en compagnie des autres hirondelles ; mais, ayant les ailes plus petites, elle met plus de temps qu'elles à franchir la distance. L'opinion veut que l'hirondelle des fenêtres soit un oiseau de bon augure, et ce n'est pas moi qui contredirai sur ce point la croyance populaire. La confiance que ces hôtes de nos habitations nous témoignent doit nous prédisposer en leur faveur. Les mœurs de cet oiseau ressemblent, sous plusieurs rapports, à celles de l'hirondelle.

Ces petits architectes cimentent leurs nids sous le rebord des toits ou aux angles supérieurs des fenêtres. Il consacrent, le matin, quelques heures à cette maçonnerie et la laissent sécher durant le reste du jour. Mais je les ai vus négliger une belle matinée, et pousser l'ouvrage jusque dans l'après-midi, sans autre raison apparente que la facilité de se procurer du mortier à cette heure de la journée, dans une place située à peu de distance et qui, le matin, était couverte par la marée. Une hirondelle des fenêtres, dans une campagne que j'habitais, avait bâti son nid contre le verre d'une fenêtre. Ce nid semblait tenir fermement et n'avait pourtant d'autre point d'appui que la vitre. Dans le choix qu'ils font d'un endroit pour y construire leur maison, ces oiseaux paraissent être influencés par une considération dominante : il leur faut un point de départ qui leur procure une chute favorable en déployant leurs ailes. Je les ai vus abandonner une situation dans laquelle ils avaient l'habitude de bâtir, depuis plusieurs années, uniquement parce qu'un mur bas avait été élevé de manière à intercepter l'essor de leur vol.

Je me souviens aussi d'avoir habité, pendant six mois, en Écosse, un vieux château qui mériterait bien d'être décrit, si l'on pouvait décrire après Walter Scott ces sauvages et romanesques demeures du moyen âge. Il y avait une salle basse et voûtée qui nous servait, pendant la belle saison, de salle à manger. Ce rez-de-chaussée était éclairé par une grande fenêtre dont une vitre était brisée. Par cette ouverture entraient fréquemment, durant la journée, deux hirondelles, le mâle et la femelle, qui avaient bâti leur nid moitié contre le mur et moitié contre un des châssis de la fenêtre. Aux heures des repas, nous prenions un plaisir singulier à voir ces deux oiseaux entrer dans la chambre et porter la nourriture à leurs petits; car nous entendions bien, à certains cris, que le nid n'était pas stérile. Un jour — jour néfaste! — une nouvelle servante — non par méchanceté, mais par inadvertance ou par bêtise — eut la malencontreuse idée d'ouvrir tout grands les deux battants de la fenêtre. Le nid tomba au milieu de la chambre. Je vois encore les cinq petits sans plumes qui se débattaient dans les souffrances de l'agonie. Quoique cette impression soit ancienne, elle ne s'effacera jamais de ma mémoire. La souffrance de ces innocentes créatures, exposées nues sur la dalle, m'avait touché; mais ce qui m'attendrit encore davantage, quelques minutes après, ce furent les cris désolés de la mère, le vol inquiet du père, qui cherchaient tous les deux leur nid, le fruit sacré de leurs amours, et qui ne le trouvaient plus. Les deux oiseaux infortunés quittèrent pour jamais ces lieux maudits où l'on ne respectait point le dépôt de la maternité.—Un an après, le fils du châtelain fut tué à la chasse d'un coup de fusil qu'un des chasseurs maladroits adressait à un chevreuil.

Souvent les hirondelles de fenêtres, à leur retour dans nos contrées, ne bâtissent point un nouveau nid ; elles retournent à celui qu'elles habitaient les étés précédents, et se contentent de le réparer quand certaines restaurations sont devenues nécessaires. On connaît la forme hémisphérique de cette habitation. L'hirondelle des fenêtres produit trois et quelquefois quatre couvées durant la belle saison. Un couple de ces oiseaux, après avoir pris possession d'un nid qui avait été construit l'année précédente, en retira les corps desséchés de trois petits couverts de plumes et qui avaient péri dans cette demeure. Le terrain étant ainsi déblayé par cette action préparatoire, ils approprièrent le nid à leurs besoins. Vers le même temps, une semblable tentative fut faite par un autre couple, à peu près dans la même localité ; mais, tous les efforts pour déloger les cadavres des jeunes oiseaux étant restés infructueux, le mâle et la femelle se contentèrent de fermer l'ouverture du nid avec du limon ; ils convertirent ainsi ce nid en un sépulcre.

Ces faits ont donné à réfléchir : on en a degagé une loi d'histoire naturelle. Lorsque les approches de la mue se font sentir avant que les petits soient capables de prendre leur vol, la tendresse des parents cède, dans certains cas, à la fièvre de la migration, et ils laissent les petits périr dans leur nid. On connaît pourtant des exemples d'hirondelles qui sont restées très-tard, retenues qu'elles étaient uniquement par l'intention d'élever leurs petits, qui s'étaient trouvés trop faibles pour se servir de leurs ailes au moment périodique du départ.

L'hirondelle de rivage, *hirundo riparia*, est la plus petite des oiseaux de cette famille qui visitent nos contrées. Elle fait son apparition un peu plus tôt que l'hirondelle proprement dite et que le martinet; mais elle ne fréquente pas les habitations de l'homme. Comme les espèces déjà décrites, cette petite créature nomade vient de l'Afrique. Elle choisit, pour y construire son nid, les rivages élevés des rivières, les sablonnières et les autres surfaces verticales du terrain qui sont suffisamment molles pour que l'oiseau puisse les perforer à une profondeur convenable. Une fois qu'ils ont trouvé de telles situations, ces petits ingénieurs forment des trous circulaires dans une direction horizontale, creusent le sol à une profondeur de deux pieds et plus, avec une régularité et une perfection de travail que les autres oiseaux ne surpassent guère. Nos lecteurs peuvent vérifier par eux-mêmes ce détail de mœurs, en observant, le matin, à travers une lorgnette, les procédés de nos ouvriers. Par ce moyen, j'ai vu moi-même un de ces oiseaux travailler avec ses ongles aigus à la surface d'un rivage et enfoncer son bec dur et pointu dans le sable comme un mineur enfoncerait sa pioche. Il continua ainsi jusqu'à ce qu'il eût détaché une partie considérable du sable dur.

Dans ces opérations préliminaires, l'oiseau ne fait jamais usage de ses ongles pour fouiller le sol; et, en vérité, il est impossible qu'il en soit ainsi, car ses ongles lui sont indispensables pour maintenir sa position, au moins lorsqu'il commence son trou. J'ai plusieurs fois observé que quelques-unes de ces excavations sont presque aussi circulaires que si elles avaient été tracées au compas, tandis que d'autres sont d'une forme plus irrégulière. Cette différence dans la figure géométrique semble dépendre plutôt de la qualité du sable — qui s'émiette quelquefois — que de l'imperfection du travail de l'ouvrier. L'oiseau, en effet, se sert toujours de son corps pour déterminer les proportions de la galerie ; la partie qui s'étend des cuisses à la tête forme le rayon du cercle. Il ne trace point cette figure comme nous le ferions, en fixant un point central autour duquel se dessine la circonférence ; au contraire, il se perche à la circonférence avec ses ongles et travaille avec son bec du centre vers les extrémités.

Toutes les galeries se trouvent plus ou-moins tortueuses à leur terminaison ; elles ont deux ou trois pieds de profondeur. Là est un lit de foin épars, et un duvet composé de petites plumes d'oie, de canard, de poule s'étend, sans beaucoup d'art, pour recevoir les œufs. Les hirondelles de rivage sont des oiseaux sociables ; elles bâtissent leurs habitations les unes à côté des autres. Dans quelques localités favorables, les ouvertures externes de leurs retraites — qui sont tout ce qu'on peut voir de leur domicile—se montrent très-nombreuses, au point que la surface du rivage, toute perforée, ressemble à un rayon de miel. Les travaux relatifs à l'établissement et à la conservation des nids sont supportés en commun, comme chez les cousins et les autres petits insectes. Ces hirondelles pondent de quatre à six œufs.

Le martinet de muraille, *cypselus apus*, se distingue, lui, par la longueur et l'étendue de ses ailes. Ces ailes, remuées par des muscles puissants, lui procurent cette faculté de vol que tout le monde a remarquée (1). Il apparaît généralement dans les premiers jours de mai ; mais la plupart de ces oiseaux nous quittent au milieu d'août ;

(1) « De tous les oiseaux, dit Cuvier, ce sont ceux qui ont les plus longues ailes et qui volent avec le plus de force ; leurs pieds très-courts ont ce caractère particulier que le pouce y est dirigé en avant, presque comme les autres doigts. »

leur séjour dans nos contrées ne dépasse donc guère trois mois.

Je m'étais procuré, dans une ferme de mon voisinage, plusieurs martinets de muraille; j'enlevai à une douzaine d'entre elles deux ongles de la patte, et je leur imprimai une marque indélébile. L'année suivante, on examina leurs nids, un soir qu'ils étaient retirés dans leur chambre à coucher, et je retrouvai plusieurs des oiseaux que j'avais marqués. La seconde et la troisième année, on réitéra l'enquête, et je rencontrai encore mes anciennes connaissances. Depuis lors, je cessai mes recherches annuelles; mais, sept ans après, on vit un chat emporter un oiseau dans la cuisine du fermier, et l'on reconnut que c'était un des martinets marqués pour mes expériences.

Le martinet de muraille choisit, pour y construire son nid, les cavités situées sous le toit des maisons, les trous dans les clochers ou dans les murs des hautes tours. Dans les jours de grand vent, il demeure pendant des heures entières au fond de sa retraite, sans mouvement et dans l'obscurité.

Cette année, toutes les hirondelles de muraille ont quitté notre pays vers les premiers jours d'août, toutes, à l'exception d'un seul couple. Au bout de deux ou trois jours, le personnel fut réduit à un simple oiseau. La persévérance de cet individu me fit soupçonner la nature du motif qui le retenait dans notre contrée. Ce motif puissant ne pouvait être que l'attachement pour ses jeunes. Un pareil sentiment pouvait seul, en effet, déterminer un retard qui semblait en opposition avec la loi générale de son espèce. Je le surveillai donc jusqu'au 24 août, et alors je découvris que, sous le rebord du toit de l'église, il prenait soin de deux jeunes, qui étaient revêtus de

plumes et qui sortaient, dans ce moment-là, d'une crevasse, leur petit menton blanc. Ces jeunes oiseaux restèrent jusqu'au 27 ; de jour en jour, ils devenaient plus
alertes et semblaient impatients de se servir de leurs
ailes. Enfin, ils disparurent. Je ne les vis plus courir
avec leur mère autour de l'église, en s'exerçant à voler.
L'affection maternelle devait avoir été bien forte pour
que la femelle résistât à la fièvre du voyage, et se con-
damnât à rester avec ses petits, jusqu'à ce que ceux-ci
fussent capables de l'accompagner vers un climat plus
généreux.

Il y a plusieurs autres espèces d'hirondelles, mais
exotiques. Une de ces espèces visite le cap de Bonne-
Espérance au mois de septembre et le quitte au mois de
mars ou d'avril.

Le capitaine Carmichael se trouvait à l'extrémité est
de la colonie, lorsque deux hirondelles (*hirundo capensis*)
arrivèrent, et, aussitôt après leur arrivée, bâtirent leur
nid à l'extérieur de la maison dans laquelle il logeait. Ils
le fixèrent contre l'angle formé par le mur et par la
poutre qui supportait le toit. L'ensemble du nid était recouvert et pourvu d'un long col ou passage à travers
lequel les oiseaux entraient et sortaient. On eût dit, pour
la forme, un flacon d'huile de Florence. Ce nid étant
tombé, après que les jeunes l'avaient quitté, le même
couple en construisit un nouveau sur les fondements de
l'ancien, au mois de février suivant. Le capitaine remarqua, cette fois, une amélioration qui ne peut guère être
rapportée qu'à un acte d'intelligence. En bâtissant leur
première habitation, les oiseaux s'étaient contentés
d'une seule ouverture; mais, cette fois, ils pratiquèrent
deux trous, — une entrée et une sortie. — Un des avantages obtenus par ce perfectionnement était de s'épar-

gner la peine de se tourner dans l'intérieur du nid et d'éviter ainsi les dérangements que cette action pouvait produire dans leur économie domestique. Mais le but principal semblait être de se ménager ainsi un moyen plus facile d'échapper aux attaques des serpents, qui se logent dans les toits des maisons couvertes en chaume, et trop souvent dévorent la mère avec les enfants. Ceux qui pensent que les oiseaux sont doués à un certain degré de la faculté du raisonnement auront ici matière à réfléchir. Le simple instinct est incapable de s'amender.

Quelques hirondelles ont été élevées dans nos pays à l'état de captivité, et sont devenues parfaitement familières. Il est seulement arrivé plus d'une fois que ces oiseaux, jusque-là calmes et tranquilles, s'agitaient dans leur cage à l'époque de la migration, comme pris d'une fièvre et d'une inquiétude soudaines. L'excitation augmentait de jour en jour, à mesure que l'heure du départ allait sonner pour leurs libres compagnes. Quelques-uns alors se laissaient mourir de faim, d'autres se brisaient la tête contre les barreaux de leur cage, presque tous témoignaient, par leurs gestes et leurs mouvements, un malaise indéfinissable.

Toutes les raisons que l'on donne d'ordinaire pour expliquer la migration de cette tribu ailée se trouvaient ici en défaut. On dit que les hirondelles sont averties dans nos climats des approches de la froide saison par le changement de l'atmosphère; mais, ici, les hirondelles captives jouissaient dans l'intérieur de la maison d'une température artificielle et toujours la même. On ajoute que la fin de l'automne, en détruisant les insectes, oblige ces filles de l'air à se pourvoir ailleurs; mais, dans ce cas, la nourriture, étant distribuée par une main savante et libérale, ne subissait aucune réduction. Il faut donc

encore recourir cette fois à l'inconnu, au *quid ignotum*.
La voix de la nature, cette voix intérieure, qui donne
aux hirondelles, clair-semées dans l'air et dans l'espace,
le signal du départ, parlait à travers les murs aux hirondelles prisonnières. Quelque chose les appelait, quelque
chose leur disait : « Va ! » Et ce fait n'est point particulier
aux seules hirondelles ; on l'a observé chez d'autres
oiseaux placés dans les mêmes circonstances.

L'ENGOULEVENT

Cet oiseau est encore une espèce d'hirondelle. Il fait,
en volant, un bruit particulier qui ressemble au son d'un
rouet à filer. C'est, je crois, le seul oiseau de nuit parmi
nos visiteurs d'été. Les engoulevents sont, parmi les
hirondelles, ce que les chouettes sont parmi les falconidés.
Ces hirondelles nocturnes ne diffèrent pas considérable-
ment des hirondelles diurnes, soit par leur genre de
proie, soit par leur manière de chasser. Leur vol rapide,
l'habitude qu'ils ont de saisir leur proie les ailes ouvertes, matin et soir, leur nourriture qui consiste presque
entièrement en hannetons et en papillons, tout contribue
à en faire des oiseaux extrêmement utiles. Ils rendent de
grands services à l'agriculture en détruisant la source
prolifique d'innombrables vers et de chenilles.

Comme l'hirondelle, l'engoulevent vient de l'Afrique.
Il arrive dans nos contrées le dernier en ordre de date,
ne faisant point son apparition avant la moitié de mai.
Généralement, il nous quitte vers la fin d'août ou la
mi-septembre ; mais il reste près d'un mois plus tard en
Italie avant de chercher ses quartiers d'hiver.

L'engoulevent paraît préférer les marécages, les ter-rains vagues qui sont couverts en partie par des buissons et des touffes de fougère. Je les ai vus fréquenter assidû-ment un jeune bois d'une ou deux années, et j'observai alors que, troublés et incommodés dans une semblable situation, ils fuient d'habitude vers un bois de plus haute venue. Lorsqu'on rencontre cet oiseau dans un arbre et qu'on s'approche avec précaution, on le découvre perché sur une branche, étroitement blotti dans la direction de cette branche et non en travers. Il paraît aimer à se chauffer sur le sol, au bord d'un buisson court et exposé au soleil. Si l'on vient vers lui, il se blottit contre terre, et s'envole rarement jusqu'à ce qu'on marche tout près de lui : alors il part entre vos jambes, comme une pierre vivante.

De même que quelques-unes de nos chauves-souris, l'engoulevent semble avoir une circonscription limitée, dans le rayon de laquelle il cherche constamment sa nour-riture, passant et repassant, plusieurs fois de suite et à intervalles presque égaux, par la même place. Lorsque son gîte et le chemin qu'il parcourt sont une fois connus, il n'est point difficile de se placer de manière à le voir parfaitement, lorsqu'il tourbillonne autour de son arbre favori.

Tout dans l'organisation de cet oiseau répond admi-rablement au rôle qui lui est assigné par la nature. Son œil est grand, plein et clair, comme celui de la chouette. L'ouverture du bec est prodigieusement dilatée; de sorte que, quand l'oiseau passe, les insectes crépusculaires, volant par milliers, s'engloutissent dans ce gouffre béant. L'hiatus extraordinaire du bec est, en outre, bordé d'une frange de poils roides. Que cette rangée de poils, placée de chaque côté des narines, aide cet oiseau dans sa chasse aux insectes, il n'y a guère moyen d'en douter. Cette espèce de filet accroît les moyens de capture dont est doué le formidable bec de l'engoulevent. Les naturalistes ont plus de peine à se mettre d'accord sur une autre circonstance de son histoire naturelle. L'orteil du milieu est particulièrement long, l'ongle aplati et dilaté, et le bord divisé de manière à former un peigne de sept ou huit dents.

White dit : « Le 12 juillet, j'eus une belle occasion de contempler les mouvements de la chouette des fougères (c'est le nom qu'on donne quelquefois à cet oiseau); il était en train de jouer autour d'un grand chêne qui fourmillait de scarabées, *scarabœi solstitiales*. Le pouvoir de ses ailes était merveilleux et excédait, s'il est possible, le vol rapide du genre hirondelle. Mais la circonstance qui m'intéressait le plus était de le voir distinctement—et cela plus d'une fois—avancer sa courte patte, puis, avec un mouvement de tête, fourrer quelque chose dans son bec. J'ai toute raison de supposer qu'il se servait de ce moyen pour avaler les insectes. Je ne m'étonne plus maintenant de la forme de l'orteil, qui a tant occupé les naturalistes. Tout le monde sait que cet orteil du milieu est pourvu d'un ongle dentelé. »

On a assigné à cet ongle plusieurs autres usages, — par exemple, celui de peigner les poils placés de chaque côté sur le bord supérieur du bec, ou bien encore celui de débarrasser les contours délicats et les angles de la bouche (qu'on nous passe cette expression, le bec est une bouche cornée) des crochets attachés aux jambes des insectes. D'autres ont cru que cet ongle dentelé avait été donné à l'engoulevent pour que l'oiseau pût emporter ses œufs, lorsqu'il se trouvait inquiété dans son nid. Quelques naturalistes assurent même l'avoir vu voler avec ses œufs dans sa griffe. — Mais le fait a été nié.

Peigne à moustaches, cure-bec, piége pour prendre les insectes au vol, moyen d'action pour déménager les œufs—voilà bien des usages assignés à un petit organe. Cela semblerait indiquer que la véritable destination de cet orteil n'est point encore connue.

Cet oiseau présente encore une autre particularité organique : je veux parler d'un liquide glutineux qui se trouve sécrété par la partie supérieure du bec. Ce susdit liquide est doué d'une vertu si adhésive, qu'il retient les petits insectes. L'oiseau, tout en volant, peut ainsi emprisonner et engloutir à la fois un grand nombre de ces victimes. Ce qui est encore singulier, c'est que, tout engloutis qu'ils sont, ces insectes continuent d'exister. Le hasard fit découvrir, il y a quelques années, cette circonstance. Un chasseur avait tué le matin, d'un coup de fusil, un engoulevent : il fut bien surpris de voir alors un papillon sortir du bec de l'oiseau et prendre son vol. Ouvrant le jabot, le lendemain matin, il découvrit que cet estomac contenait plusieurs autres papillons, qui avaient vécu toute la nuit dans cette prison étrange, et qui, remis en liberté, coururent çà et là sur la table en agitant leurs ailes.

On jugera qu'avec un concours de pareils moyens d'action, l'engoulevent doit être un formidable et utile destruc-teur d'insectes. Nous n'avons pourtant encore rien dit du vol rapide et soyeux de cet oiseau. Un tel vol sans bruit lui permet de faire un grand carnage parmi ces multitudes invisibles qui peuplent l'air silencieux d'une nuit d'été. Vers les heures du crépuscule, on peut quelquefois le voir à l'ouvrage : il passe rapidement çà et là, il voltige d'un lieu à un autre ; quelquefois il semble tomber vers la terre, comme s'il était atteint d'un coup de fusil. C'est le moment : ayant saisi un papillon, l'oiseau le porte à son bec ; puis, se relevant dans les airs, il glisse, en s'enfuyant comme un fantôme, et se perd dans l'obscurité.

L'engoulevent ne fait point de nid : la femelle profite du couvert que lui offre un buisson, et d'une dépression accidentelle du sol, pour y déposer deux œufs qu'elle couve généralement durant la première semaine de juin. Ces œufs sont d'une forme presque ovale, élégamment veinés et nuagés d'un bleu grisâtre sur un champ blanc. Les petits sont couverts d'un duvet. Il n'est point difficile de les élever quand on les prend. J'en ai vu qu'on avait dénichés dans la belle saison et qui passèrent très-bien leur hiver.

Le plumage du mâle est plus ferrugineux que celui de la femelle ; cette dernière n'a, d'ailleurs, pas de points blancs sur les plumes des ailes ou de la queue.

Nous n'avons qu'une espèce d'engoulevent qui visite l'Angleterre ; mais, dans d'autres contrées, on en compte plusieurs variétés. Ces oiseaux abondent surtout dans l'Amérique du Sud ; M. de Humboldt, qui a visité dans les rochers un abîme appelé la caverne de Guacharo, décrit ainsi la curieuse retraite d'une de ces espèces exotiques :

« Un effroyable bruit, fait par ces oiseaux, sortait des noires profondeurs de la caverne ; leurs notes aiguës et perçantes se trouvaient répercutées par les voûtes et se prolongeaient jusque vers l'ouverture d'échos en échos. Les Indiens, en fixant des torches au bout d'une longue perche, me montrèrent leurs nids, arrangés en forme de trous de tuyaux, et dont le toit voûté de la grotte était tout percé. Comme nous avancions, le bruit croissait de moment en moment, la lueur des torches alarmant de plus en plus les oiseaux. Ce bruit cessa pour un instant, mais des gémissements parfaitement distincts se firent entendre de plusieurs autres branches reculées de la caverne. Tous les ans, vers le milieu de l'été, les Indiens descendent dans la grotte pourvus de perches destinées à détruire les nids. C'est le temps où plusieurs milliers de ces oiseaux sont sacrifiés, et les parents, comme pour protéger leurs couvées, voltigent sur la tête des Indiens en poussant les plus lamentables cris. Les petits qui tombent sur le sol sont à l'instant même ouverts : on se procure ainsi une sorte de substance grasse et onctueuse dont ces oiseaux sont alors chargés. A cette époque de l'année qu'on appelle communément la moisson de l'huile, les Indiens construisent de petites habitations en feuilles de palmier, près de l'ouverture, quelquefois même dans la bouche de la caverne. Là, toute la graisse des jeunes oiseaux qu'on vient de tuer est fondue sur un feu de branches sèches et versée dans des pots d'argile blanche. Cette graisse, connue sous le nom de beurre ou d'huile de Guaracho, est semi-liquide, transparente, sans odeur, et si pure, qu'on peut la conserver douze mois sans qu'elle devienne rance. Dans un couvent voisin, visité par quelques voyageurs, on n'emploie pas d'autre huile dans la cuisine des moines que celle de la caverne, et jamais elle n'a donné à aucun plat un goût ni une odeur désagréables. »

Je reviens à l'engoulevent de nos contrées.

C'est surtout au clair de la lune qu'il faut guetter les mouvements de cet oiseau. Vous verrez alors l'engoulevent s'ébattre çà et là près des chèvres, des vaches et des moutons. Approchez, l'oiseau n'est point ombrageux : il ne craint rien, car il ne ne fait rien de mal. Voyez comme les mouches de nuit tourmentent le pauvre bétail : avec une dextérité surprenannte l'engoulevent fond sur les insectes incommodes et les attrape. Regardez maintenant: les animaux domestiques reposent tranquillement et semblent sensibles aux bons services que leur a rendus l'oiseau. Ne craignez point qu'ils le chassent avec leur queue ou qu'ils lui fassent aucun mal. Si maintenant vous disséquez l'engoulevent, vous trouverez dans son estomac — non du lait, comme le veut le préjugé vulgaire— mais une foule de mouches qui tourmentaient les hôtes paisibles de nos étables ou de nos prairies.

TÉNUIROSTRES

Cette famille d'oiseaux à bec grêle, allongé, sans échancrure, se compose des plus brillants oiseaux de la nature.

Ce sont :

Les huppés ;

Les colibris.

LES OISEAUX-MOUCHES — LES COLIBRIS

Ces belles et délicates créatures, les bijoux de l'ornithologie, ont de tout temps attiré l'admiration de l'homme. Les anciens Mexicains, du temps de Montézuma, faisaient, avec les plumes de ces petits êtres, de superbes manteaux et des peintures qui excitaient l'admiration de Fernand Cortez. Les Aztèques avaient appelé leur capitale Tzinzunzan, à cause du grand nombre de colibris qui se trouvaient dans le voisinage et avec les dépouilles desquels ils ornaient les statues de leurs dieux. Les Indiens de Patzquara sont encore fameux dans cet art. Ils composent des figures de saints avec les plumes du colibri, et ces peintures sont remarquables pour la délicatesse de l'exécution, aussi bien que pour l'éclat des couleurs.

Toutes les épithètes que l'artifice du langage peut inventer ont été mises en œuvre pour dépeindre la richesse et l'élégance de ces oiseaux, le chatoiement de leurs topazes, l'éclat de leurs émeraudes et de leurs rubis. On les a comparés à toutes les pierres précieuses. M. de Buffon les a assimilés « aux cheveux de l'astre du jour. » La vérité est que le colibri ne ressemble qu'au colibri.

On croyait autrefois que ces oiseaux étaient confinés dans les régions tropicales du nouveau monde. Le grand archipel d'îles situé entre les Florides et les bouches de l'Orénoque, ainsi que le continent du Sud, jusqu'au tropique du Capricorne, fourmille littéralement de colibris. Dans les parties sauvages et incultes, ils habitent ces magnifiques forêts de grands arbres festonnés de lianes et de *bignoniaceæ*. Les énormes troncs se montrent revêtus de cette riche draperie de parasites, dont les fleurs ne le cèdent en exquise beauté qu'aux teintes étincelantes de leurs habitants aériens. Mais, depuis que la culture s'est introduite dans différentes parties de cette contrée, les colibris abondent dans les jardins et paraissent se complaire dans la société de l'homme. Là, ils se montrent aisément familiers et sans crainte. Voletant d'un côté à l'autre d'un buisson, ils cueillent les fleurs et les fruits.

Quand nous nous éloignons du tropique, le nombre de ces oiseaux décroît, quoiqu'on en rencontre encore plusieurs espèces dans le Mexique et d'autres dans le Pérou, qui semblent ne point exister ailleurs. Un voyageur, M. Bullock, découvrit plusieurs de ces espèces à une grande élévation et, par conséquent, à une basse température, sur les plateaux escarpés du Mexique et au fond des bois, dans le voisinage des nombreuses montagnes d'Orizaba. Le capitaine King, de son côté, rencontra un nombre innombrable de ces oiseaux lilliputiens qui volaient çà et là dans une tempête de neige, près du détroit de Magellan.

Deux espèces seulement s'étendent dans le continent Nord de l'Amérique.

J'extrais le passage suivant d'une lettre datée du Congo, et adressée par le capitaine Lyon à un de ses amis résidant en Angleterre :

« Cela vous intéressera peut-être, d'avoir quelques détails sur les colibris, dont j'ai observé soigneusement les mœurs — surtout la manière dont ils couvent et élèvent leurs petits. Un nid avait été construit dans un petit buisson d'orangers au bord d'une allée fréquentée de mon jardin. Ce nid était composé du duvet soyeux d'une plante et recouvert avec quelques menues pièces plates de lichen jaune. Le premier œuf fut pondu le 6 janvier, le second le 28, et deux petites créatures, grosses comme des abeilles, firent leur apparition le 14 février au matin. Comme les petits croissaient en taille, la mère éleva de plus en plus les bords du nid, de manière à agrandir successivement la coupe au fond de laquelle reposait l'espoir de sa race. Durant une lourde pluie qui tomba pendant plusieurs jours et plusieurs nuits, elle couva étroitement sa petite famille. Les jeunes demeurèrent aveugles jusqu'au 28 février, et prirent leur volée le 7 mars dans la matinée, sans éducation préalable. Leurs ailes paraissaient aussi fortes, aussi rapides et aussi sûres que celles de la mère. Leur premier essor les porta, en effet, du nid vers un arbre situé à environ vingt mètres de distance. »

La singularité de ces petites créatures a engagé plusieurs personnes à les enlever du nid et à les accoutumer à vivre en cage. M. Coffer, dans la Virginie, en éleva deux pendant quelques mois ; il les nourrissait avec du miel délayé dans de l'eau. Comme ce liquide sucré affriandait souvent de petites mouches et des cousins, qui s'introduisaient ainsi dans l'intérieur de la cage, les colibris s'amusaient à les happer au vol et les avalaient avec avidité ; si bien que ces insectes formaient une partie assez considérable de la nourriture des oiseaux.

Le propriétaire du musée de Philadelphie avait également deux colibris qu'il avait enlevés du nid. Ils volaient tout au travers la chambre et venaient souvent se percher sur l'épaule de leur maîtresse pour recevoir d'elle des friandises. Dans l'été de 1803, un nid de jeunes colibris fut apporté à Wilson ; ils étaient déjà en état de voler. L'un des deux se sauva par la fenêtre, le jour même de son arrivée, et, tombant contre un mur, se tua. Le second resta, et, le lendemain matin, il donnait à peine signe de vie. Une dame de la maison entreprit de lui servir de nourrice, le plaça dans son sein, et, comme il commençait à revivre, fit dissoudre dans sa bouche un peu de miel qu'elle introduisit dans le bec de l'oiseau. Notre malade suça avidement ce nectar. On l'éleva de cette manière jusqu'à ce qu'il fût en état de vivre dans la cage.

Il n'existe, à ma connaissance, qu'un seul essai tendant

à transporter la race du colibri dans d'autres climats. C'était un colibri de l'espèce des mangos (*trochylus mango*). Un jeune gentleman, quelques jours avant de faire voile de la Jamaïque vers l'Angleterre, trouva une famille de colibris assise sur son nid, où il y avait des œufs. Coupant les ailes de la mère, il emporta le tout à bord du vaisseau. L'oiseau devint suffisamment familier pour se laisser nourrir de miel et d'eau durant le passage. Elle couva deux petits. La mère, cependant, ne survécut pas longtemps à la différence des climats; mais les petits arrivèrent heureusement en Angleterre, et prospérèrent quelque temps entre les mains de lady Hammond. Ces petites créatures prenaient volontiers le miel des lèvres de la dame; l'un des deux, il est vrai, mourut peu de temps après, mais l'autre vécut au moins deux mois à partir du jour de son arrivée.

Si partiel que soit le succès de cette tentative, je ne doute point qu'avec beaucoup de soin et d'expérience, et surtout avec une connaissance plus parfaite de la nourriture qui leur convient, on ne parvînt à les acclimater dans nos contrées européennes. Quelle conquête! quel ornement nouveau et délicat pour nos volières! quelle précieuse acquisition pour nos appartements, dans un pays surtout comme l'Angleterre, où les ladys se montrent si jalouses de posséder les jolis oiseaux des tropiques. Le colibri, ce joyau de la nature, dont les couleurs ont été comparées à des roses fondues dans du feu liquide, serait le favori entre les favoris. C'est d'eux surtout qu'on peut dire que Salomon et la reine de Saba, dans toute leur gloire, n'étaient point vêtus comme le plus humble de ces oiseaux.

SYNDACTILES

LE MARTIN-PÊCHEUR

Lorsque la saison du printemps est de retour dans nos climats, je monte souvent dans les branches supérieures d'un vieux chêne qui étend au loin ses membres vigoureux. Un ruisseau coule près du tronc de l'arbre, et, sur le bord, j'ai fixé une souche pour servir de pied-à-terre au martin-pêcheur. Le joli oiseau s'y repose en descendant de l'arbre, et, avant d'y remonter, il plonge dans le courant, et y pique un poisson avec son bec. Ma situation élevée sur le chêne me fournit une bonne occasion d'admirer le dos du martin-pêcheur, au moment où il s'élance de dessous mes pieds. Lorsqu'un rayon de soleil brille sur l'oiseau, aucune expression ne peut rendre justice à la beauté de son plumage azuré, dont l'éclat charme mes yeux.

J'aime à observer le martin-pêcheur perché sur un rocher, ou assis sur la branche d'un arbre, ou encore voletant à la surface de l'eau. Au moment où il voit passer le poisson dans le courant du ruisseau, il tombe sur lui comme une pierre. S'il manque son but, — ce qui lui arrive rarement, — il remonte immédiatement et reprend d'ordinaire sa situation de guetteur, afin de plonger de nouveau à la première occasion favorable.

Il n'y a pas beaucoup de différente extérieure entre le mâle et la femelle adultes de cette espèce, et les petits ont de belles plumes bleues sur le dos avant de quitter le nid. Cet éclat métallique et précoce ne se rencontre que chez les oiseaux appartenant à la famille des pies.

Un autre ruisseau traverse mon parc, et sur les bords croît un petit chêne, dont une partie des racines sont mises à nu, — la terre et le gravier les ayant quittées successivement pour tomber dans le courant qui passe au-dessous. Environ à six pieds de la surface de l'eau, est un trou dans lequel un couple de martins-pêcheurs a établi son nid depuis un temps immémorial. Ils m'ont fourni la meilleure occasion d'observer l'économie de leurs mœurs, et, d'après ce que j'ai vu, je reste persuadé que ce ménage de martins-pêcheurs vit entièrement de poissons. Je ne les ai jamais vus manger les escargots, les vers ou les insectes. Ils rapportent de l'eau un poisson placé en travers de leur bec et l'avalent alors en allongeant la tête.

Quel est notre étonnement, quand nous réfléchissons que l'instinct force ces petites créatures à chercher leurs moyens de subsistance sous l'eau, et que le martin-pêcheur sort de là parfaitement sain et sauf, quoiqu'il ne possède aucune des facultés si libéralement accordées par la nature aux autres oiseaux qui visitent ce sombre élément. Souvent, lorsque je le vois plonger dans un bassin, je crois qu'il est perdu; mais il revient toujours en bon état de son voyage subaquatique, et se prépare à prendre un nouveau bain.

Ce qui est le plus étonnant, c'est que l'éclat de son plumage se passe du soleil tropical; cet oiseau est un de ceux dont la robe rivalise, dans nos climats, avec les couleurs des oiseaux qui appartiennent aux contrées chaudes.

Je suis triste d'ajouter que notre martin-pêcheur devient plus rare d'année en année dans la Grande-Bretagne. Les amateurs de collections offrent des prix tentants pour se procurer ce joli oiseau. Si j'en juge par la disparition lente mais continue du milan, du corbeau et de la buse, — au moins dans quelques contrées de l'Angleterre — je crains que le jour ne soit pas très-éloigné où le martin-pêcheur ne se rencontrera plus dans notre voisinage, lui qui était autrefois si abondant et dont l'apparition était si agréable aux regards de tout homme qui aime la nature animée!

Si l'on veut avoir une idée du travail, il faut suivre le martin-pêcheur dans ses mouvements et examiner la peine qu'il se donne pour gagner sa nourriture quotidienne. Cette vie laborieuse, cette vie de prolétaire m'intéresse d'autant plus à cet oiseau.

ORDRE IV

GALLINACÉS

Cette tribu se compose des oiseaux les plus utiles à l'homme, de ceux qui, pour la plupart, vivent à l'état de domesticité, et dont, par conséquent, la main du maître a, plus ou moins, modifié les mœurs, la forme et le plumage naturels. Ces oiseaux correspondent, dans l'ordre des services économiques et alimentaires, à la classe des animaux ruminants, le bœuf, le mouton, dont toute la race est passée, depuis un temps immémorial, sous la possession des peuples civilisés. Le genre humain, dans la conquête de ces oiseaux domestiques, a consulté son intérêt. Il s'est emparé des espèces dont le vol était relativement plus faible et plus lourd, dont le corps était capable de se charger d'une plus grande quantité de chair agréable au goût, et dont l'humeur peu farouche, les habitudes sédentaires se prêtaient davantage à la vie d'intérieur. La plupart de ces oiseaux sont, en effet, devenus les hôtes volontaires de nos demeures ; ils ont, pour ainsi dire, la conscience qu'ils ne peuvent exister sans nous ; ils ont depuis longtemps sacrifié leur liberté primitive aux avantages que la captivité leur procure : une nourriture plus abondante et un refuge contre les ennemis qui les assaillaient dans l'état sauvage.

LE PIGEON

Dans nos pays, où le pigeon est, généralement parlant, un oiseau domestique, peu de personnes se font une idée de leur rapide accroissement et de leur abondance, lorsque, libres, abandonnés à eux-mêmes, ils se répandent, comme ils l'entendent, dans les contrées du nouveau monde.

Le fait le plus important de leur histoire est celui qui se rapporte aux associations et aux migrations de ces oiseaux.

Leur puissance de vol extraordinaire leur permet de traverser, quand ils en sentent le besoin, une étendue de terrain considérable, dans un temps très-court. Cette circonstance a été observée par les habitants des États-Unis d'Amérique. On a tué, par exemple, dans le voisinage de New-York, des pigeons dont le jabot était encore rempli de riz qu'ils avaient cueilli dans les champs de la Géorgie et de la Caroline — le seul endroit, ou du moins le point le plus rapproché où ils aient pu obtenir cette sorte de subsistance. Or, comme c'est un fait bien établi, que, eu égard à leur grande force de digestion, les pigeons décomposent entièrement la nourriture dans l'espace de douze heures, ceux-ci devaient avoir fait de trois à quatre cents milles en six heures de temps : ce qui donne en moyenne une vitesse d'un mille par minute. Cette circonstance mettrait ces oiseaux à même de visiter notre continent européen — s'ils éprouvaient la moindre inclination pour ce voyage — dans une couple de jours.

Leurs multitudes sont incroyables, et, après avoir vu le fait de mes yeux,—non une fois, mais plusieurs, et dans différentes circonstances — cela pendant des années — je m'arrête, et je suis obligé de me demander à moi-même si je n'ai point été le jouet d'un rêve. Pourtant ce que j'ai vu est certain, et a été observé en compagnie d'une centaine d'autres personnes qui s'émerveillaient, comme moi, de l'étrangeté du spectacle.

Pendant l'automne de 1813, je laissai ma maison, située à Henderson, sur les rives de l'Ohio. En passant sur les Barrens, à quelques milles au delà de Hardensburgh, j'observai des pigeons qui volaient, par grands essaims, du nord-est au sud-est. Je n'avais jamais vu rien de pareil dans ma vie.

Éprouvant le désir de compter les bandes de ces oiseaux qui passeraient à portée de ma vue dans l'espace d'une heure, je descendis de cheval, me plaçai sur une éminence, et me mis à marquer avec mon crayon un point à chaque troupe qui passait. En peu de temps, je reconnus que la tâche que j'avais entreprise était impraticable. Les oiseaux passaient, passaient, passaient toujours en incalculables légions. Je me levai et comptai les points que j'avais faits sur le papier : il y en avait 163 marqués en moins de vingt et une minutes. Je continuai mon voyage; plus j'avançais, plus je rencontrais de pigeons. L'air en était littéralement tacheté; la lumière du plein soleil à son midi en était obscurcie comme par une éclipse. La fiente de ces oiseaux tombait par flocons comme de la neige. Le bourdonnement continu de leurs ailes engourdissait mes sens et me portait au sommeil. Comme j'attendais l'heure du dîner dans l'auberge d'Young, au confluent de la rivière Salée et de l'Ohio, je vis à loisir d'immenses phalanges ailées qui continuaient leur passage, avec un front de bataille qui s'étendait bien au delà de l'Ohio dans la direction de l'ouest, et à l'est vers les forêts de bouleau. Pas un seul de ces oiseaux ne mit pied à terre; car on ne voyait, cette année-là, dans le voisinage, pas une seule noix ni un seul gland.

Avant le coucher du soleil, je gagnai Louisville, éloigné de Hardensburgh de plus de quinze milles. Les pigeons passaient toujours par troupes compactes, et continuèrent de passer ainsi pendant plusieurs jours de suite. Tous les gens étaient en armes. Les rives de l'Ohio étaient couvertes par une foule d'hommes et d'enfants, qui tiraient continuellement sur nos oiseaux pèlerins, dont le vol s'abaissa lorsqu'ils traversèrent la rivière. On détruisit ainsi des milliers de ces oiseaux. Pendant une semaine et plus, toute la population ne se nourrit que de ce gibier, et ne parla d'autre chose que des pigeons. Durant tout ce temps, l'atmosphère fut imprégnée de l'odeur particulière à ces oiseaux.

Il n'est peut-être pas hors de propos de chercher à faire une évaluation approximative du nombre de pigeons contenus dans une de ces puissantes bandes, et de la quantité de nourriture consommée journellement par les voyageurs. Cette enquête tend à mettre au grand jour la bonté de Dieu, qui pourvoit aux besoins de toutes ses créatures. Prenons une colonne d'un mille de largeur — ce qui reste bien au-dessous de l'étendue réelle — et supposons cette colonne passant sur nos têtes sans interruption pendant trois heures, à raison d'un mille par minute. Ce calcul nous donnera un parallélogramme de 180 milles par 1, couvrant 180 milles carrés. Comptant un couple de pigeons par mètre carré, nous aurons un billion cent quinze millions cent trente-six mille pigeons dans chaque groupe. Or, comme chaque pigeon consomme au moins par jour un demi-litre de nourriture, la quantité de substance alimentaire qu'il faut pour défrayer cette vaste multitude doit être huit millions sept cent douze mille boisseaux par jour. O Providence, que ta main est large et généreuse! elle s'étend, comme dit le poëte, sur toute la nature!

Aussitôt que les pigeons émigrants ont découvert un champ de provisions qui soit digne de les allécher, ils forment des cercles dans l'air, et reconnaissent le pays qui s'étend sous eux. Durant leurs évolutions, dans cette circonstance, la masse compacte qu'ils forment présente une belle apparence : changeant plusieurs fois de direction, tantôt ils déploient une brillante nappe d'azur, lorsque le dos des oiseaux tombe par hasard sous la vue, et tantôt ils développent soudain comme un riche manteau de pourpre. Ils passent alors, en abaissant leur vol, par-dessus les forêts; un moment, ils se perdent dans le feuillage, mais ils émergent bientôt de cet océan de verdure, et brillent de nouveau dans les airs. Enfin, ils descendent; mais, le moment d'après, comme effrayés, ils reprennent leur vol, produisent par le battement de leurs ailes un bruit semblable au grondement du tonnerre lointain et repassent comme le vent à travers la forêt pour voir s'il n'y a point quelque danger à craindre. La faim, cependant, les attire à terre. Lorsqu'ils se sont abattus, ils lèvent industrieusement les feuilles mortes pour chercher dessous les glands et les faînes tombés.

Leur avidité est quelquefois si grande, qu'en cherchant à avaler une noix ou un gros gland, ils bâillent pendant longtemps, comme suffoqués et livrés aux douleurs de l'agonie. Vers le milieu du jour, quand leur repas est terminé, ils se perchent sur les arbres, pour se reposer et pour digérer leur nourriture. A terre, ils marchent aussi aisément que sur les branches, faisant la roue avec leur belle queue, et remuant leur cou en arrière et en avant, de la manière la plus gracieuse. Au moment où le soleil commence à se plonger sous l'horizon, ils partent en masse pour leur gîte de nuit, qui se trouve souvent à une distance de quelques centaines de lieues, comme me l'ont assuré des personnes qui observent attentivement l'arrivée et le départ de ces oiseaux.

Un mot maintenant sur le gîte de nuit, auquel tous les pigeons se donnent rendez-vous. J'ai visité plusieurs fois une de ces hôtelleries naturelles sur les bords de la rivière Grise, dans le Kentucky. C'était, comme presque toujours, dans une portion de forêt où les arbres étaient d'une grande hauteur, et où il y avait quelques taillis. Je chevauchai à travers cette forêt à plus de quarante milles, et, la traversant dans différentes directions, je trouvai que sa largeur moyenne était un peu plus de trois milles. Je la vis pour la première fois environ une quinzaine de jours après le temps où les pigeons l'avaient choisie pour leur pied-à-terre, et j'y arrivai deux heures avant le coucher du soleil. On y voyait peu de pigeons; mais un grand nombre de personnes, avec des chevaux et des voitures, des fusils et des munitions, avaient déjà établi des campements sur les lisières du bois. Deux fermiers du voisinage de Russellville, situé à une distance d'au moins cent milles, avaient amené plus de trois cents cochons qu'ils se proposaient de nourrir et d'engraisser avec les pigeons qui devaient être immolés. Çà et là les gens étaient employés à habiller et à saler les viandes qui étaient déjà le produit de leur chasse : ils étaient assis au milieu de larges tas de ces oiseaux empilés. Plusieurs arbres de deux pieds de diamètre étaient brisés à une petite distance du sol; et beaucoup de branches des plus grands et des plus robustes chênes avaient cédé, comme si la forêt avait été balayée par un tourbillon. Tout me prouva que le nombre des oiseaux qui se donnent rendez-vous dans cette partie de la forêt devait être immense, inimaginable. Comme la période de l'année où ils arrivent approchait, leurs ennemis se préparaient à les recevoir. Quelques-uns s'étaient pourvus de pots de fer qui contenaient du soufre; les autres étaient munis de torches de pin; beaucoup avaient des perches, et le reste des fusils. Le soleil se perdit derrière l'horizon, et pas un seul pigeon n'arrivait encore. Tout était prêt, et tous les yeux étaient attachés sur le ciel limpide, qui apparaissait en sillons de lumière à travers les grands arbres. Soudain partit un cri général : « Les voici! Ils viennent! »

Le bruit qu'ils faisaient, quoique encore éloignés, me rappela une dure brise de mer passant dans les agrès d'un vaisseau. Comme les oiseaux arrivaient et volaient sur ma tête, je sentis un courant d'air qui m'étonna. Des milliers d'oiseaux furent aussitôt abattus par les hommes armés de grandes perches. Les pigeons continuèrent leur marche aérienne. Les feux furent allumés, et alors la forêt présenta une scène magnifique autant que merveilleuse et presque terrible. Les pigeons arrivèrent par nuées, et s'abattirent de tous côtés, les uns sur les autres, jusqu'à ce que des masses solides et compactes se formassent sur les branches d'alentour. Çà et là les branches cédaient sous le poids avec un lourd craquement, et, tombant à terre, détruisaient des centaines de pigeons, entraînant dans leur chute les grappes d'oiseaux dont elles étaient chargées. C'était une scène de tumulte et de confusion. Au milieu de ce bruit, je trouvai tout à fait inutile de parler ou même de crier aux personnes qui se trouvaient tout près de moi. La détonation même des armes à feu ne se faisait plus entendre, et je jugeais seulement qu'on tirait, par la vue des chasseurs qui rechargeaient leurs fusils.

Personne n'osait se hasarder au milieu de cette scène de dévastation. On remit au lendemain matin le soin de relever les morts et les blessés. Les pigeons venaient toujours, ou plutôt ils neigeaient, et il était minuit passé avant que je pusse observer une diminution dans le nombre de ceux qui arrivaient, arrivaient sans cesse. Le tumulte continua pendant toute la nuit ; et, comme j'étais curieux de connaître à quelle distance s'étendait le bruit, j'envoyai un homme accoutumé à battre la forêt : il revint deux heures après, et m'informa qu'il avait entendu distinctement ce tapage à trois milles du théâtre de l'action. — Le lendemain, à l'approche du jour, le bruit persista à un certain degré; avant que l'on pût distinguer les objets dans l'obscurité, les pigeons commencèrent de se mouvoir dans une direction tout à fait différente de celle qu'ils avaient suivie en arrivant la veille au soir. Au lever du soleil, tous ceux qui étaient en état de voler avaient disparu. Les hurlements des loups frappèrent alors nos oreilles, et les renards, les lynx, les couguars, les ours, les ratons, les opossums, les putois, furent vus rôdant, tandis que les aigles et les faucons de différentes espèces, accompagnés par une foule de vautours, vinrent les remplacer et prendre leur part de butin. Ce fut alors que les auteurs de tout ce carnage commencèrent à entrer sur le champ de bataille où gisaient les morts, les mourants, les blessés. Les pigeons furent ramassés et empilés par tas, jusqu'à ce que chacun eût le nombre dont il pouvait disposer. Alors on lâcha les cochons pour qu'ils pussent se gorger sur le reste.

Les personnes peu au fait de l'histoire naturelle pourraient naturellement conclure qu'un si terrible massacre devrait bientôt mettre un terme à la race de ces oiseaux. Mais je me suis assuré, par de longues observations, que rien — si ce n'est la diminution graduelle des forêts — ne peut accomplir cette destruction ; car ces oiseaux quadruplent souvent leur nombre ou, du moins, le doublent toujours chaque année.

Dans ces dernières années, le nombre des pigeons sauvages a beaucoup diminué en Angleterre comme celui des étourneaux et des hirondelles ; il est maintenant rare d'en voir une bande de quelque valeur ; mais, autrefois, ils étaient très-abondants. Quoique le ramier ou pigeon de bois soit, selon toute vraisemblance, la souche de notre pigeon domestique, la plupart des essais d'apprivoisement tentés sur les petits de l'espèce sauvage ont échoué. Dès qu'on adoucit pour eux les rigueurs de la captivité, dès que la porte du colombier s'ouvre, ils partent pour ne plus revenir. Tous les soins et les attentions qu'on a pu leur prodiguer ne balancent point l'attrait qu'exerce sur eux le bois natal. Les Indiens du nord de l'Amérique, plus heureux que nous, ont pourtant réussi à changer la nature de ces oiseaux. Un voyageur a trouvé dans une tribu de peaux-rouges des pigeons sauvages assez apprivoisés pour prendre leur volée, et pour retourner à la hutte de leurs maîtres. Cela indique peut-être que la domestication des animaux est un sens propre à l'enfance des races humaines.

Rien de plus intéressant pour le naturaliste que l'étude des pigeons dans leur demi-captivité. Ils sont si confiants, si fidèles, si dévoués à leurs petits, si attachés l'un à l'autre. Je m'attarde chaque jour des heures entières dans mon colombier et je lui dois mes meilleurs passe-temps. Cette blanche famille me connaît et ne me cache point ses douleurs, ses joies, ses espérances. Un jour, deux beaux pigeons faisaient ensemble un excellent ménage et semblaient *s'aimer d'amour tendre*, quand un séducteur se glissa dans les bonnes grâces de la femelle. Le mari trompé supporta dignement son infortune conjugale. Il ne maltraita point l'infidèle, il ne lui adressa même aucun reproche; il se contenta de se retirer morne et grave dans un coin du colombier, où il vécut seul pendant quelques mois. Un soir, je le vis s'approcher d'une autre femelle très-jeune, qui n'avait point encore couvé. Sa conversation ou, si vous voulez, son roucoulement avait toutes les notes d'une déclaration d'amour. Comme j'ai particulièrement étudié le langage et les mœurs de ces oiseaux, je ne m'y trompai point. Deux jours après, l'alliance était conclue. Notre mari philosophe et dédaigné avait trouvé une nouvelle compagne. Il paraissait tout fier de sa jeune conquête et passait devant son ancienne femme avec un air de gloire. Ce second mariage fut heureux : ils vécurent ensemble plusieurs années, comme disent les contes de fées, et ils eurent beaucoup d'enfants. Ce fait m'a convaincu que, si la monogamie était la loi générale des pigeons, cette loi admettait pourtant, dans certains cas, le divorce.

On a toutefois exagéré la douceur des pigeons : je les ai vus souvent se livrer entre eux de rudes combats ; il est vrai que ces querelles et ces voies de fait ont toujours un motif excusable, la jalousie. Deux pigeons s'attaquaient sous mes yeux si furieusement à grands coups de bec, que je fus obligé de les séparer pour les conserver vivants.

> Tant de fiel entre-t-il dans l'âme des colombes ?

Les mœurs de ces oiseaux sont, d'ailleurs, bien connues, il me suffira d'indiquer deux traits de leur caractère : la mémoire des lieux et l'amour du domicile. Les pigeons sont attachés au toit qui les a vus naître. Encore faut-il que ce toit leur convienne. J'ai vu de riches gentilshommes campagnards dépenser des sommes considérables pour construire des colombiers somptueux, que les pigeons abandonnaient dès qu'ils en trouvaient l'occasion. Ces oiseaux sont fantasques ; il faut étudier leurs goûts et la nature des sympathies mystérieuses qui les fixent à une localité plutôt qu'à une autre.

L'homme a utilisé cette mémoire des lieux et le vol rapide de l'oiseau, en se servant du pigeon comme messager.

LA TOURTERELLE

Tous les oiseaux qui vivent par couple sont invariablement attachés l'un à l'autre par les plus tendres et les plus indissolubles liens de la nature. La tourterelle est dans ce cas. Si la taille et la beauté constituaient un droit de priorité, la tourterelle devrait être placée à la tête de tous nos pigeons sauvages. Elle reste avec nous, dans quelques parties de l'Angleterre, durant toute l'année. Pendant les mois d'hiver, elle se rend de préférence dans les champs de navets pour y chercher sa subsistance. Là, elle se nourrit avidement des feuilles et non du corps de ce légume. Il y a eu un grand accroissement de tourterelles, durant la saison d'hiver, depuis que les fermiers, dans quelques parties des îles Britanniques, ont donné leurs soins à la culture du navet. Malheureusement, on leur fait une chasse opiniâtre; fermiers et chasseurs sont sans cesse sur le qui-vive pour transporter ces innocents oiseaux du nid dans la cuisine. Ces maraudeurs font si bonne garde, que je n'ai jamais eu la chance de rencontrer dans mon voisinage un nid de tourterelles avec les petits revêtus de leurs plumes.

J'aime à écouter les doux murmures de ces oiseaux qui expriment si bien ce qu'il y a de triste dans le bonheur. Je prends un immense plaisir à examiner leurs habitudes durant la saison de la couvée, où ils deviennent aussi familiers que nos pigeons domestiques. La tourterelle pond deux œufs couleur de neige sur un nid qu'on peut appeler une plate-forme de baguettes, si peu étroitement liées entre elles, qu'un œil habitué — l'œil du naturaliste — peut aisément découvrir ces œufs à travers l'ouvrage de l'oiseau. En examinant ce nid rudimentaire, ou, du moins, qui semble tel, on pourrait croire, au premier coup d'œil, que les petits s'y trouvent nécessairement exposés au froid et aux bises amères durant le printemps de notre variable climat. — Mais « Dieu modère le vent, dit Marie, au jeune agneau dont on a tondu la laine, » et, dans le cas dont il s'agit, l'instinct apprend à la tourterelle à couvrir plus longtemps ses petits que ne le font les autres oiseaux.

D'un autre côté, les ordures des petits, qui, dans les autres espèces, sont soigneusement rejetées hors du nid, forment dans celui-ci une sorte de ciment compacte et inodore. Cette circonstance ajoute beaucoup à la solidité primitive de la structure et constitue en même temps une défense contre le froid. L'ornithologiste, dans ses battues d'automne, à la recherche de la science, reconnaît immédiatement à cette sorte de maçonnerie que le nid contient des petits. Si, au contraire, un tel complément manque, il en conclut que le nid a été abandonné. Aucun oiseau, dans le domaine de la Grande Bretagne, ne s'adresse, pour couver, à autant d'arbres et de buissons que la tourterelle. Il n'y a point, depuis le pin, haut comme une vieille tour, jusqu'à l'épine basse, d'arbre ou d'arbuste qui ne lui offre une retraite dont elle se contente. Il y a aussi quelque chose de particulier dans la localisation de quelques-uns de ces nids. Tandis que l'un se trouve placé presque tout au sommet sur les branches les plus orgueilleuses du sycomore, d'autres se rencontrent à quatre ou cinq pieds du sol, sous l'humble abri protecteur d'une haie vive. L'année dernière, j'ai vu une tourterelle couvant un œuf dans le nid d'une pie, qui avait été construit l'année précédente.

J'ai observé une autre tourterelle, élevant deux jeunes dans un beau sapin, sous le nid d'une pie, hors duquel je pris sept œufs, que je remplaçai par cinq œufs de choucas. Il était intéressant de voir sur le même arbre ces deux espèces d'oiseaux, les uns si calmes et si gentils, les autres si remuants et si rogues. La conjoncture était critique; car les pies et les choucas passent pour les ennemis des tourterelles. En les observant de près, je demeurai convaincu qu'il y a certains temps et certaines circonstances dans lesquels les oiseaux des plus suspects ne sont pas si enclins à la destruction qu'on le suppose généralement. Dans le cas dont il s'agit, l'instinct sembla apprendre aux tourterelles la manière de préserver leur nid contre les attaques de leurs rusés voisins. D'après les notions généralement admises par les ornithologistes sur l'économie de ces oiseaux, on aurait dû croire que les pies et les choucas allaient faire la place nette à la moindre tentation de la faim. S'il en eût été ainsi, la tourterelle aurait été au moins coupable d'imprudence; car la pie avait été la première à prendre possession de l'arbre.

Il faut donc croire que la tourterelle avait de bonnes raisons pour braver le danger supposé, et l'événement me prouva qu'elle avait vu juste.

Je n'avais qu'une faible idée des mœurs de la tourterelle, jusqu'au jour où je lui offris un asile dans ma tranquille vallée. Ses mouvements sont d'une périodicité remarquable. Par les hivers doux, elle fait sa première apparition sur les îles où se trouve située ma maisonnette, dans les premiers jours de février. Depuis cette époque, on peut la voir ici tous les jours jusqu'en octobre, soit sous le manteau de lierre de la vieille tour en ruine, soit sur la pelouse, où elle cueille les tendres jets de l'herbe naissante.

Pourvu que vous avanciez à pas réservés et lents, vous pouvez approcher à cinq ou six mètres différents couples de ces oiseaux. Lorsque le châssis de la fenêtre est abaissé, ils viennent à quelques pas de la place où vous vous tenez assis, et vous permettent de les regarder pendant un temps assez long. Vers la dernière semaine d'octobre, ils deviennent presque silencieux, et leurs notes sont réduites à la moitié de leur gamme habituelle avant qu'ils cessent tout à fait de roucouler.

Durant les mois d'hiver, les tourterelles sont extrêmement farouches et timorées. Du moment qu'elles vous voient, elles cherchent leur salut dans un vol haut et précipité. Nous avons de la sorte un oiseau qui, durant le cours de l'année, tantôt approche les habitations de l'homme avec une assurance merveilleuse, et tantôt aussi les évite avec une timidité également surprenante. Je parle seulement de ses mouvements diurnes ; car, à la chute du jour, en hiver comme en été, lorsqu'on ne les effarouche pas, ces oiseaux s'approchent volontiers de nos maisons, ou du moins des dépendances, et cherchent un logement de nuit dans les endroits qui nous entourent. Hanter nos demeures pendant la saison de la couvée, et perdre en nous toute confiance aussitôt que cesse l'incubation, est un trait de mœurs particulier au caractère des tourtelles.

On affirme, dans tous les ouvrages d'ornithologie, qu'il est impossible de domestiquer cet oiseau. Cette assertion me détermina à faire l'expérience par moi-même. Je me procurai, en conséquence, un couple de tourterelles déjà revêtues de leurs plumes et qu'on venait de dénicher. Je les mis dans une volière et les nourris avec des petits pois et de l'orge. Après que je les eus gardées pendant environ un mois, la femelle mourut, et je rendis la liberté au survivant. Il prit aussitôt son vol vers le bois voisin, et je croyais bien l'avoir vu pour la dernière fois. Grande fut ma surprise, lorsque, quelques heures après, je le vis perché sur une caisse dans un hangar ouvert où je tenais mes pigeons. Cet endroit fut désormais son poste favori. Il ne montrait aucune inclination à se rendre vers son gîte natal, comme on prétend que le font invariablement ces oiseaux aussitôt qu'on les lâche. Il demeura, au contraire, avec les autres pigeons, et les suivait dans tous leurs méandres, dans tous leurs circuits aériens. Cette tourterelle fut, pendant six mois, en ma possession.

LA POULE

De tous les oiseaux, celui-ci est peut-être le plus utile aux pauvres ménages. Un roi de France s'est rendu célèbre en désirant que ses sujets des campagnes pussent manger tous les dimanches, en famille, la poule au pot. Les services alimentaires que rend à l'homme la chair de la poule sont pourtant bien inférieurs à ceux que lui procurent les œufs de cette féconde espèce de gallinacés.

Le personnage le plus intéressant de la basse-cour, c'est le coq. Il possède toutes les qualités que les femmes sauvages estiment le plus chez l'homme : le courage, la résolution, le désintéressement. A-t-il découvert un magasin de provisions, — des insectes, quelques grains, quelques fruits, — il appelle ses poules. Lui, superbe, généreux, vaillant, se tient au milieu d'elles, fouillant la terre avec ses griffes, dispersant la nourriture, et ne touchant lui-même aux restes du festin que quand ses compagnes sont rassasiées. Il préside à tout : si quelque poule gloutonne s'approprie, dans le butin, une part individuelle trop large, il la châtie. Les principaux traits de son caractère sont la domination et la jalousie. Ce sultan de la basse-cour pratique les droits et les devoirs de la polygamie à peu près dans les termes qui sont prescrits par le Coran.

Dès que le nombre de ses femmes est tel, qu'il ne puisse plus les défendre ni les protéger, il résigne les bénéfices de sa charge. Le coq a, comme nous, tous les défauts de ses qualités : sa bravoure dégénère quelquefois en fanfaronnade. Ses airs de tranche-montagne, de tambour-major et de capitaine Fracasse prêtent, dans certains cas, à la comédie; car il y a du Molière dans la nature. Il est curieux de voir sa colère, ses cris, ses gestes menaçants, quand on lui enlève une de ses femmes. C'est, d'ailleurs, un véritable tyran domestique : il protége, mais il opprime. Les poules aiment cela. Plus les coqs sont fiers, rogues, montés sur leurs droits et sur leurs ergots, plus ils se font respecter de ce sérail emplumé, qui leur obéit par amour et par crainte. Un de mes coqs était la terreur de son domaine; il avait livré des combats épiques aux autres coqs du voisinage, et ses éperons étaient connus à la ronde. Ses poules, qu'il maltraitait souvent, semblaient fières et folles de lui; elles caquetaient avec des airs de gloire sur son passage. Ce coq ayant été remplacé par un autre maître plus doux, mais moins belliqueux, les mêmes poules témoignèrent à ce dernier une sorte d'indifférence mêlée de mépris.

L'étude d'une basse-cour mériterait d'occuper toute la vie d'un naturaliste. Les espèces qu'on connaît le moins sont précisément celles qu'on a constamment sous les yeux : l'habitude de voir empêche d'observer. J'ai reconnu qu'il existe parmi ces oiseaux autant de caractères que d'individus. Les poules ne diffèrent pas moins entre elles que les personnes. Il y en a de chastes, de licencieuses; il y en a de familières, de farouches; il y en a d'économes, de prodigues. Les unes mangent, en caquetant, au tas commun; les autres emportent, sans rien dire, leur porlion, qu'elles dévorent à part. La distribution de certains comestibles, de la viande, par exemple, est le sujet d'une scène intéressante. Les morceaux sont vivement disputés et passent plusieurs fois d'un bec à l'autre. Le coq, lui, saisit la part du lion, mais c'est pour la diviser entre ses favorites. Cette scène de tumulte, de mouvement, de concurrence, ne finit qu'avec les derniers vestiges du repas. Alors, tout rentre dans l'ordre, et le coq se dresse plus fier que jamais au milieu du groupe de ses poules, qui n'ont plus qu'une idée, celle de lui plaire.

J'étais curieux de savoir si l'unité existait au sein de cette variété de l'amour conjugal, en d'autres termes, si les sultans de nos basses-cours avaient une sultane préférée. L'observation m'a démontré qu'il en était ainsi ; les coqs ont dans leur harem une poule qui est leur compagne ; les autres ne sont que des concubines.

La nature semble avoir inspiré à ces oiseaux une sorte de cruauté qui, à première vue, semble révoltante, mais qui, si l'on y regarde de plus près, pourrait bien être un acte d'humanité relative, voici le fait : une de mes poules—noire comme la nuit—étant tombée malade, s'était retirée dans une corbeille où les autres poules avaient coutume de pondre, et donnait des signes non équivoques d'agonie. La pauvre bête fut alors attaquée par ses compagnes, qui montèrent sur elles, en piétinant, et l'achevèrent. On peut croire que les poules agirent ainsi pour épargner à leur semblable les horreurs d'une mort lente.

On se figure difficilement le degré de familiarité auquel ces oiseaux, naturellement farouches, sont capables de parvenir, quand on les élève avec soin. J'avais une poule blanche tachetée de noir qui était aussi caressante et aussi confiante qu'un jeune chien. Elle se laissait prendre, manier, transporter d'un lieu à un autre. Son intelligence était peu commune. Cette poule ayant témoigné le désir de devenir mère, je la plaçai sur un nid de paille, dans un grenier où l'on montait par une échelle. Dans la crainte que les chats du voisinage ne vinssent troubler l'oiseau dans ses fonctions, j'enlevais l'échelle pendant la nuit. Un matin, avant le lever du soleil, mes oreilles furent frappées par des cris de détresse qui n'avaient rien de commun avec le caquetage habituel des poules. Me lever, descendre, fut l'affaire d'un instant. La pauvre couveuse vint à moi, les ailes ouvertes, les plumes hérissées, le cou tendu, et avec tous les signes de la plus violente émotion. Je reconnus bien vite la cause de son inquiétude et le sujet de sa mésaventure. L'oiseau s'était élancé par la fenêtre du grenier dans la cour, pour boire et prendre quelque nourriture ; mais elle n'avait plus aucun moyen de remonter : la fenêtre se trouvait trop haute pour la portée de son vol. A l'instant, la poule se jeta dans mes bras comme pour implorer mon secours dans cette conjoncture difficile. Je relevai l'échelle, l'appuyai contre le mur et grimpai lestement avec l'oiseau sous mon bras. Nous arrivâmes à temps ; les œufs étaient encore tièdes. La poule reprit sa place sur le nid, et la couvée fut sauvée.

Tout le monde sait que les peuples anciens et modernes ont cultivé et cultivent encore l'art de couver les œufs, en se passant du concours de la poule. Cette fécondation artificielle est surtout pratiquée en Égypte, où elle constitue une branche importante de commerce. Les fours incubateurs inventés par les anciens prêtres de cette contrée procuraient autrefois cent millions de poulets par an ; aujourd'hui que la population de l'Égypte est beaucoup diminuée, et que les fours se trouvent entre les mains des simples paysans, — lesquels ont hérité du secret des anciens prêtres, — ces appareils fournissent encore par année trente millions de poulets.

Un mot seulement sur la méthode qu'il convient d'employer dans l'art d'élever les poules.

Des divisions sont nécessaires dans une basse-cour. Quoi de plus commun, par exemple, que de voir les différents oiseaux — exhibés par leur propriétaire satisfait — dans un état de confusion et de promiscuité? La conséquence est qu'au bout de quelques générations les traits distinctifs d'une race se mêlent avec les caractères d'une autre race, et que les différents exemplaires se trouvent de la sorte convertis graduellement en d'indescriptibles métis. Les espèces arrivent ainsi par une pente fatale à une médiocrité superlative. Qu'une saison maladive force le propriétaire de rajeunir ses élèves avec du sang nouveau, et le maître de la basse-cour, ignorant les véritables causes de dégénération et de mortalité, répétera son erreur. Si l'un deux, reconnaissant le vice de son système et désireux de réformer l'état des choses, venait me demander conseil, je l'engagerais à sacrifier ses anciennes volailles et à s'en procurer de nouvelles.

Pour ce qui regarde le domicile des poules, une maison construite de manière à être relativement chaude en hiver et tiède en été serait certes la plus convenable. De telles conditions artificielles provoqueraient l'incubation durant la saison froide et mitigeraient les incommodités de la chaleur dans la saison étouffante. Un changement soudain du thermomètre suffit quelquefois pour faire évanouir les espérances les mieux fondées et pour détruire les œufs d'une couveuse précoce, si consciencieuse qu'elle soit dans l'accomplissement de ses devoirs.

Les poules se nourrissent de tout. Un chat était en

train de tourmenter, *more suo*, une souris qu'il avait prise.
La scène se passait dans la basse-cour d'un de mes amis,
au moment où la servante était en train de distribuer la
nourriture aux volailles. Un coq, désapprouvant le jeu
inhumain du chat et le supplice de Tantale qu'il imposait
au prisonnier — lui présentant et lui retirant tour à tour
la clef des champs — guetta une occasion favorable, et,
avec un zèle digne d'un membre de la *Société fondée pour
prévenir les actes de cruauté envers les animaux*, at-
trapa le friand morceau, au grand étonnement de la
servante, du chat et de la souris. Le mouvement de
déglutition avait été si rapide, qu'on vit la captive remuer
encore dans le jabot de son bienfaisant ennemi.

Le courage maternel de la poule est trop connu pour
que j'en parle : on l'a vue défendre ses poussins contre
des ennemis beaucoup plus forts qu'elle et trouver dans
la puissance de son affection naturelle des armes pour
leur résister.

La poule est originaire de l'Asie. Les forêts de la Perse
ont été, dit-on, la terre natale des premiers exemplaires de
la race qui ont été soumis à l'état domestique. De la
Perse, cet oiseau s'est graduellement répandu dans l'Oc-
cident. La poule a été connue de bonne heure dans les
parties les plus reculées de l'Europe, même du temps de
nos indomptables et sauvages Bretons. Elle se rencontre
encore à l'état sauvage dans les forêts de l'Indoustan.
Son plumage diffère de celui de nos espèces domestiques.
La servitude a varié la forme et les couleurs de cet oiseau,
au point que vous trouvez rarement dans nos fermes deux
individus absolument semblables. Dans l'état de nature,
au contraire, le plumage est uniforme — noir ou jaune.

Shakspeare appelle le coq « la trompette du matin. »
On croyait aussi de son temps que le chant de cet oiseau

donnait aux esprits errants, la nuit, à la surface de la terre, le signal de la retraite. De là vient que Hamlet, parlant de l'ombre de son père, dit : « Elle s'est évanouie au chant du coq. »

On me permettra de redresser, en finissant, une erreur ornithologique. On dit généralement que le père et la mère des oiseaux abandonnent leurs petits quand ces derniers sont en état de pourvoir par eux-mêmes à leurs besoins ; je me demande si, dans plus d'un cas, ce ne sont pas, au contraire, les jeunes qui abandonnent leurs parents. Une poule mère avait élevé, avec succès, sous mes yeux, une famille de quinze poulets ; elle semblait extrêmement heureuse et orgueilleuse de ses fonctions, tout le temps que dura leur inexpérience. Mes poules couchaient, la nuit, dans une petite maison où elles grimpaient au moyen d'une perche traversée de bâtons qui se succédaient. Ce mode d'ascension n'étant guère praticable pour les jeunes, la mère inventa une autre chambre à coucher d'un accès plus facile, où elle se retirait, au coucher du soleil, avec ses poussins. Les petits devinrent grands, car Dieu leur prêta vie : or, à mesure qu'ils croissaient en force et en taille, je les voyais se détacher de la mère et se mêler davantage au peuple de la basse-cour. Enfin, deux des mieux venus montèrent, un soir, les degrés de la perche et allèrent coucher avec les adultes. Cet exemple fut suivi par les autres poulets, qui désertèrent successivement le lit de la mère. Après une quinzaine de jours, la poule restait avec deux jeunes dont l'organisation était visiblement en retard et qui réclamaient sans doute encore la sollicitude maternelle. Ces traînards finirent néanmoins par se joindre aux autres, au bout de quelques semaines, et c'est alors que la mère reprit sa place dans la maison commune.

LE FAISAN

On étonnerait peut-être plus d'un chasseur en lui disant que cet oiseau, qu'il rencontre à l'état sauvage dans nos bois, dans les parties les plus reculées et les plus désertes de la Grande-Bretagne, est pourtant un oiseau étranger, artificiellement propagé parmi nous et dans les autres États de l'Europe. Lorsque Jason, avec une poignée d'aventuriers, pénétra dans la Colchide, sur les premiers vaisseaux qui aient sillonné les mers, il ne fit point tout à fait une expédition absurde; car, sans parler de la fameuse toison d'or, il rapporta avec lui, en Europe, un des plus délicieux oiseaux, le faisan. Il le trouva sur les bords du Phase, une rivière de la Colchide, dans l'Asie Mineure; de là le nom que porte encore aujourd'hui ce gallinacé si charmant, fait à souhait pour le plaisir des yeux, et, hélas! pour les plaisirs du palais.

L'expédition de Jason eut lieu, il y a de cela plus de trois mille ans, sept cent neuf ans avant que les Grecs eussent réduit Troie en cendres, — si, du moins, il exista jamais une ville de ce nom, — et douze cent soixante-trois ans avant la naissance de Jésus-Christ.

Beckmann déclare, sans hésitation, que la bande mercantile d'aventuriers qui avaient fait voile avec Jason vers la Colchide, introduisit le faisan en Grèce. Aristote parle de cet oiseau en termes qui prouvent qu'il n'était pas rare de son temps. Il fait observer, entre autres détails, que le faisan est sujet à ces insectes parasites que — selon l'opinion de quelques théologiens — nous devons à la désobéissance de notre premier père. « Cette vermine, ajoute-t-il, finirait par détruire l'oiseau, si ce dernier ne la mettait en déroute par le soin qu'il a de se rouler dans la poussière. » On raconte que Crésus, roi de Lydie, étant assis sur son trône dans tout l'attirail et toute la pompe d'une majesté orientale, demanda à Solon si celui-ci avait jamais rien vu d'aussi beau. Le philosophe grec, nullement ému par toute cette splendeur, répondit qu'ayant vu la beauté de plumage du faisan, il ne s'étonnait plus d'aucune magnificence.

De Grèce, le faisan fit son chemin jusqu'à Rome. On ne sait pas très-bien le temps ni la manière dont cet oiseau fut introduit dans la Grande-Bretagne; il est probable que cette espèce étrangère a été naturalisée dans notre île dès une période fort reculée. Du temps d'Édouard Ier, les faisans ne coûtaient déjà que quatre pence (40 centimes), — une somme assez considérable, je l'avoue, pour cette époque-là, mais qui n'a, pourtant, rien d'extravagant.

Le faisan commence généralement à couver en avril : la température et la localité déterminent quelques exceptions. A côté du cottage des gardiens, il est curieux de voir une clairière fauchée, enclose de haies, tachetée par le plumage des faisanes, égayée par les poussins; à quelque distance de là, on laisse croître de l'herbe, pour que les jeunes faisans puissent y courir et s'y ébattre, avec ou sans leur mère nourrice, à mesure qu'ils acquièrent des forces. L'eau est indispensable, et la nourriture consiste en œufs de fourmis. Il faut que cette eau soit courante, d'où la nécessité d'établir de petites rigoles; quand ces soins manquent, les jeunes faisans sont menacés d'un grand fléau. La *pépie* fait son apparition; mais qu'est-ce que la pépie? Tous les gallinacés semblent sujets dans leur jeunesse à cette maladie, dont les symptômes consistent, chez eux, à tendre le cou en l'air et à ouvrir constamment le bec comme pour bâiller. A mesure que ce mal fait des progrès, la constitution de l'oiseau subit des changements notables : les faisandeaux ne conservent pas longtemps leur activité ; ils deviennent languissants et mélancoliques ; leurs ailes s'abattent comme des plantes flétries. Cette maladie est causée par un ver intestinal qui amène la mort par suffocation. Ce ver curieux et destructif est composé de deux êtres qui vivent, pour ainsi dire, d'une seule et même vie. L'extrémité bifide de l'entozoaire avait été prise par les anciens observateurs pour une double tête ; mais cette circonstance est due, en réalité, à la présence des deux sexes. Le mâle, très-court de sa personne, se trouve greffé sur la longueur de la femelle, par le moyen d'un tégument qui les lie l'un à l'autre : si l'on coupe ce tégument, on voit paraître deux êtres distincts. De ce lien matrimonial, qui est indissoluble, — excepté quand on le brise par la violence — est né le nom moderne et généralement admis de ce parasite : *synyamus trachealis.* Le tabac est, dit-on, un remède infaillible, quand on l'administre avec précaution et au début de la maladie : il tue le ver. Mettez vos jeunes de faisan, de dindon ou de poule commune dans une caisse de bois et envoyez-leur de la fumée de tabac à travers une pipe. Il faut seulement prendre garde de ne point leur en donner trop ; car le remède deviendrait alors pire que le mal.

Comme chez les autres gallinacés, lorsque la femelle du faisan devient improductive, soit à cause d'un vice d'organisation, d'une maladie, ou par suite de l'âge, elle prend le plumage du mâle, comme si la nature voulait lui donner par là un certificat d'infécondité. Ces cas de transformation ont été constatés par Hunter et par d'autres témoins compétents. Les histoires d'œufs pondus par des coqs ne semblent donc point tout à fait dépourvues de fondement ; ces œufs avaient sans doute été pondus accidentellement par des oiseaux dont le plumage se prêtait à l'illusion et justifiait jusqu'à un certain point cette croyance populaire. Il est évident que toutes les femelles soumises à cette métamorphose extérieure ne doivent point avoir perdu pour toujours la faculté de pondre un œuf par hasard.

A l'état sauvage, le faisan est défiant et ombrageux ; mais, pris jeune, il se laisse aisément apprivoiser. Philippe Egerton, qui a cultivé avec succès plusieurs branches de la zoologie, avait à Oulton, dans Jame's-Park, un faisan qui s'en allait errer sous les arbustes et qui revenait ensuite au logis. Étant alors sur les lieux, j'emportai avec moi du pain que j'émiettai, et l'oiseau devint graduellement si familier, qu'il prenait le pain de ma main. Jusque-là, il avait vécu ou, du moins, il avait paru vivre seul ; mais nous avions observé qu'en mangeant il poussait une note intime et plaintive, tournant plusieurs fois la tête vers l'endroit planté d'arbrisseaux. Nous découvrîmes bientôt qu'il appelait sa femelle à partager son repas. Au bout de peu de jours, elle se montra et vint manger avec lui. Il semblait l'assurer qu'il n'y avait aucun danger. Comme le printemps s'avançait, nous les perdîmes de vue ; ils s'étaient probablement retirés l'un et l'autre dans les jardins de Buckingham pour célébrer les mystères de la nature.

Si beau que soit le faisan, son plumage ne le défend point contre la dent des gastronomes qui trouvent sa chair encore plus délicate que ses couleurs ne sont brillantes. Le faisan, *à la Sainte Alliance* passe, sur une table de connaisseurs, pour un plat sans rival. « Quand le faisan est

cuit, dit Brillat-Savarin, servez-le couché avec grâce sur
sa rôtie; environnez-le d'oranges amères et soyez tranquille sur l'événement. Ce mets de haute saveur doit être
arrosé par préférence de vin du cru de la haute Bour-
gogne. J'ai dégagé cette vérité d'une suite d'observations
qui m'ont coûté plus de travail qu'une table de loga-
rithmes. Un faisan ainsi préparé serait digne d'être
servi à des anges s'ils voyageaient encore sur la terre
comme du temps de Loth. Un faisan étoffé a été exécuté
sous mes yeux par le digne chef Pacard, au château de la
Grange, chez ma charmante amie, madame de Ville-Plaine,
et apporté sur la table par le majordome Louis, marchant à pas processionnels. On l'a examiné avec autant
de soin qu'un chapeau de madame Herbault; on l'a
savouré avec attention; et, pendant ce docte travail, les
yeux de ces dames brillaient comme des étoiles; leurs
lèvres étaient vernissées de corail et leur physionomie
tournait à l'extase. J'ai fait plus : j'en ai présenté un
pareil à un comité de magistrats de la cour suprême qui
savent qu'il faut quelquefois déposer la toge sénatoriale
et à qui j'ai démontré, sans peine, que la bonne chère est
une compensation naturelle des ennuis du cabinet.
Après un examen convenable, le doyen articula d'une
voix grave le mot « Excellent! » Toutes les têtes se bais-
sèrent en signe d'acquiescement, et l'arrêt passa à l'una-
nimité. »

Malgré ces qualités délicates qui font du faisan un
des êtres de la nature les plus convoitées par la gourmandise, la race de ces oiseaux s'est multipliée dans
l'état sauvage. Dédaignant la protection de l'homme, il
l'a abandonné, pour chercher un abri dans les bois les
plus épais et les plus solitaires. Cet esprit d'indépendance, dont il donne des preuves jusque dans la capti-

vité, distingue le faisan de la plupart des autres gallinacés. Ces oiseaux aiment les bois et les pays de plaines humides où ils trouvent en abondance des limaçons, dont ils sont très-friands. Pendant le jour, ils se tiennent à terre, cherchant leur nourriture; mais, aussitôt que le soir arrive, ils vont se percher sur les arbres les plus élevés, pour y passer la nuit. Ils se nourrissent de vers, d'insectes, de fourmis, d'escargots, de bois de genévrier, de ronces sauvages, de graines de genêt, de faînes, de groseilles, des fruits du sureau et du néflier. Les mâles, dans la saison des amours, se font suivre par quatre ou cinq femelles; car les faisans sont, comme les coqs de nos basses-cours, polygames. Ces femelles, lorsqu'elles sentent le besoin de pondre, font leur nid dans des buissons fourrés et y déposent de douze à vingt-quatre œufs d'une couleur olivâtre claire et marqués de taches brunes qui forment des zones circulaires. Ces œufs sont moins gros que ceux de la poule et ont la coquille très-mince. La femelle couve, dit-on, de vingt-trois à vingt-sept jours. Aussitôt éclos, les petits se mettent à courir et cherchent déjà leur nourriture, qui, à cet âge, consiste surtout en insectes; tant que les petits sont faibles, les mères ne perchent pas, restent à terre avec eux et les réchauffent sous leurs ailes; plus tard, elles les habituent à se placer sur les branches les plus basses des arbres; puis, petit à petit, de plus haut en plus haut. La durée de la vie chez ces oiseaux est de huit à dix ans et quelquefois davantage.

La chasse au faisan est un des exercices les plus cultivés par les gentilshommes campagnards. Quand les mâles sont dans la compagnie de leurs femelles, ils font avec les ailes une sorte de bruit qui met le chasseur sur la piste de leur retraite. Pendant l'hiver, on les traque aussi sur la neige et on les prend volontiers dans des filets. Leur beauté, d'ailleurs, les trahit : leurs couleurs changeantes, leur crête et leurs yeux bordés d'un cercle écarlate, les teintes vertes que déploie et secoue en l'air leur plumage comme une poignée d'émeraudes, leurs ailes magnifiquement peintes, leur poitrine qui flamboie comme de l'or, tout les désigne au coup d'œil du chasseur exercé.

Dans l'automne de 1826, un faisan errant fit son apparition dans une vallée des Grampians. C'était le premier oiseau de cette espèce qu'on eût vu dans cette partie de la contrée. Pendant quelque temps, on ne l'observa que de loin en loin, et plusieurs personnes doutaient encore de sa présence. Les besoins propres à la saison d'hiver le firent néanmoins se montrer d'une manière moins équivoque ; mais on eut bientôt des preuves encore plus certaines et plus singulières que son existence n'était point un mythe. Dans la saison où les jeunes couvées s'ébattent au milieu de la basse-cour, et approchent de la maturité, on ne fut pas médiocrement étonné de voir, parmi les jeunes poulets, des oiseaux magnifiques, ornés d'une longue queue. Ils continuèrent de croître en taille et en beauté, jusqu'à ce qu'enfin tous les doutes fussent levés. On acquit la certitude que la poule avait eu des relations avec le mystérieux faisan. Ces hybrides tenaient pour le moins autant de l'étranger que de leur mère. Le hasard procura ainsi une des plus curieuses et des plus agréables variétés qu'on puisse voir parmi les oiseaux de basse-cour.

Ayant conservé des goûts pour l'indépendance, le faisan est plutôt *naturalisé* chez nous que *domestiqué*. On ne l'a point découvert jusqu'ici dans le nouveau monde. Mais, comme c'est un oiseau très-prolifique et d'une éducation, après tout, assez facile, il n'y a point de doute qu'il ne puisse être introduit avec succès dans toutes les parties de la terre.

LE PAON

C'est à l'Inde que nous sommes redevables du paon. Sur le continent et dans les îles de Ceylan et de Java, des troupeaux de ces gallinacés se rencontrent encore aujourd'hui, et font la joie des chasseurs. Nous avons entendu l'un d'eux raconter ses impressions avec un enthousiasme tout oriental : il déclarait que le premier effet de ce plumage irisé, brillant et étincelant dans le soleil, avait quelque chose d'éblouissant ; puis, quand touché par le plomb, l'oiseau tombe, il roule semblable à un météore, et gît sur le sol comme un tas d'or et de pierreries.

Alexandre le Grand trouva un grand nombre de paons sauvages dans un bocage ombreux sur les bords de la rivière Hyarotis, et, différent de notre chasseur, il fut, dit-on, si frappé de la beauté de ces créatures, qu'il protégea leur existence. Un édit défendait de les tuer sous des peines sévères. Rien n'indique que le fils de Philippe ait envoyé des exemplaires du paon en Grèce ; mais il est certain que son professeur Aristote était parfaitement initié à l'histoire naturelle de ces magnifiques oiseaux.

Ælien dit qu'ils furent apportés en Grèce de quelque

contrée barbare : on peut le croire mieux informé (1),
quand il ajoute que le paon était très-estimé à Athènes,
et qu'une paire de ces oiseaux valait mille drachmes.
Pennant croit que, dans son mouvement d'acclimatation,
le paon fit sa première étape à Samos, où il ornait, par
sa splendide présence, le temple de la Reine du ciel.
A peine introduit sur la terre des fables et des imagina-
tions romanesques, cet oiseau entra dans le domaine
de la mythologie. Le fils vigilant d'Arestor était censé
garder Io transformée par la colère de Junon. Mais
le père libertin des dieux et des hommes envoya le
charmant fils de Maïa avec la plus harmonieuse des
lyres. Pendant qu'il jouait, les milliers d'yeux s'alour-
dirent sous les délicieuses langueurs qui coulaient à
flots des mains du musicien céleste, et ils se fermèrent
dans un sommeil éternel. La déesse ne pouvait mieux
faire que de transporter, au plumage de son oiseau sacré,
les innombrables yeux d'Argus.

Au commencement, le paon était en Europe un oiseau
fort rare : Antiphon nous raconte comment le peuple
venait de toutes parts — même de Lacédémone et de
Thessalie — pour contempler cette merveille de la nature.
Ces nobles oiseaux, autrefois si rares, devinrent communs à Rome; Athénée signale leur présence dans les
maisons, où ils vivaient à l'état domestique, et prétend
qu'ils finirent peu à peu par devenir aussi abondants
que des cailles. Une telle importation ne pouvait
échapper, en effet, à la connaissance du peuple le plus
follement sensuel qui abusa jamais des dons de la
nature. Ces gourmands, dont on a dit avec vérité,
edunt ut voment, voment ut edunt, les Romains ne se

(1) On sait, d'ailleurs, que les Grecs désignaient sous le nom de barbares
tous les peuples qui n'appartenaient point à leur race et à leur civilisation.

contentèrent pas de chercher dans le paon un objet de luxe. Le premier qui tua le paon pour le servir à table sur un plat fut Hortensius. Cet orateur fit manger l'oiseau de Junon à ses convives dans une fête qu'il donna, lorsqu'il fut consacré grand prêtre. Aufidius Hurco trouva l'art de les engraisser : cette invention lui rapporta un revenu annuel de soixante mille sesterces. Cela se passait vers le temps de la guerre des derniers pirates. Deux mille poissons de choix, sept mille oiseaux délicats formaient alors une partie de ces banquets extravagants. Vitellius et son frère se distinguèrent plus tard dans ces combats de la gueule, où ils acquirent une incontestable célébrité. Le grand plat d'argent de Drusillanus Rotundus, affranchi de Claude — lequel plat pesait cinq cents livres — tombe dans l'insigniﬁance, quand on le compare à celui du ﬁls impérial de Lucius Vitellius. Par une sorte d'amer jeu de mots qui indiquait bien le triomphe de la matière sur l'intelligence, ce dernier plat fut appelé le bouclier de Minerve. Les Romains de la décadence n'évaluaient pas seulement la délicatesse de la nourriture, par le goût, mais aussi par le prix. Comme si notre monde eût été trop étroit pour leur estomac, ils n'étaient contents qu'avec des mets apportés de la Colchide, — qui était au delà des limites de l'Empire — ou avec la chair des oiseaux et des poissons qui venaient des mers célèbres par les naufrages. Plus les viandes coûtaient cher, plus elles plaisaient à ces palais blasés. C'est sans doute aux Romains envahisseurs que nous devons l'introduction du paon dans les îles Britanniques.

Mais revenons aux pays dont le paon est originaire et où il se maintient encore à l'état sauvage. Dans le nord de l'Inde et dans les îles Malaises, cet oiseau est très-répandu, et, là, on peut, du moins, l'étudier dans sa condition primitive. Le colonel Sykes nous assure qu'il est très-abondant dans les bois épais et profonds des Ghauts.

Le colonel Williamson raconte, dans ses anecdotes de voyage, qu'il vit une quantité surprenante de ces oiseaux sauvages dans le district de Jungleterry. Tous les bois étaient, pour ainsi dire, brillants de leur riche plumage, auquel le soleil levant ajoutait un éclat particulier. Quelques morceaux de plaines cultivées, la plupart plantés de moutarde, alors en fleur, attiraient ces oiseaux, qui allaient y chercher leur nourriture, et accroissaient encore la beauté du spectacle. Le colonel Williamson prétend rester au-dessous de la vérité quand il affirme qu'il n'y avait pas moins de douze à quinze cents paons de différentes tailles, en vue du point d'observation sur lequel il se tenait depuis près d'une heure. Il trouva aisément l'occasion d'en tirer quelques-uns dans un jungle; mais, lorsque ces oiseaux se trouvaient réunis en troupe de quarante à cinquante, — comme c'est leur habitude — il y avait une difficulté. Quand ils sont ainsi réunis, ils ne s'élèvent pas aussi aisément; mais ils courent avec une telle célérité, que le colonel doute qu'un épagneul puisse les déterminer à prendre leur vol. Ce vol est lourd, et c'est moins à leurs ailes qu'à l'agilité de leurs pattes qu'ils doivent leur salut. Vers la brune, ils s'envolent sur de hauts arbres où ils perchent. Les bois sont enrichis par la présence de ces oiseaux dans l'état de nature, comme nos jardins, nos parcs et nos basses-cours sont ornés par l'accession de ces mêmes oiseaux apprivoisés. L'identité entre le paon sauvage et le paon domestique ne peut former l'objet d'un doute. Dans sa patrie, cet oiseau se laisse aisément captiver : plusieurs temples hindous dans le Dekkan en possèdent des troupeaux considérables.

En Angleterre, les crêtes de paon paraissent avoir été, dans les anciens temps, des ornements royaux. Elles forment une partie de l'amende payée au roi Jean par Ernold de Acleut. On servait cet oiseau à table dans les grandes solennités devant les chevaliers et leurs dames. Les paons sont plutôt des créatures faites pour réjouir les yeux que pour flatter le palais, et il est vraiment dommage d'immoler cet objet d'art au démon de la gourmandise ; notre impartialité d'historien nous oblige pourtant à dire qu'un paon bien élevé, bien nourri et encore jeune, est une des plus délicates volailles que l'on puisse servir sur la table d'un roi. Sa chair surpasse en saveur et en finesse celle de la dinde ou du chapon. Quiconque n'apprécie point une tranche froide de paon, — surtout une tranche de la poitrine—avec accompagnement d'une autre tranche de jambon de Westmoreland, n'a point le sens du goût ni des harmonies gastronomiques.

Le paon surpasse de beaucoup tous les gallinacés, autant par sa beauté que par son esprit et son intelligence. On reproche seulement à cet oiseau son orgueil et sa coquetterie. S'aperçoit-il qu'on le remarque, qu'on l'admire, il étale sa queue en cercle, montrant et secouant ses couleurs de manière à faire valoir tous ses avantages. Ses plumes brillent alors comme des pierres précieuses, surtout quand il les tourne contre le soleil, et il n'y manque point. On dirait qu'il se rend compte de l'effet que la réverbération des rayons lumineux ajoute à son lustre naturel. Dans le même but, il projette avec sa queue—laquelle semble chargée de riches coquillages— une ombre favorable sur le reste de son plumage, qui paraît encore plus chatoyant quand il est légèrement ombragé. Rassemblant avec éclat tous les yeux de ses plumes dans un faisceau, le paon qui fait la roue, sait qu'il est surtout regardé dans ce moment-là, et il semble prendre, dans l'étalage de ses charmes, un plaisir d'amour-propre. D'un autre côté, quand il a perdu sa queue — laquelle mue habituellement toutes les années, au moment où les arbres perdent leurs feuilles—il n'a plus d'attrait à se montrer ni à sortir ; il semble, au contraire, confus, morne, honteux, et cherche à se cacher. Il faut que le printemps revienne et que la queue de l'oiseau reprenne ses plumes,—au moment où les arbres reprennent leurs feuilles avec leurs fleurs, — pour que le paon retrouve sa joie et sa confiance en lui-même. Cet oiseau est comme les jolies femmes, il vit pour plaire.

Le paon n'est pas seulement une créature vaine et glorieuse ; c'est encore un oiseau aussi malicieux que l'oie est timide et modeste. J'ai été à même d'étudier son caractère, qui ne vaut pas son plumage. Ces hôtes sont le fléau de nos jardins, où ils commettent toute sorte de dégâts ; ils dépouillent les toits des maisons couvertes de tuiles et becquettent le chaume des granges. Ils dévastent les plates-bandes, déterrent les semences précieuses, effeuillent ou jettent les plus belles fleurs dans la boue, font en un mot le désespoir de l'horticulteur. Si nos yeux sont charmés par l'éclat du paon et la variété de ses couleurs, en revanche, l'oreille se trouve singulièrement blessée par son cri odieux et infernal. Aussi le peuple d'Italie a-t-il coutume de dire que cet oiseau a les plumes d'un ange, mais la voix d'un démon et les goûts d'un voleur.

Sir Robert Héron, un pénétrant observateur, nous donne des renseignements pleins d'intérêt sur la vie du paon dans l'état domestique. Écrivant en 1814, il con-

state que, depuis plusieurs années, il a donné son attention aux habitudes de cet oiseau. Il a trouvé, dit-il, que
les individus de cette race emplumée différaient autant
entre eux que les êtres humains. Chaque paon a son caractère. Quelques paonnes poussent le sentiment de famille jusqu'à prendre soin des petits qui appartiennent
à d'autres mères, tandis que certaines femelles les poursuivent ou les tuent, — et cela, qu'elles aient oui ou non
une couvée à elles. Quelques coqs assistent leurs compagnes dans les soins relatifs à l'éducation des jeunes ;
d'autres, au contraire, attaquent ces derniers. Les femelles
ont fréquemment une grande préférence pour un mâle en
particulier. Des paonnes, raconte sir Robert, étaient
toutes si amoureuses d'un vieux paon, que celui-ci, ayant
été confiné à vue durant une année, elles s'assemblaient
constamment autour du treillis de sa prison. On les vit,
pendant ce temps-là, repousser les avances d'un paon
japonais. Le prisonnier sortit vers l'automne de son lieu
de reclusion : la plus vieille des paonnes lui fit aussitôt
la cour, et non sans succès. L'année suivante, il fut
abattu d'un coup de feu dans une écurie, et les paonnes
adressèrent alors leurs hommages à son rival ; car c'est
encore une observation de ce naturaliste que, parmi ces
oiseaux, les avances sont toujours faites par la femelle.

Le paon vit, dit-on, vingt-cinq ans ; mais il y a des
exemples d'une bien plus grande longévité. Ce n'est qu'à
l'âge de trois ans qu'il revêt tous les ornements de son
plumage. La femelle a soin de couver la nuit, dans quelque endroit secret et retiré : ce mystère est fondé sur la
connaissance des mœurs du mâle. Si ce dernier, en effet,
rencontre sa femelle en devoir de couver, il brise ordinairement les œufs. L'incubation dure vingt-huit ou
trente jours au plus.

La femelle du paon, comme la poule commune et comme la femelle du faisan, prend, dans un âge avancé, le plumage du mâle.

Une paonne favorite, appartenant à lady Tynte, avait produit successivement huit couvées. Ayant atteint sa onzième année, elle surprit sa maîtresse, ainsi que toute sa famille, en paraissant devant elle, après la mue, dans le plumage d'un paon. Deux ans après, elle ajoutait aux ornements déjà acquis des ergots ressemblant à ceux du mâle. Après ce changement, elle ne pondit plus jamais et mourut dans un hiver rigoureux. J'ai vu la peau empaillée de cet oiseau dans le muséum de sir Ahston Lever. Après tout, ce phénomène n'est point particulier aux oiseaux. La femme qui vit longtemps est condamnée, après les avertissements gradués de son miroir, à voir, enfin, la peau douce et gracieuse qui entoure ses lèvres se hérisser de poils, et revêtir ainsi les insignes du sexe mâle. Tout ce qui brille doit se foncer et se ternir, ainsi le veut le destin ; et, quand nous regardons ces beautés qui ont charmé nos pères, il y a de cela plusieurs printemps, nous ne pouvons retenir cette exclamation de Banquo : « Vous pourriez bien être une femme, quoique votre barbe m'empêche de voir si vous en êtes bien une. » Les femelles des oiseaux changent donc aussi : toute la différence est que les femmes enlaidissent, tandis que la femelle du paon embellit avec les années.

En parlant du paon qui fait la roue, j'ai dit que l'oiseau étalait et relevait sa queue ; mais j'ai cédé, en cela, à l'opinion commune, bien plus qu'à l'exactitude du fait. White, dans son *Histoire naturelle de Selborne*, dit : « Ayant une visite à faire à mes voisins les paons, j'observai que les plumes de ces magnifiques oiseaux passent à tort pour leur queue : ces longues et splendides plumes ne s'élancent point du croupion, mais du dos. Une rangée de plumes brunes, roides, longues seulement d'environ six pouces, fixées dans le croupion, forment la véritable queue de l'animal et servent comme de fondement pour soutenir la roue, qui est fort pesante. Quand cette roue constellée se dresse et se développe, rien ne paraît plus de l'oiseau que sa tête et son cou; il n'en serait pas ainsi si les longues plumes qui la composent étaient implantées dans le croupion, comme on peut en juger par le dindon, lorsque ce dernier affecte la même attitude. Au moyen d'une forte vibration musculaire, le paon élève et fait cliqueter les flèches de ses longues ailes comme des épées dans la main d'un saltimbanque; il foule en même temps la terre sous ses pieds, avec un mouvement très-vif et court à reculons vers les femelles. »

La femelle du paon, dans nos contrées, pond rarement au delà de quatre ou cinq œufs, avant de couver. Aristote, lui, prétend qu'elle en pond jusqu'à douze; il est probable que c'est une affaire de climat et que, dans son pays natal, cet oiseau est ainsi prolifique. Il est certain que, dans les forêts de l'Inde, où ils se reproduisent naturellement, les paons sont extrêmement plus nombreux.

On distingue plusieurs variétés de cet oiseau, le plus beau de la création, car il contient dans son plumage toutes les couleurs les plus vives, le rouge, le bleu, le jaune, le vert, disposées dans un ordre artificiel et harmonieux. Le paon blanc paraît constituer moins une race, qu'une variété accidentelle. Quoique le plumage de ce dernier oiseau justifie bien son nom, les longues plumes du dos retiennent, vers l'extrémité, quelques vestiges du brillant mirage particulier à son espèce; le

reste de sa livrée porte l'impression de différentes couleurs, quoique faiblement indiquées et lavées par une
teinte blanche plus ou moins pure. Ces oiseaux sont,
d'ailleurs, d'un grand prix, excessivement beaux, et
produisent un effet admirable au milieu d'un troupeau
d'autres paons richement décorés de leurs mille couleurs.

Avant de prendre congé du paon proprement dit, qu'il
nous soit permis d'espérer que son allié le *polyplectrus*,
communément nommé paon du Thibet, paon-faisan de la
Chine, ornera sous peu nos basses-cours. Nos communications avec l'Asie sont aujourd'hui si fréquentes, qu'il
ne serait pas très-difficile de se procurer, d'importer et
de naturaliser cet élégant oiseau, qui compléterait la
famille.

LA PINTADE

Belon et Aldrovandi ont perdu beaucoup de bonne
encre et, aussi, quelque érudition, en cherchant à prouver
que la *meleagris* des anciens était le dindon — un oiseau
qui nous est venu du nouveau monde et que les anciens
n'ont jamais vu. La méléagris des Grecs était tout simplement notre pintade. Varron, Columelle, Pline, tous
les naturalistes latins ont fait mention de cet oiseau. Nous
trouvons des traces de son existence, bien connue de
l'antiquité, dans Horace, dans Ovide et dans Juvénal.
Varron décrit les pintades comme des poules africaines,
·d'un plumage bigarré ou piqueté, avec un dos bombé.
Elles devaient être, de son temps, introduites nouvellement
à Rome, car il parle d'elles comme ayant été servies ré-

cemment dans les festins. La poule africaine, que Columelle distingue des méléagris ou de la pintade commune,
était probablement la *numida mitrata* des auteurs, laquelle est considérée par plusieurs comme une simple
variété. Pline parle des combats d'oiseaux dans lesquels
la pintade avait un rôle.

Méléagre, qui passe pour avoir apporté cet oiseau en
Grèce, faisait partie de cette expédition de chasseurs,
laquelle se proposait de détruire le sanglier de Calydon.
Atalante porta au monstre la première blessure, et Méléagre, qui le tua, présenta galamment la tête de l'animal
à la princesse : — de là de grands malheurs. Méléagre
fut jeté dans les flammes par son implacable mère; il
mourut, et ses sœurs furent changées en pintades. Depuis
ce jour-là, elles vont çà et là, appelant leur bien-aimé
frère et lui disant : « Reviens, reviens, oh! reviens! »

Athénée, qui donne des pintades une très-bonne description, raconte comment elles furent portées dans des
cages à la procession ptoléméenne, avec des moineaux,
des faisans et d'autres oiseaux. L'OEtolie paraît avoir été le
premier théâtre de leur naturalisation en Europe. Clytus
Milésius, disciple d'Aristote, les signale comme étant
élevés de son temps, dans le temple de la déesse vierge
à Léria. Elles paraissent être devenues relativement communes à l'époque où vivait Martial, qui cite les poules de
Numidie et les paons comme répandus dans la villa de
Faustinus.

La pintade est très-attachée à ses petits. Le docteur
Brooks, dans son *Ornithologie*, dit que cet oiseau soigne
non-seulement ses petits, mais les poussins des autres
espèces de gallinacés qui peuvent se rencontrer dans sa
voie. L'auteur doit avoir eu des faits pour appuyer son
assertion; mais notre expérience personnelle ne confirme

point cette manière de voir. La pintade est très-loin de pousser la bienveillance à ce degré-là. Au contraire, elle tue opiniâtrément les poussins des autres oiseaux, en courant sur eux et en leur fendant la cervelle d'un coup de bec. On est obligé, à cause de cela, de séparer les pintades des autres espèces de la basse-cour. Ces oiseaux, originaires d'Afrique, souffrent beaucoup des sévérités de notre climat.

« Un hiver, dit Markwick, que le sol était couvert de neige, je découvris, au milieu du jour, toutes mes pintades perchées sur les plus hautes branches d'un gros orme, battant des ailes et faisant un grand bruit. Je donnai des ordres pour qu'on les fît descendre, dans la crainte qu'elles ne mourussent de froid dans une situation si élevée ; mais cette manœuvre ne s'accomplit point sans beaucoup de difficulté, ces oiseaux ne voulant point quitter leur demeure aérienne, quoique l'un d'entre eux eût les pattes si complétement gelées, que nous fûmes obligés de le tuer. Je ne puis guère expliquer cette résistance de leur part, à moins que ce ne fût un effet de leur aversion pour la neige qui couvrait le sol. »

Epenxetus et Héraclides déclarent que les œufs de paonne surpassent en délicatesse ceux de tous les autres oiseaux ; mais, s'ils avaient jamais goûté les œufs de pintade frits à la graisse de caille, relevés d'un coulis d'écrevisses, comme les servait sur sa table le docteur Gasterini, ils auraient sans doute hésité dans leur jugement. Ces œufs ouvrent le succulent déjeuner qui, dans le roman auquel nous faisons allusion, releva l'appétit et la belle humeur du désespéré don Diego. Voyez-vous d'ici cette assiette à double fond remplie d'eau bouillante et portée par le fidèle Pablo, qui sonne majestueusement la cloche. « Au milieu de l'assiette et à demi baignés d'un coulis onctueux et velouté d'une belle nuance vermeille, le majordome vit quatre tout petits œufs ronds, mollets et semblant frémir encore dans leur friture fumante. » O Eugène Sue ! Eugène Sue !

Sur les côtes ouest de l'Afrique, on rencontre les pintades par troupeaux de deux ou trois cents, élevant leurs petits et les menant chercher leur nourriture. Elles fréquentent de préférence les marais et les flaques d'eau qui s'étendent le long des rivières. Leur histoire naturelle ne diffère pas beaucoup de celle des autres gallinacés ; mais les mâles et les femelles se ressemblent tellement, qu'il est difficile (chose rare) de les distinguer les uns des autres. Leurs œufs sont comme leurs plumes, tachetés. Dans notre climat, ces oiseaux ne pondent que quatre ou cinq œufs ; mais ils sont très-prolifiques dans leurs chaudes régions natales. Chez nous, on les élève plutôt pour la vue que pour l'utilité, attendu que leur éducation exige beaucoup de soins et de dépenses.

LE DINDON

Nous sommes redevables de la découverte du dindon à la découverte de l'Amérique.

Dans leurs forêts natives du nouveau monde, ces oiseaux errent encore en bandes considérables ; mais, comme les habitants originaires de la contrée, les pauvres Indiens, ils diminuent d'année en année, chassés qu'ils sont de leurs gîtes primitifs par les étrangers qui ont pris possession de la terre. Avides au plus haut point de maïs et de sarrasin, les dindons sont pour les champs ensemencés des visiteurs très-importuns, et les fermiers leur font une guerre impitoyable.

Ces oiseaux vivent à l'état de société ; ils voyagent ensemble par tribus considérables. Une discipline sévère est exercée par les anciens, particulièrement par les mâles, qui tiennent d'une main, ou, si l'on veut, d'une griffe très-ferme l'autorité. Les jeunes mâles sont obligés de pourvoir par eux-mêmes à leurs besoins ; car, s'ils approchent des adultes, ils sont sûrs d'être sévèrement punis. Les dindons rencontrent de grandes difficultés dans leurs voyages, à cause des rivières qui arrêtent leur marche. Dans ce cas, ils tiennent conseil ; les vieux mâles se pavanent, en se promenant de long en large, et parlent bruyamment, tandis que les femelles et les jeunes dressent la queue et font belle contenance. Enfin, comme d'un commun consentement, ils montent sur les arbres les plus élevés, d'où, à un signal particulier donné par le chef de la bande, ils s'élancent tous. Si, comme il arrive souvent, la rivière est large, les voyageurs au corps lourd et aux ailes courtes périssent en grand nombre. Les forts, les bien portants, accomplissent généralement la traversée ; mais les faibles, les très-jeunes, succombent dans leur entreprise et sont entraînés par le courant. Mais, même dans cette circonstance critique, ils ne perdent point leur présence d'esprit : ouvrant leur queue comme une voile, ils ferment leurs ailes, étendent leur cou et se dirigent bravement vers le rivage.

Il ne peut exister de doute raisonnable sur ce point : nos races de dindons domestiques descendent de la famille des dindons sauvages qui vivent encore dans les plaines de l'Amérique. Et, cependant, il est à observer qu'élevés et gardés aussi longtemps qu'il vous plaira dans nos oiselleries, le dindon sauvage retient toujours ses mœurs et ses traits originels. D'un autre côté, nos dindons domestiques, abandonnés à eux mêmes, retournent vers l'état de nature. On en a un exemple dans le voisinage de la mer Noire et près de Smyrne, où d'immenses troupeaux de dindons, importés d'Amérique, mais rendus à la liberté, parcourent le pays comme leurs frères sauvages et manifestent les mêmes habitudes.

Les mâles de tous les gallinacés, étant polygames, se montrent généralement moins attachés aux petits de leur espèce que les oiseaux qui vivent par couple. L'exemple suivant montre pourtant que cette indifférence n'existe point dans tous les cas. Une dinde était en train de couver des œufs. Le mâle, qu'on avait d'abord séparé d'elle, parut si malheureux de sa solitude, si abattu, qu'on lui permit de vivre dans le même endroit que sa compagne. Aussitôt entré, il se coucha près de la dinde. On crut d'abord que c'était une simple marque d'affection; mais on découvrit bientôt qu'il avait pris sous lui une partie des œufs qu'il couvrait soigneusement. La servante qui était chargée de soigner les volailles, crut que cette méthode de couver n'aurait point grand succès et replaça les œufs sous le ventre de la dinde; mais le mâle ne fut pas plus tôt remis en liberté, qu'il en reprit quelques-uns à sa charge, comme il avait fait précédemment. Le maître, ayant observé le fait, résolut de courir les chances de l'expérience, et laissa le dindon suivre son penchant. Il fit même préparer un nid avec autant d'œufs que le large corps de l'oiseau en pouvait couvrir. Le dindon parut enchanté de cette marque de confiance, se plaça avec une patience toute maternelle sur les œufs, et se montra si attentif aux devoirs de l'incubation, qu'il prenait à peine le temps d'aller à la recherche de la nourriture. A l'expiration du

temps habituel, vingt-huit jeunes percèrent leur coque.
Le dindon qui était, à quelques égards, la mère de cette
nombreuse couvée, sembla quelque peu perplexe quand
il vit une famille de si petits animaux becqueter autour
de lui et réclamer sa constante vigilance. On les lui enleva, dans la crainte qu'il ne les foulàt sous ses grosses
pattes ou qu'il ne les négligeàt. Je regrette qu'on n'ait
pas continué l'expérience; il eût été curieux de voir comment le dindon aurait rempli cette seconde moitié de sa
tàche.

LA PERDRIX

Généralement parlant, la perdrix est un oiseau plus
farouche que le faisan. On l'a vue pourtant, dans certains
cas, s'attacher à l'homme. Une perdrix avait été élevée
dans la maison d'un pasteur protestant; elle devint si
familière, qu'elle suivait son maître à table, durant le déjeuner, et s'étendait au coin du feu, dans le salon, pour
jouir de la chaleur, comme si elle se fût présentée aux
rayons du soleil. Les chiens de la maison la respectaient;
mais, malheureusement, un jour, le pauvre oiseau tomba
sous la patte d'un chat étranger, qui le tua.

La perdrix fait ordinairement son nid dans les champs
de blé ou de seigle — sorte de forêt basse où elle élève
ses petits; mais, comme les autres oiseaux, elle choisit
quelquefois des gîtes divers, — par exemple, une meule
de foin.

Je dois au lecteur le récit de mes tentatives pour naturaliser en Angleterre un charmant oiseau, la perdrix de
Virginie.

Il y a quelques années, j'achetai deux couples de ces élégants étrangers. Je les plaçai dans un petit jardin, entouré de murs et couvert d'un treillis de fils d'archal ; mais chacun des couples était séparé par une division. Vers la fin de mai, j'aperçus un des mâles qui portait des tuyaux de paille, en les roulant autour de sa tête. Le nid fut construit dans une bande de pois qui avaient été plantés dans le jardin pour que ces oiseaux pussent voler sur les tiges et s'y cacher.

Le nid était l'ouvrage combiné du mâle et de la femelle. Il était placé à terre dans le voisinage des pois avec un trou d'un côté et une couverture en forme de toit. Après avoir pondu douze œufs, la femelle commença de couver, avec une assiduité égale à celle de notre poule commune. Un jour, je vis les jeunes, au nombre de neuf, se rassembler sous les ailes de leur mère. L'assiduité de cette mère était vraiment admirable. Il y avait dans cette couvée — circonstance singulière — huit mâles et seulement une femelle. Tous ces jeunes furent élevés ; vint ensuite l'époque de la première mue, où ils revêtirent leur plumage adulte ; mais, par une cause que je n'ai pu encore pénétrer, ils moururent tous alors les uns après les autres.

L'autre couple ne pondit jamais : la femelle était tout d'abord maladive et mourut en octobre.

J'ajouterai seulement quelques observations sur les mœurs de ces oiseaux pendant et après l'incubation. Durant tout le temps que la femelle du premier couple était en train de couver, le mâle lui donnait une sérénade avec sa voix dure et singulière, dont quelques notes ressemblent au miaulement d'un chat. Après la naissance des jeunes, on ne peut rien imaginer de plus cordial que cette heureuse famille. Lorsque les ombres du soir tombaient sur la vallée, les oiseaux se rassemblaient en un cercle et se préparaient au repos nocturne, en plaçant leurs queues les unes contre les autres. Lorsqu'on leur jetait de la nourriture — de l'orge, du seigle — le mâle piquait les grains avec son bec, mais il ne les mangeait point, jusqu'à ce qu'il eût réuni sa famille autour de lui et qu'il eût partagé le repas avec elle. Il y ajoutait toute sorte de caresses, de gloussements, et déployait ses ailes, ainsi que sa queue.

Après la perte de cette intéressante famille, dont les membres vivaient dans une si grande harmonie, je fus fort désappointé. J'attendais, non sans impatience, l'été suivant. L'été vint; ces oiseaux firent leur nid, la femelle pondit seize œufs. Elle était à la veille de couver, quand un matin, à ma grande mortification, je la trouvai morte. Je fis mes conjectures sur la cause de l'événement : il est à croire que l'oiseau aura été effrayé dans la nuit, et que, prenant son vol, il se sera frappé avec violence contre le treillis. Quoi qu'il en soit, cet accident mit un terme à mes espérances : il fallut abandonner mon rêve, celui de domestiquer ce charmant oiseau et d'enrichir ainsi nos volières d'une précieuse conquête. Je n'eus plus l'occasion de me procurer une autre femelle, quoique je me sois adressé aux marchands d'oiseaux de Londres. Mais le conducteur d'une voiture publique me raconta avoir eu sous sa garde une corbeille dans laquelle se trouvaient deux ou trois couples de ces perdrix exotiques. Un accident souleva le couvercle de la corbeille, et les oiseaux s'envolèrent. L'homme ajoutait que, dans la partie de la contrée où ces perdrix s'étaient échappées, elles s'étaient reproduites et multipliées en abondance. Le hasard aurait ainsi résolu le problème beaucoup mieux que ne l'avaient fait mes soins et mes efforts.

LA CAILLE

Ces oiseaux passent quelquefois dans l'air comme des nuées de sauterelles. « Près de Constantinople, en automne, dit un voyageur, le soleil est souvent obscurci par les prodigieuses volées de cailles, qui s'abattent sur les côtes de la mer Noire, près du Bosphore. On les prend par milliers dans des filets pendus sur de grandes perches, qu'on plante le long des écueils. Les cailles, épuisées par leur passage d'outre-mer, se frappent elles-mêmes contre ces filets et tombent. En 1829, le sultan envoya à un de ses amiraux l'ordre de prendre quatre cents douzaines de ces oiseaux. En trois jours, le nombre était complet, et on envoya à Sa Hautesse les cailles toutes vivantes, dans de petites cages. »

La caille est le plus petit oiseau de la famille des gallinacés.

L'OUTARDE

J'ai rencontré ces oiseaux dans les plaines du sud de l'Inde. Ils vivent généralement par couple, et quelquefois en famille — de quatre ou cinq individus. Mais, comme ils se tiennent dans les terrains ouverts et qu'ils sont excessivement farouches, il est très-difficile de les rencontrer à portée d'un coup de fusil. Ils marchent vite, font de longs pas, mais ne courent jamais. Si vous les approchez, ils s'envolent. Leur vol est bas et ferme ainsi que celui du héron. Comme ils ne s'élèvent point dans l'air à une grande hauteur, ils sont quelquefois poursuivis par nos compatriotes à cheval, qui tirent sur eux avec un pistolet. L'outarde fait un excellent plat : on estime surtout, en gastronomie, la chair des jeunes femelles.

L'outarde était autrefois assez commune dans nos îles Britanniques. On en rencontrait des bandes de quarante à cinquante individus. Que les temps sont changés! Elle est aujourd'hui excessivement rare. Encore quelques années peut-être et elle aura complétement disparu de la liste de nos oiseaux indigènes.

L'outarde est un oiseau d'un tel intérêt par sa grandeur et par sa rareté, au moins depuis un siècle, que la capture de chaque individu devient, chez nous, un événement ornithologique. Ces nobles créatures continuent de se reproduire dans les parties ouvertes du Norfolk et du Suffolk. Les endroits qu'elles fréquentent de préférence sont, dans ces deux provinces, Westacre et Icklingham. Les propriétaires les conservent soigneusement. J'ai vu deux fois une outarde mâle dans le voisinage de Barnham. Elle se laissa approcher à la distance d'environ cent mètres ; alors elle fit délibérément quelques pas, puis elle prit son vol sans la moindre difficulté. En fendant l'air, elle remuait lentement ses ailes, plutôt comme un héron que comme un oiseau de la famille des gallinacés.

Il y a quelques années, un habitant de la paroisse de Palliny, retournant chez lui, le long de la côte, près de Winterton, vit un immense oiseau qui marchait dans un marais, sur la droite de la route. Rentré au logis, il prit son fusil et tira sur le volatile. Il se trouva que c'était une outarde, de la seconde année. Cet oiseau est maintenant dans la collection d'un amateur.

Un propriétaire de Norwich réussit plus d'une fois à domestiquer cette espèce sauvage. Deux outardes, l'une mâle, l'autre femelle, avaient été nourries dans le jardin qui appartient à l'hôpital de ce comté. Le mâle était un magnifique oiseau et très-courageux. Rien ne paraissait l'effrayer; il saisissait par l'habit quiconque s'approchait de lui; et, cependant, à l'apparition de quelque petit faucon volant très-haut dans les airs, il se blottissait contre terre, avec l'expression de la crainte. La femelle était très-farouche.

Je me souviens d'avoir vu moi-même deux ou trois exemplaires d'outardes à l'état domestique. Je me rappelle notamment un de ces oiseaux qui avala dans un instant un mince gant de peau que j'avais laissé tomber.

Le système de sarcler les blés au printemps a peut-être contribué avec d'autres causes à la décroissance de l'espèce : depuis que les collecteurs d'œufs sont devenus nombreux, la découverte d'un nid d'outarde est vraiment une bonne fortune.

Une particularité de l'organisation de l'outarde mérite d'être mentionnée : je veux parler de la poche qui se trouve située sous le bec de l'oiseau. Il est plus facile d'en constater l'existence que d'en déterminer l'usage. On croit que c'est un réservoir donné par la nature afin que l'outarde puisse s'approvisionner d'eau, cet oiseau vivant dans des plaines où l'eau est peu commune. Mais cet appareil n'appartient qu'au mâle; d'où il résulte que la supposition pourrait bien être erronée, à moins que le mâle ne dégorge l'eau de ce réservoir dans le bec de la femelle, quand cette dernière se trouve confinée au nid. On a cru aussi que cette poche servait à l'outarde, ou du moins au mâle de l'outarde, de moyen de défense contre les oiseaux de proie. Attaqué, il jetterait, dit-on, l'eau avec tant de violence à la face de son ennemi, qu'il déconcerterait l'agresseur.

ORDRE V

ÉCHASSIERS

Cet ordre comprend les oiseaux montés sur de hautes pattes plus ou moins dénudées. La plupart d'entre eux, si l'on en excepte les autruches, les émus et les casoars, vivent et cherchent leur nourriture dans les eaux. Nous signalerons seulement dans cette nombreuse famille les genres dont l'histoire naturelle présente quelque intérêt.

L'AUTRUCHE

L'autruche est un des rares oiseaux polygames qui se rencontrent dans l'état de nature : le mâle a, dit-on, deux, trois et même cinq femmes. Au reste, les mœurs de ce géant des oiseaux à l'état de nature sont encore peu connues.

C'est à tort qu'on a accusé l'autruche d'être une mauvaise mère. Il est vrai que la femelle de l'autruche pond ses œufs dans le désert, sur le sable, et les laisse exposés, pendant le jour, à la chaleur brûlante du soleil, ce grand incubateur de la nature. Mais, dès que vient le soir, elle traverse en toute hâte les solitudes arides de l'Afrique, où elle était en train d'errer au pourchas de la nourriture, et, durant toute la nuit, elle couve ses œufs avec le soin le plus tendre.

Les autruches américaines (*struthio rhea*) sont non-seulement d'excellentes mères, mais encore des oiseaux très-sociables : elles pondent ensemble dans le même nid, ou, du moins, dans le même trou. Une paire de ces autruches a été longtemps conservée dans un jardin zoologique. Le toit de verre qui s'étendait au-dessus de leur tête ayant été brisé, les vitriers étaient en train de le réparer, quand, pendant le cours de l'ouvrage, ils laissèrent tomber un morceau de verre triangulaire. Quelque temps après, la femelle des deux autruches devint malade et mourut en une heure ou deux, au milieu des signes de la plus cruelle souffrance. Le corps fut ouvert : on trouva l'œsophage et l'estomac déchirés par les angles durs du morceau de verre que l'oiseau avait avalé. A partir de ce moment, son compagnon ne dormit plus, n'eut plus ni repos ni bonheur ; il cherchait incessamment *après quelqu'un*, et tomba par degrés dans un état de consomption. On le changea de place, dans l'espérance que le changement de lieu adoucirait sa douleur : on lui donna même plus de liberté ; mais rien n'y fit, et il mourut littéralement de chagrin.

La vitesse de ces oiseaux est proverbiale : courir
comme une autruche, est, dans leur contrée natale, une
expression aussi commune que chez nous « courir comme
un lévrier. » Lorsqu'on les chasse dans le désert, ils
fuient d'abord à perte de vue, leurs courtes ailes étendues faisant l'office de balancier. Le persévérant chasseur les suit néanmoins à distance, en ménageant les
forces de son meilleur coursier, — enfant du zéphyr —
jusqu'à ce qu'enfin il approche d'assez près l'oiseau pour
foncer à toute vitesse et lui lancer une balle.

Leur force musculaire est si grande, que les autruches
apprivoisées portent quelquefois un homme ou un enfant
sur leur dos. La tradition rapporte que F. Firmius, qui
régna en Égypte pendant le IIIe siècle, se faisait traîner
dans son char par un attelage de ces oiseaux. Un nègre
ou un arabe monté sur le dos d'une autruche est, au dire
des voyageurs, un spectacle étrange. Les mœurs des
autruches apprivoisées, surtout dans leur pays natal,
sont très-amusantes. « Il est curieux, dit un témoin oculaire, de les voir errer de long en large au soleil; elles se
carrent et se prélassent alors avec une majesté si parfaite! Leurs ailes étendues leur servent d'éventail. A
chaque tour de promenade, ces grands oiseaux semblent
comme étonnés et comme amoureux de leur ombre. »

L'autruche est la locomotive du désert. Un voyageur,
M. Adanson, qui résidait au sud du Niger, nous raconte
qu'il y avait, dans la factorerie, deux autruches âgées de
deux ans. Ces gigantesques oiseaux, quoique jeunes,
avaient atteint toute leur taille. La plus grande des deux
autruches était montée à la fois par deux petits nègres.
A peine était-elle chargée de ses cavaliers, qu'elle prenait sa course avec la vitesse du vent et faisait plusieurs
fois le tour du village. Il était impossible de l'arrêter,

autrement qu'en lui barrant le passage. « Cette scène
m'avait tant diverti, raconte notre voyageur, que je voulus
renouveler l'expérience. Afin d'essayer la force de ces
oiseaux, je fis monter la plus petite autruche par un
nègre, et la plus grande par deux nègres dans la maturité de l'âge. Cette charge ne parut point du tout dispro-
portionnée, eu égard à la puissance des oiseaux. D'abord,
ils partirent au trot; mais, quand ils se furent un peu
échauffés, ils déployèrent leurs ailes comme pour prendre
le vent, et coururent avec une telle vitesse, qu'ils semblaient à peine toucher la terre. Bien des gens ont vu
courir des perdrix, et doivent, par conséquent, savoir
qu'il n'y a point d'homme capable de tenir le défi avec
elles. L'autruche se meut comme la perdrix, mais avec
l'avantage que lui donnent ses grandes jambes. Je suis
convaincu que celles que j'ai vues auraient distancé le
plus léger cheval de race qui ait jamais été élevé en Angleterre. »

L'autruche, en raison de cette grande force, a été quelquefois employée comme bête de somme.

Je demande qu'on examine la jambe de l'autruche et
qu'on la compare à celle du dromadaire; on remarquera
entre l'une et l'autre une grande similitude. L'autruche
est, en effet, le dromadaire des oiseaux.

Si la race de l'autruche pouvait être acclimatée dans
nos pays, et si nous possédions l'art de dresser ces
oiseaux, ils nous rendraient très-certainement les mêmes
services que nos meilleurs chevaux de course.

Les belles plumes qui doublent les ailes de l'autruche ont été employées comme ornements de tête —
quand la mode voulait que les femmes portassent des
plumes.

LE CASOAR

Cet oiseau a été connu en Europe par l'entremise des Hollandais, qui en ont fait venir quelques exemplaires de l'île de Java, dans les Indes orientales. Il ressemble sous quelques rapports à l'autruche, dont il diffère surtout par le plumage. Sa robe participe à la fois de la nature des plumes et de la nature des crins.

Comme l'autruche, le casoar court avec une vitesse prodigieuse : il est très-difficile de l'atteindre ; on n'y réussit qu'au moyen de chiens très-rapides et seulement dans une contrée ouverte. Un coup de pied de ces oiseaux suffit pour étourdir un chien ou même pour briser la jambe d'un homme. En conséquence, les chiens dressés à cette chasse n'approchent point le casoar par derrière, mais de côté ; puis ils le saisissent bravement par le corps.

L'ÉMU

L'ému est un oiseau de la Nouvelle-Hollande. Il est à craindre qu'il n'ait le sort du dodo, c'est-à-dire qu'il ne disparaisse de son île devant les progrès de la colonisation.

Cet oiseau présente une particularité organique remarquable : c'est une espèce de sac ou de poche qui se trouve rattachée à la trachée-artère. L'usage de cet appareil n'est point encore bien déterminé. Des naturalistes

ingénieux ont supposé que, dans une contrée comme la
Nouvelle-Hollande, dont plusieurs parties sont exposées
à des inondations soudaines, l'ému, qui cherche sa nourriture dans les plaines de sable marécageuses, était alors
obligé de s'échapper à la nage. Or, eu égard au poids de
l'oiseau, cette entreprise doit être difficile. La faculté
qu'on lui suppose de remplir cette poche avec l'air extérieur, lui permettrait de tenir sa tête et son cou hors de
l'eau. Le capitaine Short cite le fait de deux émus qu'il
a vus traverser à la nage le Morumbidgee, dans un endroit où le courant est très-large et très-rapide. Il en a
conclu que ces oiseaux devaient avoir quelque faculté
interne qui les aidât à accomplir ce tour de force, attendu
que leur corps et leurs membres ne semblent pas du tout
conformés pour la natation.

LA POULE D'EAU

J'aime à voir ce joli, svelte et sémillant oiseau sur les
bords d'un bassin pavé, si j'ose ainsi dire, par les larges
feuilles du nénufar.

Un jour, j'étais en train d'aider un paysan à arracher
quelques grands saules, sur le bord d'une petite rivière.
Le nid d'une poule d'eau se rencontra à la racine d'un de
ces arbres. Il y avait dedans sept œufs. J'en brisai deux
qui contenaient des embryons. L'ouvrier leva une partie
du nid, avec les cinq œufs qui y restaient, et les plaça
sur la terre, à environ trois mètres de l'endroit où il les
avait trouvés. Nous continuâmes de travailler à la même
place pendant quelques heures. Vers le soir, lorsque
nous quittâmes notre ouvrage, la mère revint vers le nid.

N'ayant plus rien à faire dans cet endroit avec les saules, l'ouvrier n'y revint plus. Mais, moi, je pris le bateau, le lendemain matin, et je vis la poule d'eau assise sur le nid. J'observai qu'elle avait ramassé une quantité considérable d'herbe et de roseaux, et qu'elle les avait arrangés tout autour du nid. Une semaine après, je revins de nouveau lui rendre visite, et je vis qu'elle avait couvé. Comme je m'approchais d'elle, elle s'élança dans l'eau avec ses cinq jeunes.

J'avais formé une petite structure dans une île située au milieu d'une pièce d'eau. Dans mon intention, cette maisonnette, construite de briques et de mortier, était destinée à une cane. Le toit était solide et surmonté d'un beau glaïeul ; il y avait de côté un trou, juste assez large pour servir de porte d'entrée et de sortie. J'avais fait mettre dans l'intérieur du foin sec en manière de nid. Mais il arriva que la cane pour laquelle je faisais tous ces préparatifs, méprisa mon architecture et alla pondre ailleurs ses œufs. En revanche une poule d'eau vint prendre possession des lieux. Je trouvai ses œufs recouverts de foin avant et après l'incubation. L'oiseau agissait-il ainsi dans la crainte que le voisinage de l'eau ne dégageât une humidité fatale aux embryons ?

La première fois que je vis un couple de ces jolis oiseaux, c'était — je m'en souviens encore — dans un vieux château, habité seulement par deux femmes, la mère et la fille : les arbres, les peupliers surtout, s'élevaient à une hauteur considérable autour d'une pièce d'eau négligée, recouverte d'une croûte de mousse, et au sein de laquelle végétaient, avec une abondance sauvage, toutes les variétés de la flore aquatique. Il était charmant de voir la confiance que ces oiseaux, demi-apprivoisés, témoignaient à leurs hôtesses, surtout à la jeune. Ils venaient manger presque sous les mains de la jeune fille. On les voyait courir avec une gentillesse et une grace singulières le long des vieilles eaux dont ils étaient l'ornement et la vie.

LE HÉRON

De tous les oiseaux sauvages de cette famille, qui étaient autrefois si communs dans la partie de l'Angleterre où je demeure, on ne rencontre plus aujourd'hui que le héron. Toujours sur le qui-vive, il voit à temps le danger et l'évite généralement ; car la persécution l'a rendu aussi farouche et aussi ombrageux que la pie elle-même.

Je ne crois pas cet oiseau si nuisible aux eaux poissonneuses qu'on le suppose généralement. Tel étant mon avis, j'encourageai ce pauvre échassier persécuté à venir sur mon domaine et à y chercher un asile. Je suis heureux de voir qu'il a répondu à mon appel. Il fait maintenant son nid dans les arbres qui penchent à la surface de l'eau leur nonchalante chevelure. Or, dans ces eaux se trouvent en abondance des carpes, des tanches et beaucoup d'autres espèces de poissons. Une observation attentive de ses mœurs m'a convaincu que je n'ai point mal placé ma confiance. Ne perdons pas de vue que le héron ne peut jamais ni nager ni plonger, et que dès lors le théâtre de ses déprédations est nécessairement très-circonscrit.

Le héron vit en société durant la saison reproductrice, quoique de temps en temps un nid solitaire puisse se rencontrer à quelques milles du rendez-vous général. Dans les autres temps de l'année, l'association semble dissoute, et l'on ne voit guère cet oiseau, du moins dans la contrée que j'habite, en bandes de plus de dix ou douze individus. Le nid du héron se rencontre sur le saule, le chêne, le sapin, le sycomore et quelques autres arbres.

Pendant la journée, cet oiseau montre une activité médiocre. Quoiqu'il puisse voler par intervalles d'un endroit à un autre, il passe la plus grande partie de son temps, entre le lever et le coucher du soleil, tranquillement debout sur le bord d'un courant ou sur la branche d'un arbre. Une de ses jambes levée en l'air et placée sous le ventre, il affecte alors la posture la plus pittoresque. Mais, aussitôt que les ombres de la nuit tombent sur la terre, le héron devient aussi anxieux, aussi impatient qu'un alderman de Londres, une demi-heure avant le grand dîner du lord maire.

LA CIGOGNE

Ces oiseaux ont été regardés, dans tous les âges, avec une faveur particulière, on peut même dire avec vénération. Cette circonstance tient en partie aux services que rend la cigogne en détruisant les animaux nuisibles, et en faisant disparaître les impuretés que déposent les eaux à la surface de la terre; — en partie aussi à la douceur de son caractère, à l'innocence de ses mœurs et aux vertus morales que l'imagination se complaît à lui attribuer. En Suisse et en Hollande, il entre de la reconnaissance dans les sentiments qu'on témoigne à cet oiseau favori. Dans les Pays-Bas surtout, la protection et l'hospitalité qu'on lui accorde se trouvent justifiées par ses mérites. Qu'ils en aient, oui ou non, la conscience, ces oiseaux sont les instruments providentiels à l'aide desquels les digues et les marais se trouvent délivrés d'une grande partie des reptiles engendrés par l'humidité et la fertilité du sol. D'un autre côté, la cigogne blanche semble avoir pour l'homme de bons sentiments. Nullement effrayée de sa présence, elle construit son nid sur le toit des maisons ou sur le faîte des plus hauts arbres dans le voisinage immédiat des places les plus fréquentées. Cet oiseau marche tranquillement et avec fierté au milieu des rues les plus affairées dans les villes les plus populeuses. Il cherche sa nourriture sur le bord des rivières ou dans les marais, tout près de nos demeures. Dans quelques parties de la Hollande, son nid, construit sur le toit de la cheminée, demeure là tranquille, respecté, pendant une succession d'années. Le ménage de cigognes retourne avec une sagacité infaillible vers ce gîte bien connu. La joie que ces oiseaux manifestent en reprenant possession de leur demeure abandonnée, et l'attachement qu'ils témoignent pour leurs hôtes bienveillants, donnent lieu à toute sorte de récits qu'on retrouve dans la bouche de tous les habitants de la Hollande. On ne sera point surpris après cela qu'un peu de superstition se mêle à l'histoire naturelle de la cigogne, et que les Hollandais regardent comme une bonne fortune d'avoir sur leur toit ou sur le mur de leur maison un nid de ces oiseaux qu'ils regardent comme les amis de l'homme.

L'affection des cigognes pour leur progéniture et des enfants pour leurs parents est extrêmement intéressante. On en a eu un exemple lors d'un incendie qui détruisit une partie de la ville de Delft. Une mère avait son nid sur le toit d'une maison ; lorsqu'elle vit les flammes approcher de ce précieux berceau, elle fit tout ce qui était en son pouvoir pour sauver ses petits; mais, trouvant que tous

ses efforts étaient inutiles, elle resta et périt avec eux.
On comprend maintenant que les Romains aient accordé
à cet oiseau l'épithète de *pius*.

La cigogne se distingue, comme le Hollandais, par les
vertus de famille. En retour de son attachement, le mâle
exige de sa femelle la plus étroite fidélité et punit, dit-on,
sévèrement la mère soupçonnée d'inconstance. Quelques
œufs de poule avaient été placés dans un nid de cigogne
dont on avait retiré les œufs. La femelle, ne se doutant
point du changement, couva naïvement et avec une
patience admirable durant le nombre de jours fixés par
la nature. Enfin, les poulets brisèrent leur coque et se
montrèrent. A peine furent-ils aperçus par le père et la
mère, que les deux cigognes témoignèrent leur surprise
par des cris perçants et de farouches regards. Après une
courte pause, l'un et l'autre tombèrent sur les infortunés
poulets et les mirent en pièces, comme s'ils avaient eu
conscience de la disgrâce qui s'attache, parmi les
cigognes, à un nid déshonoré.

A Smyrne, un chirurgien français désirait se procurer
une cigogne ; mais l'extrême vénération que les Turcs
témoignent pour ces oiseaux rendait la chose difficile : il
vola, en conséquence, les œufs d'un nid et les remplaça,
comme dans le cas précédent, par des œufs de poule. A
l'époque voulue, les jeunes poulets firent leur apparition dans le monde, au grand étonnement de monsieur
leur père et de madame leur mère. Bientôt après, le mari
de la cigogne décampa, et ne fut plus vu de deux ou
trois jours. Enfin, il revint, mais accompagné d'une
immense foule de ses compagnons, qui s'assemblèrent
sur la place et formèrent un cercle, sans s'inquiéter des
nombreux spectateurs qu'une scène si peu commune
avait réunis. La cigogne soupçonnée d'adultère fut placée

au milieu du cercle. Après avoir tenu conseil, tous les
juges fondirent sur elle et la mirent en pièces. Ceci fait,
ils se dispersèrent, et le nid demeura abandonné.

LA GRUE

Un gentleman possédait, depuis quelques années, un
ménage de grues ardoisées. L'une des deux mourut, et
le survivant se montra inconsolé. Il allait, selon toute
vraisemblance, rejoindre sa compagne, lorsque le maître
fit apporter dans l'oisellerie une grande glace. L'oiseau
n'eut pas plus tôt vu son image réfléchie, qu'il se plaça
devant la glace, fit sa toilette en lissant ses plumes et
donna des signes de contentement. Le plan eut un succès
complet : le mâle recouvra sa santé, reprit ses esprits et
vécut encore plusieurs années. L'oiseau se figura-t-il que
l'image qu'il voyait dans la glace était l'ombre revenue
de celle qu'il pleurait? ou bien était-ce seulement une
diversion à la solitude? Pour les êtres condamnés au
régime cellulaire, leur propre image est encore une
société.

Il existe dans les Indes une grue gigantesque (*ardea
argila*) qui partage avec les chacals l'office d'inspecteur
de la voirie publique.

LE FLAMANT

A voir les grandes échasses sur lesquelles est monté
cet oiseau, on pourrait croire qu'il éprouve une grande
difficulté pour couver ses œufs. La nature y a pourvu
— elle pourvoit à tout — en apprenant au flamant à con-

struire un nid exactement adapté à sa forme, et à la longueur de ses pattes. Ce nid est construit en limon et a la figure d'une éminence avec une cavité au sommet, dans laquelle sont pondus les œufs. La hauteur de ce monticule est telle, que l'oiseau peut s'asseoir aussi confortablement sur son nid qu'un cavalier sur le dos de sa monture — laissant, d'ailleurs, ses deux jambes pendre de chaque côté dans toute leur longueur.

Le bec du flamant n'est pas moins extraordinaire que ses échasses. On assure que ce bec sert, dans certains cas de nécessité, à d'autres usages que celui de la nourriture. Un de ces oiseaux, tenu dans l'état de captivité, avait été privé accidentellement d'un de ses membres. Le flamant trouva lui-même un remède à son infirmité ; ce remède consistait à marcher sur une patte et à se servir de son bec comme d'une béquille. Le maître, touché du sort et de l'industrie de l'oiseau, lui fit faire une patte de bois, avec une jointure si artistement fabriquée à l'endroit où la jambe s'articule avec la cuisse, que le flamant pouvait s'en servir aussi bien que d'un membre naturel.

Les flamants ont des couleurs rouges et éclatantes qui leur donnent l'air de soldats anglais ; outre l'habit, ils ont généralement adopté des habitudes militaires. Non-seulement ils se rassemblent en troupes, mais encore ils se forment en longues lignes régulières. Cette discipline règne parmi eux, soit quand ils pêchent, soit quand ils se reposent sur le rivage. Il y a plus : à la manière des soldats expérimentés, ils posent des sentinelles, qui sont toujours sur le qui-vive ; si celles-ci voient quelque objet de nature à éveiller leurs soupçons, elles poussent à l'instant même un cri semblable au son de la trompette. Aussitôt tout le corps d'armée se met en marche avec un ordre parfait.

L'IBIS

L'ibis sacré (*ibis reliyiosa*) est particulier à l'Égypte et aux contrées qui bordent le Nil. Cet oiseau se nourrit de petits reptiles et, selon les Arabes, de serpents. C'est probablement la seule cause des honneurs divins qu'on lui rendait dans l'ancienne Égypte.

LES BÉCASSES — LES BÉCASSINES

La bécasse est un oiseau nocturne; elle se repose, durant le jour, dans les herbes sèches. La nuit, elle prend son essor à ailes silencieuses, vers ses champs de nourriture. Elle paraît attachée à certains lieux. Une bécasse avait été trouvée par un garde-chasse, embarrassée dans un filet à lapin. On lui rendit la liberté, après lui avoir attaché à la patte un anneau de cuivre. Cela se passait en février. L'oiseau, en reprenant la clef des champs, s'éleva à une grande hauteur, et se dirigea tout d'un vol vers la mer, distante d'environ vingt lieues. En décembre, ce même oiseau fut tué dans le même bois où il avait été pris au mois de février précédent.

La bécassine se rend, pour pondre et couver ses œufs, dans les solitudes du Nord ; on doit, par conséquent, s'attendre à la rencontrer en Angleterre, en Écosse et en Irlande. Son nid est très-léger, et consiste seulement en quelques brins d'herbe sèche. Elle pond quatre œufs d'un jaune pâle ou d'un blanc verdâtre. La bécassine va chercher sa nourriture sur le bord des sources, dans les plaines inondées. Dans les contrées basses et plates, on la rencontre fréquemment sur les champs humides de navets.

Nous passons sous silence beaucoup d'autres oiseaux qui entrent dans l'ordre des échassiers, mais dont les mœurs sont, ou peu connues, ou semblables à celles de leurs congénères. Il est beaucoup plus difficile d'étudier ces oiseaux, habitants des lieux sauvages et marécageux, que les hôtes ordinaires de nos forêts et de nos jardins.

LE MESSAGER ou SECRÉTAIRE

Cet oiseau a été classé par les naturalistes tantôt dans l'ordre des rapaces, et tantôt dans celui des échassiers, auquel il appartient par l'ensemble de ses caractères.

Le messager rend des services à l'homme, en détruisant les serpents. Il est originaire de l'Afrique et de quelques parties de l'Inde. Un voyageur cheminait à cheval, quand il observa un oiseau qui volait dans l'air en traçant deux ou trois cercles — puis qui, soudain, descendit à terre. L'oiseau semblait occupé à guetter quelque chose, et cet examen dura deux ou trois minutes. Ceci fait, notre voyageur vit l'oiseau s'avancer avec beaucoup de précaution et étendre une de ses ailes qu'il tint continuellement en mouvement. Bientôt après, un grand serpent leva sa tête. C'était là ce qu'attendait l'oiseau. Au moment où le serpent venait de se montrer, il reçut sur la tête un rude coup d'aile, qui l'étendit à plat sur le sol. L'oiseau ne parut pourtant point tout à fait rassuré quant à l'issue de la lutte. Il tint les yeux fixés sur son ennemi pendant un certain temps. Le serpent, qui n'était pas mort, releva la tête ; mais l'oiseau recommença à le frapper du bout de son aile. Après lui avoir porté ce second coup, il parut plus convaincu d'avoir remporté la victoire, car il s'avança alors bravement sur le reptile et l'attaqua avec ses pattes. Trouvant l'ennemi hors de combat, quoique pas encore mort, l'oiseau s'éleva à une grande hauteur, puis laissa tomber le serpent qu'il avait enlevé. Cette fois, comme la chute du reptile avait été très-violente, l'oiseau parut croire qu'il n'y avait plus pour lui de danger à craindre. En conséquence, il suivit sa proie à terre et commença un repas qu'il avait si bien gagné.

On a donné à cet oiseau différents noms : *messager*, sans doute à cause de ses grandes pattes ; *secrétaire*, parce qu'il porte, comme les hommes de bureau, une plume couchée derrière l'oreille ; *serpentaire*, en raison de son inimitié pour les reptiles qui rampent à la surface du sol.

On a quelquefois élevé ces oiseaux à l'état domestique. L'un d'eux vivait dans une basse-cour, au milieu des poules, qu'il respectait comme il en était lui-même respecté. Il se contentait de détruire les serpents qui se glissaient dans le voisinage de la maison. L'accession de cet oiseau serait une précieuse conquête dans tous les pays infestés par les bêtes venimeuses. L'économie domestique, bien entendue, consiste à profiter des instincts de la création animée, en combattant les ennemis de l'homme par les adversaires-nés de ces mêmes ennemis.

On peut définir le messager un vautour à échasses ; car il se rapporte à l'ordre des vulturidés par son bec et par quelques-uns de ses instincts. Si la place de cet oiseau sur l'échelle ornithologique est douteuse et difficile à déterminer, ses services sont certains, et c'est assez pour le recommander à notre attention.

ORDRE VI

PALMIPÈDES

Ces oiseaux sont évidemment conformés pour nager.
Leurs orteils se trouvent joints ensemble par une membrane qui s'étend presque jusqu'aux ongles. La plupart
des palmipèdes sont en même temps grands voiliers :
obligés de traverser incessamment les solitudes de
l'Océan pour se procurer leur nourriture, ils ont reçu
des ailes en conséquence.

L'OIE

L'oie est encore un de ces animaux dédaignés et ca-
lomniés, dont tout le tort est d'être trop utiles à l'homme.

Vers la Noël, sur toutes les routes de Londres, d'immenses troupeaux, de cinq à six mille oies chacun, voyagent lentement depuis trois heures du matin jusqu'à neuf heures du soir, et se rendent, à raison de huit ou dix milles par jour, vers le marché.

Comme l'oie est humble et modeste, comme elle ne fait pas grand bruit de ses services, on l'a tout simplement déclarée stupide. Ce jugement est entaché d'erreur et d'ingratitude. L'oie est, au contraire, très-fine et se distingue par des qualités morales. En Écosse, une oie d'un an avait formé un tel attachement pour son maître, qu'elle le suivait à n'importe quelle distance, même à travers la foule et le tumulte d'une ville. Un jour que ce gentleman descendait une des rues les plus fréquentées, il entra dans la boutique d'un barbier pour se faire raser. L'oiseau attendit patiemment que l'opération fût terminée, et l'accompagna alors à la maison d'un ami ; après quoi, elle rentra avec lui au logis. On a dit que les oies ne reconnaissaient plus leur maître, quand celui-ci se montre à elles sous un nouveau vêtement. Le changement d'habit, dans le cas actuel, ne semblait apporter aucune différence dans la faculté de l'oiseau : il reconnaissait son maître sous toutes les toilettes, il le reconnaissait même rien qu'à la voix et exprimait aussitôt, par des cris, sa satisfaction.

En Allemagne, une vieille femme aveugle était conduite tous les dimanches à l'église par un jars — qui la tirait par la robe avec son bec. — Lorsque la vieille était assise, l'oiseau se retirait dans le cimetière pour paître l'herbe, et, lorsque le service était terminé, il reconduisait sa maîtresse à la maison. Un jour, le pasteur allait rendre visite à cette dame, qui était sortie ; mais il trouva la fille et lui exprima quelque surprise qu'elle laissât ainsi sa mère s'aventurer toute seule. « Ah ! monsieur, répondit-elle, nous ne craignons rien, ma mère n'est pas seule ; le jars est avec elle. »

Les oies sauvages sont également douées d'une sagacité remarquable. Leur vol a lieu sans bruit, et l'ordre dans lequel leur voyage s'accomplit suppose un haut degré de combinaison et d'intelligence. Il y a un arrangement, une méthode, un système en vertu duquel chaque individu garde son rang et suit le corps d'armée avec le moins de fatigue possible. Elles se placent sur deux lignes obliques, qui forment un triangle, ou sur une simple ligne lorsque le bataillon n'est pas nombreux. L'oiseau qui se trouve à la tête du triangle fend l'air le premier, puis il se retire au dernier rang pour se reposer, quand il est fatigué, et les autres prennent sa place par ordre de tour. Il y a certains points d'où les grandes armées de ces oiseaux se divisent pour se répandre dans différentes contrées : comme le mont Taurus, relativement à l'Asie Mineure, et le mont Stella, où les oies se rendent dans l'arrière-saison, et d'où elles se dispersent à travers l'Europe. Ces bandes secondaires se réunissent encore, et en forment d'autres, au nombre de quatre à cinq cents, qui viennent quelquefois dans l'hiver s'abattre sur nos plaines, où elles se nourrissent de grain et d'herbe, en grattant la neige qui les recouvre. Chaque soir, après le coucher du soleil, les oies sauvages se rendent aux étangs et aux rivières, où elles passent la nuit. Là, du moins, elles trouvent quelque sécurité. Leurs habitudes sous ce rapport sont très-différentes des mœurs du canard, qui, durant la nuit, se retire dans les champs, et ne retourne à l'eau que quand les oies la quittent. C'est seulement durant les hivers peu froids que l'oie sauvage reste quelque temps dans nos climats tempérés ; mais, quand les rivières sont gelées, elles s'avancent un peu plus au sud et retournent au nord vers la fin de mars. Elles s'avancent alors vers les latitudes les plus élevées, le Spitzberg, le Groenland, les rivages de l'océan Glacial et de la baie d'Hudson. Les oies ont la vue bonne, l'oreille fine, et leur vigilance est si grande, qu'on les prend rarement en défaut. Pendant le sommeil ou le repas, il y a toujours une sentinelle qui, le cou étendu et la tête en l'air, donne, en cas de danger, le signal à la troupe. Ces preuves d'intelligence montrent combien peu est fondée l'opinion commune touchant la stupidité des oies. Cette opinion paraît s'être formée seulement sur leurs caractères extérieurs : leur marche, leur long cou étendu, leur bec bâillant et le son de leur voix, particulièrement quand elles expriment la terreur. Comme les oies volent à une hauteur remarquable, et comme elles ne s'abattent jamais que quand elles sont sur l'eau, il est très-difficile de les chasser, et leur extrème défiance rend le plus souvent inutiles les stratagèmes employés par les chasseurs.

L'oie du Canada est un peu plus grande que notre espèce domestique commune. Son cou et ses manières plus dégagées la rapprochent davantage du cygne. Quoique généralement connue sous le nom d'oie du Canada, l'oiseau n'est point confiné dans cette contrée du nouveau monde ; il étend, au contraire, ses migrations des latitudes les plus basses des États-Unis jusqu'aux parallèles les plus élevés qui ont été visités dans le nord de l'Amérique. Sur toute cette vaste échelle de territoire, l'oie du Canada est considérée comme la messagère du printemps, lorsqu'elle passe vers le nord, et comme un présage des approches de l'hiver, quand elle revient. L'arrivée des oies est un événement si important pour les habitants des régions du Nord, que les Indiens ont appelé le mois où paraît cet oiseau le *mois de l'oie*. En fait, non-seulement les Indiens, mais même les colons anglais dépendent du passage de ces oiseaux pour une grande portion de leurs moyens de subsistance.

Quand ils sont une fois attachés l'un à l'autre, ces oiseaux paraissent constants dans leurs affections. Une personne avait marqué cinq jars et cinq oies qui vivaient dans la même basse-cour. Il observa pendant trois années successives que chaque mâle choisissait régulièrement sa femelle de l'année précédente et continuait de lui être un mari fidèle.

Notre oie domestique paraît descendre de l'oie de marais ou de fougère (*anser palustris*), laquelle, quoique sauvage, s'apprivoise plus aisément que les autres espèces, surtout quand on la prend jeune.

Une vieille oie couvait depuis une quinzaine de jours ses œufs dans la cuisine d'un fermier lorsqu'elle tomba tout à coup malade. Sentant sa fin prochaine, elle quitta son nid et se rendit dans une dépendance de la ferme où il y avait une jeune oie d'un an. La vieille mère lui communiqua ses pensées et ses inquiétudes sur l'avenir de sa couvée. Il faut croire que ce langage fut entendu ; car la jeune oie, qui n'était jamais entrée jusque-là dans la cuisine, y vint, pour la première fois, conduite par la malade. Elle sauta immédiatement dans le nid de la vieille, qui s'assit à côté d'elle et mourut. La jeune couva les œufs et éleva les petits.

Nous avons dit que la marche de cet oiseau avait sans doute contribué au préjugé qui règne généralement sur sa courte intelligence. Cette marche dandinante ne déplaît pas à tout le monde. Certains peuples de l'Orient comparent, avec éloge, la démarche d'une femme grasse — dont ils font grand cas — à la démarche de l'oie.

LE CYGNE

Tout a été dit sur la beauté de cet oiseau, l'ornement de nos bassins, de nos lacs et de nos rivières artificielles. Qui n'a vu le cygne fendre les eaux qui se divisent avec respect devant la blancheur de sa gorge orgueilleuse, gonfler ses ailes comme des voiles, donner à son long cou mille attitudes charmantes? Le mérite de sa voix est moins apprécié par les modernes ; mais, si dur que soit le cri du cygne, il n'a rien de désagréable, au contraire, quand on l'entend à distance dans une brise modérée. Les Islandais, dont l'année ne consiste qu'en un long jour d'été et un long jour d'hiver, comparent ce cri au son de la viole. Il faut dire que le chant du cygne annonce pour eux la fin de la morte saison et le retour du soleil : il s'associe dès lors, dans leur pensée, à tout ce qu'il y a de tendre, d'harmonieux, de délicat dans la vie.

Les ailerons de cet oiseau sont doués d'une force considérable. Une femelle de cygne était en train de couver sur le bord d'une rivière lorsqu'elle aperçut un renard qui nageait vers elle du rivage opposé : jugeant, avec raison, qu'elle avait plus de chances de rencontrer avec avantage son ennemi dans l'eau que sur la terre, elle s'avança bravement à la rencontre du renard ; fonçant alors sur lui, elle battit tellement l'animal de proie avec ses ailes, que ce dernier tomba mort, sous les yeux de plusieurs témoins du combat.

On distingue trois espèces de cygnes : l'une domestique que tout le monde connaît, et deux sauvages. Il y en a une troisième, particulière à l'Australie, et qui est entière-

ment noire. Tout annonce qu'avant quelques années cette
dernière variété de cygnes sera naturalisée en Angleterre,
où elle formera un ornement de plus dans nos parcs.

LE CANARD

J'ai vu, il y a quelques années, dans le Jardin zoologique de Regent's-Park, le nid d'un canard sauvage sur
le toit d'un cottage recouvert en chaume et situé sur le
bord de l'eau. Le gardien avait ordre de guetter ce nid,
afin de voir comment les jeunes s'y prendraient pour
descendre à terre. Les rusés oiseaux mirent en défaut sa
surveillance; car ils disparurent un matin, au moment
où lui et sa famille étaient à l'église.

Pas plus que l'oie, le canard ne mérite la réputation
injurieuse qu'on lui a faite.

Un clergyman avait un chien de garde, farouche et
bruyant, qu'on tenait continuellement à la chaîne. Une
couvée de canards fut élevée dans la cour où il se trouvait. La jeune famille ne s'effraya nullement des dispositions sauvages de l'animal; et l'événement prouva qu'elle
l'avait bien jugé. Toutes les fois que le chien poussait
un de ses sombres aboiements, les canardeaux, soupçon-
nant quelque danger, se réfugiaient immédiatement à
l'ombre de leur protecteur et cherchaient un asile dans
son chenil; c'était entre eux et lui une amitié touchante.
Le chien, loin d'abuser de sa force, défendait ces faibles
avec une ardeur toute chevaleresque. Malheur à l'étranger qui se fût hasardé à la poursuite des canards dans
le rayon de la chaîne !

Une cane faisait bon ménage avec un canard, quand un

accident la priva de son compagnon, et, à partir de ce moment, elle concentra toutes ses affections sur la femme du fermier. Partout où elle allait, la cane suivait, et cela de si près, que la femme n'avait qu'une crainte, c'était d'écraser l'oiseau sous ses pieds. Plus elle avançait en âge (la cane), plus son affection parut grandir. Assise au coin de l'âtre, elle se chauffait près de sa maîtresse, et semblait toute fière, toute joyeuse d'attirer l'attention. Cela continua jusqu'à ce que la ferme se fût approvisionnée de nouveaux canards; étant chassée sans cesse hors de la maison, la pauvre cane finit alors par s'associer graduellement avec ses compagnons naturels.

De tous les peuples de la terre, les Chinois sont ceux qui s'entendent le mieux à élever les canards; ils possèdent des variétés superbes qui sont aujourd'hui la gloire de nos pièces d'eau.

Parmi les canards sauvages, nous ne devons point oublier l'édredon, dont la plume moelleuse, légère et chaude a remplacé, et avec avantage, chez tous les peuples civilisés, le lit de roses des Sybarites.

LE PÉLICAN

Le bec de cet oiseau est célèbre — surtout la poche qui s'y trouve annexée. — Cette poche, d'une capacité considérable, sert plutôt à l'oiseau comme magasin de provisions que comme réservoir d'eau.

Les pélicans sont inhabiles à saisir leur proie sous l'eau, et ils le savent; aussi ont-ils inventé un stratagème pour se procurer leur nourriture. Ils se rassemblent et unissent leurs forces; ainsi organisés en bande de pêcheurs, ils cernent le poisson, frappant l'eau avec leurs ailes. Le banc de poissons se trouve alors effrayé et serré de plus en plus dans un étroit passage. A un signal donné, les pélicans battent derechef la surface de l'eau, et dévorent à loisir les habitants « de l'empire humide, » comme dit Thompson.

Cet oiseau possède, à un remarquable degré, la faculté de diminuer, en se gonflant d'air, la pesanteur spécifique de son vaste corps ; — aussi son vol s'élève-t-il très-haut.

On a inventé sur le pélican toutes sortes de fables ; mais, comme on ne prête qu'aux riches, tout porte à croire que l'histoire naturelle de cet oiseau sera très-intéressante quand elle sera mieux connue.

LE CORMORAN

Cet oiseau me rend souvent une visite dans la saison d'hiver. Les cormorans qui trouvent le chemin de mon île ont si bien la conscience qu'ils ne courent aucun danger, qu'après avoir passé une grande partie du jour à plonger dans l'eau pour pêcher le poisson, ils viennent lisser leurs plumes sur ma terrasse, qui s'élève au bord de la mer, à dix mètres des fenêtres de mon salon.

Le cormoran peut être appelé avec justice la terreur ailée des êtres à nageoires. Il plonge avec une adresse admirable et il réussit dans sa pêche au delà de toute idée. Vous pouvez le reconnaître à distance, entre un millier d'autres oiseaux de mer, à son cou droit, à son corps qui semble à demi submergé dans les eaux, et à son mouvement perpétuel quand il n'est pas sur la terre. Tandis

que la sarcelle d'hiver, le canard siffleur et d'autres se
tiennent immobiles sur la mare, on le voit, lui, qui nage
çà et là, cherchant toujours quelque chose. Dressant
d'abord son corps dans une position presque perpendi-
culaire, il disparaît dans l'abîme, et, après être resté
sous l'eau pendant un temps considérable, il est sûr de
rapporter un poisson, qu'il avale toujours par la tête. Il
se passe quelquefois une demi-heure avant qu'il réus-
sisse à placer convenablement une grande anguille dans
son estomac. Vous le voyez alors faire des efforts violents
pour engloutir sa victime, et, au moment où vous croyez
que le glissant morceau est absorbé avec succès, soudain l'anguille remonte du fond de son vivant sépulcre,
et fait des efforts inouïs pour s'échapper. Le cormoran
l'avale derechef, l'anguille se rebiffe encore, et montre
sa queue qui sort du bec de l'oiseau. A la fin, épuisée par
son inutile résistance, l'anguille se trouve bel et bien ensevelie pour la dernière fois dans l'estomac du cormoran,
où elle subit son inévitable sort.

Le meilleur théâtre pour étudier les mœurs du cormoran, c'est la prodigieuse ceinture de rocs, d'écueils et de
récifs qui bordent certaines côtes de l'Angleterre. J'étais
descendu dans un de ces précipices dont la mer remplit
les cavités. Des milliers de guillemots et d'autres oiseaux
marins animaient cette scène intéressante. Les uns
descendaient dans les eaux; les autres en remontaient;
chaque flanc de rocher, aussi loin que pouvait aller la
vue, était littéralement couvert par des oiseaux de la
même espèce. Les cormorans, eux, ne voulurent point
être témoins de ma descente malencontreuse dans leurs
antiques et inacessibles domaines. Ils prirent tous leur
vol, dès que j'eus atteint le mur de rochers et s'élancèrent
au loin dans la mer. Il était difficile de se procurer leurs

œufs; car les nids étaient placés dans des endroits surplombés par les masses granitiques, et ce fut seulement en imprimant un mouvement de balançoire à la corde qui me soutenait, que je pus m'attacher avec le pied aux angles du roc. Ces nids étaient composés de tiges de plantes sèches arrachées aux récifs, d'herbe et d'un peu de laine. Il y avait quatre jeunes oiseaux dans l'un, trois œufs dans l'autre, deux dans un troisième, et seulement un dans le dernier. La coquille des œufs du cormoran est incrustée d'une matière calcaire que vous pouvez aisément gratter avec la lame de votre canif, et alors vous jouissez de la véritable couleur de l'œuf. L'extérieur de la coquille est d'une couleur blanchâtre, et l'intérieur d'un vert extrêmement beau et délicat. Les quatre jeunes cormorans que j'avais dénichés étaient sans plumes et recouverts seulement d'un duvet noir. Leurs longs cous et les longs os de leurs ailerons leur donnaient un air grotesque et presque hideux. Ils auraient pu servir de modèles à Callot, lorsque ce grand caricaturiste dessina *la Tentation de saint Antoine*.

Sur les bords de la mer, ce pauvre oiseau est tué à coups de fusil par les bons tireurs, qui se font un passe-temps et un point d'honneur de leur inhumanité; et, lorsque le cormoran prend son vol pour l'intérieur des terres, il court grand risque de ne jamais retourner vers la mer. Personne ne voudrait prendre son parti, à cause de ses inclinations bien connues. Ce maraudeur d'étangs passe pour dépeupler les eaux en un clin d'aile. Pour mon compte, je n'ai point été arrêté par cette crainte : j'aime à le voir prendre le chemin de ma vallée. Arrête-toi ici, pauvre vagabond, cher proscrit! restes-y aussi longtemps qu'il te plaira. Ta vue me rappelle les heureux moments que j'ai passés au collége en lisant les

Métamorphoses d'Ovide! Ce n'est point le collége que je regrette; c'est ma jeunesse. Et toi, juif errant des mers, tu me la rapportes en quelque sorte sur tes ailes; mais, hélas! tu ne rapportes plus qu'une ombre!

LA MOUETTE

Cet oiseau est bien connu du marin. Sous le soleil brûlant des régions tropicales, aussi bien que sous les montagnes de glace du cercle arctique, le nautonier rencontre la mouette, qui le salue de ses cris, et je dirais presque de ses aboiements. On a nommé ces oiseaux les nettoyeurs des mers. Les mouettes mangent, en effet, tout ce qu'elles rencontrent et se gorgent quelquefois tellement de charognes, qu'elles s'engourdissent sur le rivage.

Cet oiseau n'est point incapable de lier société avec l'homme. L'histoire de Ralph la Mouette en est bien une preuve. Un hôtelier, nommé Downes, avait apprivoisé un de ces libres vagabonds de la mer. Il m'assura que cet oiseau lui rendait de régulières visites depuis quatorze ans. Pour lui, mais pour lui seul, Ralph se montrait un ami familier; les autres personnes de la maison n'avaient point sa confiance. Le retour de cet oiseau était marqué par l'heure des repas qu'il recevait de la main de son maître, — je me trompe, car Ralph n'avait point de maître. L'estomac de l'oiseau était un excellent chronomètre et sonnait l'heure avec plus d'exactitude que l'horloge du clocher debout sur les sables. Cette visite diurne se répétait *con amore* durant plusieurs mois de suite. De temps à autre, cependant, la mouette faisait une absence de quelques semaines. On découvrit que, pendant ces intervalles, Ralph était en visite chez un autre ami qui était propriétaire d'une petite ferme dans cet îlot appelé le Calf of Man. J'ai vu plusieurs fois la mouette s'aventurer dans l'auberge, afin de recevoir sa nourriture des mains de Downes, et puis s'en retourner vers ses frères et sœurs, les hôtes emplumés de l'Océan. Le héros de notre histoire était, néanmoins, un monopoleur, car, tout en vivant avec ses semblables, il revenait toujours seul à la maison de l'aubergiste, qui était pour lui la maison du bon Dieu. Peut-être, il est vrai, ses avis étaient-ils peu écoutés de ses compagnons, ses représentations dédaignées et ses récits traités de *blagues*. Le fait est que son exemple n'allécha aucune des autres mouettes.

Si Downes était absent de sa maison, Ralph, après s'être rendu dans l'auberge et avoir reconnu l'état des lieux, prenait son vol vers le jardin de l'aubergiste, situé à une petite distance de Castleton. De temps en temps, les excursions de Ralph, à la recherche de son ami, ne furent point exemptes de maraude; il ne se fit point scrupule, par exemple, de fondre çà et là, chemin faisant, sur quelque poulet sans plumes et de l'avaler; le tout sans se soucier beaucoup des malédictions de quelque ménagère furieuse. Les entrevues de Ralph et de Downes, à la suite d'une absence de quelques jours —car Ralph était un voyageur— étaient réellement amusantes. Ralph se laissait caresser, passer la main sur le plumage, et battait alors des ailes en signe de réjouissance. Downes semblait alors commencer une sorte de conversation fantastique. « Ralph, dis-moi tes aventures! » L'oiseau, obéissant, avançait sa tête et faisait une sorte de bruit confus avec son bec, comme s'il racontait ses impressions de voyage. Downes se penchait comme pour écouter. Un étranger demanda, un jour, à l'aubergiste ce que l'oiseau lui murmurait ainsi à l'oreille ; Downes répondit très-sérieusement : « Ralph arrive de Whitehaven, et il m'apporte un message. » Qu'il le crût ou non, voilà ce que je ne puis dire.

LE STERCORAIRE

Les stercoraires peuvent être considérés comme formant une partie remarquable des oiseaux de proie parmi les oiseaux nageurs. Cette faculté est indiquée par la forme recourbée de leur bec et de leurs ongles. Leur nourriture consiste en poisson ; mais ils dévorent aussi les petits oiseaux de mer — surtout les œufs — la chair des baleines et les charognes. La plupart des vraies mouettes sont nonchalantes et timides ; le stercoraire, lui, est, au contraire, courageux et entreprenant. Il prend rarement la peine de pêcher par lui-même, mais il guette les mouettes pendant qu'elles sont en train de pêcher. Dès qu'il en a vu une qui a réussi dans son entreprise, il lui donne à l'instant même la chasse, la poursuit avec furie, et l'oblige, par peur, à dégorger le poisson qu'elle vient d'avaler. Le stercoraire descend avec tant de rapidité et de certitude dans ses mouvements, qu'il saisit la proie avant que le poisson tombe dans l'eau. Cette circonstance a valu aux stercoraires le nom de mouettes parasites, parce qu'elles sont entretenues par le travail des autres.

Le désir de voir et d'observer par moi-même ces oiseaux m'attira l'été dernier dans les Shetlands. Comme c'était alors la saison de la pêche, j'eus quelque peine à me procurer un bateau. Enfin, j'y réussis, et un bon vent me porta en quelques heures au quartier général des oiseaux de mer, l'île de Foula. Le confortable de la vie laissait beaucoup à désirer. Deux vieilles chaises et une couverture me tinrent lieu de lit, et, quant à la nourriture, elle se composait de lait, de gâteau d'avoine et de quelques œufs. Mais, avec l'aide de son fusil, l'ornithologiste trouve partout moyen de faire un repas tolérable.

Le stercoraire, appelé par les habitants de l'île *buncie*, est traité par eux avec une grande vénération. Rien ne les blesse plus dans leurs sentiments que de voir mettre à mort leur oiseau favori. Dès mon arrivée, deux ou trois des anciens me prièrent instamment de l'épargner; car au stercoraire sont confiés presque entièrement le soin et la protection des brebis, qu'on laisse errer librement à la surface de l'île. Cet oiseau nourrit une haine invétérée contre les aigles et les corbeaux. A peine l'aigle se montre-t-il, que les stercoraires descendent sur lui du faîte des montagnes, par troupes de trois ou quatre, et ne manquent jamais de le forcer à la retraite. Les naturels de l'île récompensent leurs services en leur jetant le rebut de leur pêche, qu'il saisissent avec une grande avidité, presque jusque dans les mains des pêcheurs.

Je m'amusai, un soir que j'étais au pied d'une des plus hautes montagnes, à contempler une scène de la vie animale. Un aigle retournait à son aire, situé dans les rochers; il semblait parfaitement tranquille. Aucun oiseau ne se distinguait dans le ciel. Les montagnes commençaient à se revêtir de leur manteau de brume. J'observais le vol majestueux de l'aigle, qui changea tout à coup sa direction : à l'instant même, cinq ou six stercoraires passèrent au-dessus de ma tête avec une incroyable rapidité. Ils paraissaient fendre l'air comme des fragments de granit brisés, déchirés et lancés par la tempête du haut de la roche mère. Les stercoraires allèrent droit à l'aigle et il s'engagea un combat désespéré. Le court aboiement de l'aigle se faisait distinctement entendre au-dessus des cris de ses ennemis. Les stercoraires n'attaquèrent point l'aigle en face, mais ils le harcelèrent impitoyablement. Cette lutte continua pendant quelque temps : l'aigle tournait et tourbillonnait dans l'air aussi vite que le lui permettaient ses pesantes ailes. Enfin, je perdis les combattants de vue dans les rochers.

L'ALBATROS

Cet oiseau vole tout autour de la ceinture du globe dans les mers du Sud : il se retire, pour couver, dans les endroits les plus sauvages et les plus désolés. Le capitaine Weddel rencontra, parmi les rochers de glace des Nouvelles-Shetlands du Sud, les albatros associés avec les pingouins. Un autre voyageur. M. Earle, les retrouva de même dans l'île inhospitalière de Tristan d'Acunha, mais, cette fois, sans amis ni ennemis : ils étaient seuls. Dans une des plus hautes régions du globe, sur les rochers nus, au milieu des pics noirs qui composent cette île sinistre, il vit les jeunes de l'albatros sur le sol, nullement recouverts, et les mères marchaient fièrement parmi eux. Chaque femelle ne pond qu'un œuf, et le jeune, après avoir été couvé, reste un an avant d'être en état de voler.

Leur manière de se faire la cour a fort amusé les voyageurs. Les deux fiancés (je parle du mâle et de la femelle de l'albatros) s'approchent l'un de l'autre avec des airs de cérémonie, se frottent bec contre bec, balancent leur tête et se considèrent mutuellement avec une profonde attention. Cette scène continue quelquefois pendant une heure, comme une déclaration d'amour dans une pantomime.

Le bec de l'albatros est doué d'une puissance extraordinaire, et, au nid, ils se défendent pendant une demi-heure contre un vaillant chien. Ils suivent les vaisseaux en mer, quelquefois pendant deux ou trois jours, et à des distances considérables. Comme tous les grands oiseaux marins, ils sont extrêmement voraces. On les prend en quelque sorte à la ligne, — c'est à dire en amorçant avec un morceau de viande un crochet de fer qu'on laisse traîner derrière le vaisseau, au bout d'une longue corde.

La tempête ne les alarme pas. Ils préfèrent, au contraire, les mauvais temps aux beaux, sans doute parce que l'agitation des vagues apporte à la surface, par les gros vents, les animaux marins, dont les albatros se nourrissent. Ces oiseaux trouvent, d'ailleurs, que toute proie leur est bonne. Un pauvre diable était tombé par-dessus bord dans les eaux de l'océan Indien. On descendit la barque à toute vitesse, pour venir à son secours ; mais on ne trouva plus rien de l'homme — rien que son chapeau qui était percé d'outre en outre par de violents coups de bec. Le malheureux avait été vu, en tombant, par deux ou trois albatros.

LE PÉTREL

Passant, au matin, sur une tourbière, près du rivage, dans une petite île inhabitée — c'était, je m'en souviens, au mois d'août dernier — je fus surpris d'entendre un bruit sourd et continu que je ne puis comparer qu'à celui du rouet ou d'une navette en mouvement. Je fus informé, par le batelier qui m'accompagnait, que c'était le son ordinaire du pétrel, lorsque cet oiseau visite l'île pour y couver.

Voyant un petit trou sur le sol, j'y trouvai le nid et l'oiseau. Ce nid était très-simple : il se composait de quelques fragments de coquilles jonchés sur la tourbe nue. Il contenait deux œufs ronds, d'un beau blanc, et qui étaient très-gros relativement à la taille du pétrel. Au moment où je le saisis, l'oiseau dégorgea de son bec une substance huileuse d'une odeur très-rance. Je l'emportai chez moi, et, l'ayant mis dans une cage, je lui offris plusieurs espèces de vers. Mais, autant que je pus observer, il ne mangea rien avant que deux jours se fussent écoulés. Je remarquai alors qu'il mettait les plumes de sa poitrine dans son bec et qu'il semblait sucer une substance oléagineuse dont ces plumes étaient imprégnées. Ceci m'engagea à oindre la poitrine de l'oiseau avec de l'huile commune, et je vis alors que le pétrel suçait avidement ses plumes. Je répétai, en conséquence, l'onction deux ou trois fois par jour durant une semaine. Alors, je plaçai dans la cage une soucoupe avec de l'huile, et j'observai que le captif épuisait régulièrement cette substance en trempant son plumage dans l'huile, qu'il suçait ensuite. Je le conservai de cette manière-là pendant trois mois. Après s'être nourri de la sorte, le pétrel se tenait tranquillement au fond de la cage, faisant entendre de temps en temps le même bruit de rouet qui avait attiré mon attention, et d'autres fois sifflant sur un ton très-aigu.

Le pétrel a reçu son nom d'une circonstance assez bizarre. Outre la faculté de nager, ces oiseaux possèdent celle de se soutenir à la surface de l'eau, qu'ils frappent très-vivement avec leurs pattes, ce qui a donné lieu de les comparer à saint Pierre marchant sur la mer. Les pétrels se rencontrent d'un pôle à l'autre sur toutes les mers du globe. Ils sont les compagnons inévitables du marin durant les longues traversées. Ils s'élèvent aisément dans l'air, et volent contre les vents les plus forts, qui ne ralentissent jamais leurs mouvements. Le vol de ces oiseaux ne présente à l'œil presque aucune vibration. La tempête ne les effraye pas : ils recherchent, au contraire, par instinct, les mers les plus agitées. En conséquence de cet instinct, on les voit fréquemment, par tous les temps, voler dans les tourbillons d'eau que produit le sillage du navire. C'est un des spectacles les plus intéressants que de contempler ces oiseaux dans un grain, courant sur les vagues, dont ils suivent les pentes, et remontant les montagnes d'écume qui menacent de passer au-dessus de leur tête. Lorsqu'on jette du vaisseau par-dessus bord quelque matière grasse, ces oiseaux se rassemblent à l'instant même, font face au vent —leurs longues ailes étendues—et barbotent dans l'eau avec leurs pattes palmées. La légèreté de leur corps et l'action du vent sur leurs ailes leur permet de se tenir debout à la surface de la mer.

Il y a peu de personnes qui aient traversé l'Atlantique, sans avoir observé ces vagabonds solitaires en train d'effleurer la surface du vaste désert d'eau. Comme ils sont habillés de deuil et comme ils apparaissent généralement en grand nombre avant ou durant la tempête, ces oiseaux ont été longtemps regardés, par les marins superstitieux, non-seulement comme les messagers de l'orage, mais même comme les mauvais esprits de l'abîme. « Personne, disent nos matelots ignorants, ne sait d'où ils viennent ni comment ils couvent. » Quelques-uns d'entre eux ont pourtant imaginé que les pétrels couvaient leurs œufs sous leurs ailes, en se tenant à la surface de l'eau. Cette incertitude, ce mystère de leur origine, et diverses circonstances ont sans doute donné lieu à l'opinion, si répandue parmi une classe d'hommes simples, que ces oiseaux s'entendent avec le prince ou le démon des airs. Dans tous les pays, leur nom vulgaire présente quelque rapport avec cette croyance. On les a appelés les méchants, les oiseaux des tempêtes, les oiseaux du diable. Leur apparition inattendue et innombrable a quelquefois jeté du découragement dans l'esprit des plus braves marins. C'est le devoir du philosophe et du naturaliste de dissiper ces nuages de l'erreur et du merveilleux qui obscurcissent l'intelligence humaine, et de faire rayonner sur toute la nature la lumière de la vérité.

L'opinion reçue généralement parmi les marins, que les pétrels portent leurs œufs sous leurs ailes pour les couver n'a pas plus de fondement que celle qui leur attribue le pouvoir de faire les tempêtes. Ces oiseaux pondent et couvent, au contraire, sur les rivages bordés de rochers. Ils se réunissent, pour satisfaire à ce devoir de la nature, en nombreuses communautés, et, comme l'hirondelle des sables, ils font leurs nids dans les trous ou les cavités des récifs qui se dressent au-dessus de la mer. Ils laissent leur nid pendant le jour, et n'y retournent que vers la nuit, pour nourrir leurs petits avec le superflu d'huile que contient leur estomac. Cette quantité d'huile est si considérable, que, dans les îles Féroë, on se sert de cette matière oléagineuse pour faire des chandelles.

Pendant qu'ils sont sur le nid, ils font un bruit qui ne ressemble pas mal au coassement des grenouilles, et qu'on entend, pendant toute la nuit, sur le rivage de certaines îles.

La grande quantité de duvet chaud qui édredonne, pour ainsi dire, le corps de cet hôte ailé des mers, sa graisse, son huile, font du pétrel un oiseau aussi utile pour les Islandais que peut l'être pour nous la plus avantageuse espèce de volailles. Les pauvres gens de Saint-Kilda estiment tellement ce compagnon des tempêtes, qu'il existe parmi eux un proverbe : « Otez-nous le pétrel, et Saint-Kilda n'existera plus. »

Cet exemple, entre mille, prouve qu'il n'y a point d'animaux inutiles dans la nature.

Une des plus curieuses îles des Shetlands est Foula, où je me rendis, comme je vous l'ai dit déjà, l'année dernière, pour étudier les mœurs des oiseaux de mer. Au sud de cette petite île, se trouve la plus magnifique et la plus stupéfiante masse de rochers que j'aie jamais vue. Ce romantique séjour consiste en hautes montagnes, entièrement isolées. Vu de la mer, ce groupe de récifs frappe l'imagination : on dirait une gigantesque forteresse avec des murs à pic. Je ne connais rien au monde de plus beau ni de plus régulier que ce boulevard de la nature. Les flancs de ces rochers à teinte rougeâtre et dont le sommet s'élève à quinze cents pieds au-dessus du niveau de la mer, sont le rendez-vous d'innombrables oiseaux aquatiques. L'ensemble de ces écueils, animés par la population ailée des mers, forme une scène vraiment délicieuse pour les yeux d'un ornithologiste.

Comme le pétrel se laisse voir rarement près de la terre, excepté dans les temps d'orage, un des naturels de l'île consentit à me servir de guide. Il descendit à l'aide d'une corde dans les abîmes et les anfractuosités qui déchirent çà et là l'épaisseur de ces rochers. Moi, couché à terre, sur la poitrine, je le regardais descendre, et j'admirais l'adresse, la bravoure de ce hardi compagnon qui se jetait d'une crevasse à une autre, et trouvait son chemin à travers les ouvertures de cette muraille naturelle.

Le mugissement de l'Atlantique qui s'écoulait en écume blanche comme le lait contre la base des noirs récifs; les mouettes qui passaient sur la tête et, pour ainsi dire, entre les bras de l'homme, tout cela formait une scène pleine de contrastes sublimes. L'Océan grondait; la mouette aboyait ses éclats de rire. Enfin, je suivis mon guide dans ces précipices, où je trouvai plusieurs nids de pétrels. La femelle pond deux œufs. Son nid est grossier. L'oiseau se contente de ramasser quelques brins d'herbe sèche : cela suffit, avec une plume ou deux, pour empêcher les œufs de rouler et de tomber des flancs du rocher.

LE GUILLEMOT

L'immense chaîne de rochers perpendiculaires, battus par la houle sauvage de l'Océan, offre, sur quelques côtes de la Grande-Bretagne, une retraite favorable à des milliards d'oiseaux. Celui qui désire examiner la manière dont ces oiseaux construisent leurs nids, doit se rendre, au mois de mai, dans le petit village de Flamborough, habité surtout par des pêcheurs. Un peu plus loin est une auberge, appelée *l'Étoile du Nord*, qui *loge à pied et à cheval*. Une romanesque lady se sentirait sans doute malade de joie si elle pouvait assister aux visites quotidiennes des pêcheurs, ces fils hardis de l'Océan, qui s'arrêtent là quand ils vont à la mer et qui s'y arrêtent encore à leur retour.

Au bord de ces écueils stupéfiants, le guillemot pond ses œufs, qu'il expose à la face du ciel, sans aucune espèce de nid ; mais les pingouins macroptères, les macareux moines pondent les leurs dans des crevasses profondes et d'un accès difficile. Là aussi, le falcon voyageur se reproduit ; là, le corbeau élève ses jeunes, tandis que le pigeon et l'étourneau pénètrent dans les fissures du précipice et font leurs nids, qui échappent à l'œil investigateur de l'homme. Cette chaîne étendue de rochers, qui appartient aux oiseaux, n'est point considérée comme une propriété privée. Toute personne qui est capable de gravir ces hauteurs escarpées est libre d'emporter n'importe quelle quantité d'œufs il peut recueillir. Il existe même une sorte d'entente amiable entre les différentes bandes de grimpeurs ; elles ne doivent point dépasser les limites qui leur ont été assignées par le consentement mutuel.

Les œufs de guillemot forment une branche importante de commerce depuis la fin de mai jusqu'à la moitié de juin.

La recherche des œufs est généralement faite par trois hommes, quoique deux puissent suffire en cas de nécessité. Pourvus de deux cordes d'une longueur et d'une force convenables, ils fixent une barre de fer à environ six pieds de profondeur sur le plateau au haut du précipice. A cette barre de fer on attache la plus épaisse des deux cordes et on la descend dans l'abîme. Un homme tient fermement dans sa main cette corde, à laquelle un autre homme est attaché, et l'abaisse graduellement. Tandis qu'il descend, ce dernier empoigne l'autre corde qui se trouve fixée à la barre de fer ; et, avec l'assistance de ce point d'appui, il passe de récif en récif, de roc en roc, recueillant les œufs de guillemot et les déposant dans deux sacs, qu'il porte en bandoulière derrière les épaules. Lorsqu'il a rempli ces sacs, il imprime une forte secousse à la corde, et ce mouvement informe ses compagnons qui sont en haut qu'il est maintenant temps de le hisser. Quand il remonte sur le plateau, tous les œufs sont tirés des sacs et mis dans une grande corbeille; ils sont ensuite vendus à des marchands qui les emportent dans des voitures. Ces œufs, achetés des grimpeurs à raison de six pence (soixante centimes) la vingtaine, sont revendus en détail un sou, à Bridlington et dans les places environnantes. On voit par là que le plus clair du bénéfice ne revient point aux grimpeurs, à ces hardis compagnons qui risquent bravement leur vie, mais aux marchands qui ne risquent rien. C'est l'histoire de toutes les industries.

Lorsque le temps est beau, on fouille le roc tous les trois jours pour y trouver des œufs. Cette industrie exige une adresse considérable de la part de l'homme qui descend dans le précipice. Il faut qu'il se tienne sans cesse sur ses gardes pour ne point être écrasé par les fragments de roche que détache le contact de la corde. Il évite ce danger en se jetant de côté lorsqu'une pierre tombe, et en prenant soin, à mesure qu'il descend, de nettoyer avec ses pieds toutes les parties de ce mur qui lui semblent sur le point de s'écrouler.

J'étais abasourdi par la grandeur et la sublimité de cette scène, qui défie toute description. Un tel spectacle paye bien le voyageur pour les sensations pénibles qui peuvent naître de la vue du danger. La mer rugissait à la base de cet effrayant mur de rochers; des milliers et des milliers d'oiseaux sauvages furent en un instant sur leurs ailes. C'était terrible et c'était beau.

Les œufs du guillemot varient beaucoup quant à la

taille, la couleur et la forme : il y en a de grands et de petits, de clairs et de foncés, d'ovales et de ronds. Les grimpeurs assurent que ces oiseaux ne pondent jamais plus de deux œufs, mais que, si ces œufs leur sont enlevés, ils recommencent à pondre. Si ce nouveau trésor est encore pillé, ils en produisent un troisième, et ainsi de suite. Ces hommes affirment aussi que, lorsque le jeune a atteint une certaine taille, il cherche à sauter sur le dos de sa mère, qui l'emporte en descendant vers l'Océan. Ayant emporté avec moi un bon télescope, je vis un grand nombre de jeunes guillemots sur la mer, et qui, pourtant, étaient incapables de voler. J'en observai d'autres sur les récifs — au moment où je descendais parmi eux — placés dans de telles situations, que, s'ils avaient essayé de se lancer dans l'eau qui mugissait à leurs pieds, ils auraient été infailliblement tués contre les pointes saillantes des durs rochers. J'en conclus que le témoignage des grimpeurs ne devait point être méprisé. Je donnai d'autant plus volontiers crédit à leurs informations, que, moi-même, j'avais vu une femelle de cygne, nageant sur l'eau avec ses petits sur le dos, environ une semaine après que ces derniers avaient été couvés.

L'homme qui se réjouit de voir toute la nature sourire autour de lui, et qui prend de l'intérêt à contempler les oiseaux du ciel dans toute la sécurité de leur libre vie, se sentira triste au cœur en observant la persécution imméritée à laquelle se trouvent soumis ces oiseaux de mer; mais il admirera le courage des pauvres gens qui disputent aux abîmes la nourriture de leur femme et de leur famille.

LE PINGOUIN

Les palmipèdes que nous avons considérés jusqu'ici étaient plus ou moins des habitants de l'air. Il nous reste à parler d'une famille qui possède bien des ailes, mais si petites, si petites, que ces ailes ne leur servent de rien pour voler. Elles font plutôt l'office de nageoires que de rames ou de voiles aériennes. Les pingouins se servent de ces appendices, ou ailes rudimentaires, pour se soutenir sur ou dans l'eau, où ils passent la plus grande partie de leur vie.

Les pingouins se trouvent particulièrement confinés dans les régions les plus froides du Nord. La rapidité avec laquelle ces oiseaux volent, si l'on peut ainsi dire, sous l'eau, à la poursuite du poisson, est vraiment étonnante. Un de ces individus, qui fut pris dans les îles Orcades, refusa d'abord toute nourriture et devint si faible, qu'on s'attendait à le voir mourir d'un instant à l'autre. A la fin, pourtant, il se décida à manger, et, comme on l'approvisionnait copieusement de poisson, il reprit bien vite sa force avec son activité. On lui attacha une corde autour de la patte pour prévenir son évasion, et on lui permit de jouer dans l'eau. Quoique empêché par cet obstacle, il exécuta des plongeons merveilleux et nagea avec une rapidité qui défiait toute la vitesse du bateau le plus fin voilier. On jugea par ce fait que, si l'oiseau eût été en liberté, aucun poisson n'aurait pu échapper à ses atteintes.

Les pingouins, ces plongeurs sans ailes (comme les appelaient les Grecs), ne viennent jamais au delà des limites de l'Océan du pôle sud ; ils sont très-nombreux dans les îles désertes répandues à la surface de ce morne désert d'eau. Le plus grand d'entre eux, le roi des pingouins, dépasse la taille d'une oie. Comme leurs pattes se projettent de leur corps dans la même direction que leur queue, ces oiseaux marchent droit comme un homme. Quand une troupe de pingouins se meut en file ou se distribue le long des saillies des rochers, ils apparaissent comme une compagnie de soldats. Nos solennels pingouins portent la tête très-haute et le cou tendu, tandis que leurs petits ailerons s'avancent comme deux bras. Comme les plumes de leur poitrine sont très-blanches, avec une ligne noire qui court sur toute la largeur du jabot, ces oiseaux ont été comparés par d'autres voyageurs à une bande d'enfants, qui auraient tous des tabliers blancs noués autour de leur gilet avec un cordon noir.

Le grand albatros, comme nous l'avons vu, passe la plus grande partie de son existence dans l'air ; le roi des pingouins, au contraire, quitte rarement les eaux, si ce n'est à l'époque de la couvée, et cependant ces deux oiseaux s'associent volontiers ensemble. Comme les hérons, les cigognes et quelques autres oiseaux de mer, les pingouins se rassemblent sur le rivage, et passent un jour ou deux en délibérations. Ces assemblées ou, comme nous disons en anglais, ces meetings, ne manquent pas, je vous assure, de gravité.—A la clôture des débats, nos pingouins procèdent à l'exécution du grand but qui les a réunis. On les voit alors choisir une espace de terrain aussi uni que possible — comprenant souvent quatre ou cinq acres — et aussi près de l'eau que le permet la nature des lieux. Ils préfèrent les endroits les moins encombrés de pierres ou de substances dures qui pourraient mettre en danger leurs œufs. Après s'être satisfaits sur ce point, ils tirent le plan de leur campement, en traçant un carré assez étendu pour l'accommodation de tous les ménages. Un des coins de ce carré est parallèle au bord de l'eau, et reste toujours ouvert pour servir d'entrée et de sortie.

La seconde opération consiste à nettoyer la place. Les pingouins ramassent les pierres avec leur bec et les emportent soigneusement hors des lignes. Ces pierres servent, d'ailleurs, à élever un petit mur. Dans l'épaisseur de ces pierres et de ces gravois, ils forment un autre passage, large de six ou sept pieds. C'est par ce passage qu'ils vont et viennent pendant la journée ; c'est là qu'ils placent des sentinelles durant la nuit. Ayant ainsi terminé ce qu'on peut appeler leurs ouvrages extérieurs, ils divisent le terrain intérieur en petits carrés d'une égale dimension, fermés par d'étroits passages, qui se croisent les uns les autres à angles droits. A chaque intersection de ces lignes, un albatros construit son nid, tandis qu'à chaque petit carré est un nid de pingouin.

Tout l'espace intérieur se trouve de la sorte occupé d'une manière régulière par les pingouins et les albatros, auxquels viennent se joindre d'autres oiseaux de mer, qui trouvent aussi leurs logements dans les places inoccupées. Quoique les pingouins et les albatros vivent dans ces termes d'intimité, ils forment toujours des nids différents, des domiciles particuliers : chacun est chez soi. Lorsque le pingouin en trouve l'occasion, il vole même, de temps en temps, le nid de son voisin. La femelle du pingouin ne fait qu'un trou grossier dans la terre, juste assez profond pour empêcher ses œufs — ou, pour mieux dire, son œuf, car elle n'en pond qu'un — de rouler à la surface du sol. L'albatros, au contraire, élève un petit tas de terre, de gazon et de coquilles, haut de huit ou dix pouces, et au sommet duquel il couve. Les œufs ne sont jamais délaissés un seul instant jusqu'à ce qu'ils soient couvés, et même jusqu'à ce que les petits soient assez forts pour pourvoir eux-mêmes à leurs besoins. Le mâle va à la mer assouvir sa faim, et, lorsqu'il retourne, il prend la place de sa compagne, qui s'envole alors et va chercher à son tour la nourriture. L'œuf, en pareil cas, est transmis au père par la mère, qui l'attire avec sa *main* et le fait rouler sous le mâle. Durant cette saison, vous voyez les pingouins qui marchent çà et là, montent ou descendent les passages de la place forte marine, tandis que l'air est obscurci par des nuages d'albatros, dont les uns s'ébattent continuellement et vont trouver leurs camarades, tandis que les autres prennent leur essor vers la mer.

Les pingouins et les albatros sont considérés, à cause de leurs plumes, de leur peau, de leur huile et de leurs œufs, comme la providence des pauvres gens destinés à vivre, ainsi que ces oiseaux, au milieu des îles désertes et sauvages de l'Océan. Il est dès lors naturel de supposer que nul moyen n'est négligé pour se procurer une ressource qui représente la nourriture, le vêtement, la lumière de leur hiver long et ténébreux. Ils sont, en effet, redevables de tout cela à leurs voisins, les oiseaux de mer. Les risques et les difficultés qu'ils rencontrent, mais qu'ils surmontent bravement, constituent un des traits historiques de leur vie. La récolte des œufs, la moisson des oiseaux de mer, forme, pour ces peuples dépourvus d'agriculture, la grande époque de l'année.

Les pingouins sont gros, gras, mais point bêtes. Il ne faut pas les juger sur leur démarche gauche, sur leur ventre de mandarin, ni sur leur obésité mélancolique. Leurs ailerons, revêtus seulement de quelques vestiges de plumés, leur vie aquatique, leurs mœurs, tout les rapproche d'un autre ordre d'êtres vivants.—Les pingouins forment, dans la grande chaîne des créatures, l'anneau qui rattache les oiseaux aux poissons.

FIN DES OISEAUX

TABLE DES MATIÈRES

ORDRE II

GRIMPEURS

ORDRE III

PASSEREAUX

DENTIROSTRES

CONIROSTRES

FISSIROSTRES

TÉNUIROSTRES

SYNDACTILES

ORDRE IV

GALLINACÉS

ORDRE V

ÉCHASSIERS

ORDRE VI

PALMIPÈDES

FIN DE LA TABLE DES MATIÈRES